电机控制技术

（修订版）

杜坤梅　李铁才　编著

哈尔滨工业大学出版社
·哈尔滨·

内 容 简 介

本书分九章，介绍直流电动机、步进电动机、无刷直流电动机、同步电动机、感应电动机的驱动控制原理和方法。以经典控制方法到现代控制方法的演变和发展为线索来安排内容；通过对各类电机驱动控制的个性问题的分析，逐步阐明电机控制中的模块化、结构化设计方法；使读者能从整体上把握电机驱动控制系统的分析和设计。第八章和第九章扼要介绍了电机控制中的最新方法。本书尽可能选择可供工程应用的局部电路和控制系统作为题材，从而使本书在内容上更加贴近工程实际。

本修订版增加了无刷直流伺服电动机简易正弦驱动方法的介绍。

本书可作为电机、电气技术专业和其他电类、自动控制类专业的教材，也可供从事控制系统、工业自动化、电机驱动控制的工程技术人员参考。

图书在版编目(CIP)数据

电机控制技术/杜坤梅，李铁才编著. —2版. —哈尔滨：哈尔滨工业大学出版社，2002.2(2020.1重印)
ISBN 978-7-5603-1583-6

Ⅰ.电… Ⅱ.①杜… ②李… Ⅲ.①电机-控制系统 Ⅳ.TM301.2

中国版本图书馆CIP数据核字(2002)第003364号

责任编辑 杨 桦
出版发行 哈尔滨工业大学出版社
社 址 哈尔滨市南岗区复华四道街10号 邮编150006
传 真 0451-86414749
网 址 http://hitpress.hit.edu.cn
印 刷 哈尔滨久利印刷有限公司
开 本 787mm×1092mm 1/16 印张11 字数255千字
版 次 2002年2月第2版 2020年1月第5次印刷
书 号 ISBN 978-7-5603-1583-6
定 价 28.00元

再版前言

本书出版后,受到专家、同行的广泛关注。

此次修订再版,对本书的疏漏进行了校正;同时,哈尔滨理工大学杜坤梅和哈尔滨工业大学杨贵杰对部分章节进行了内容上的充实,包括第四章增加"4.7 简易正弦驱动方法"一节新的内容。

编　者

2002 年元月

前　言

随着现代科学技术的迅猛发展，特别是微电子技术、电子计算机技术的飞速发展，电机控制技术业已发生并仍在继续发生着极其深刻和巨大的变化。电机控制技术所依托的理论基础和技术已远不限于电机学和电子学，还包括控制理论、系统理论、传感器技术、信号处理技术、计算机控制理论和技术、电力电子技术，等等。各相关学科形成了互相渗透和相互交叉，甚至出现了互相融合的现象。新时代的发展对学习者提出了更高的要求。所以，电机控制技术的学习应该是对各类知识的综合应用能力的学习，而且更应该注重综合分析和技术集成能力的训练和培养。

本书共分九章，其内容将涉及电机控制技术的各个方面。第一章为概述。在第二章中，较详细地介绍了直流电动机的驱动控制的经典方法，并逐步阐明驱动控制系统的结构化设计思想。第三章介绍步进电动机的控制，突出了计算机控制方法。第四章从无刷电动机的工作原理开始，以方波无刷电动机和正弦波无刷电动机两条线索进行比较详细地介绍。第五章简单介绍同步电动机的控制，着重指出电机驱动控制的统一性。第六章详细介绍了感应电动机驱动控制的发展过程，以技术进步和控制策略的演变过程为线索来安排内容，并且进一步突出了控制系统的结构化设计特点。第七章介绍电机控制系统的设计，选择了可供工程应用的实例进行介绍。这一章的作用旨在提高读者的分析能力和设计能力，使读者从整体上来看待电机控制系统，配合实验可以得到工程设计能力的训练。第八章和第九章以高起点和发展的角度介绍电机驱动控制的最新方法，并且提出一体化电机系统、结构化设计、系统性、可重构和通用性等新的概念，其中关于嵌入式 DSP 芯片为核心构成的电机控制系统的内容介绍，反映了信息时代的需要。

本书一至八章由哈尔滨工业大学李铁才和哈尔滨理工大学杜坤梅共同编写，第九章由哈尔滨工业大学赵辉编写，全书由哈尔滨工业大学孙力教授主审。在本书编写过程中，我们得到了国内多位专家、教授的热心指点，在此表示真诚的感谢。编者的学生为本书的习题、附图和实验做了大量工作，在此深表感谢。

由于编者学识有限，加之时间仓促，书中难免会有疏漏和错误之处，恳切希望读者提出宝贵的批评指正意见。

编　者

2000 年 9 月

目　录

第1章　电机控制概述

1.1　电机控制技术的概念和内容

随着科学技术的发展，出现了许多跨领域、跨学科的综合性学科，电机控制技术就具有这种高度综合的特点。电子技术、微电子技术、计算机技术给予电机系统以新的生命力。电机控制技术涉及到机械学、电动力学、电机学、自动控制、微处理器技术、电力电子学、传感器技术、计算机仿真学、计算机接口技术、软件工程学等等群体技术。

电机控制技术包括以下更为具体的内容：

(1) 执行机械技术

包括电机的原理与设计；电机及传感器一体化；电机及驱动控制一体化；机械机构的动力学分析；一体化电机系统；电机机构的新结构、新原理、新材料、新构成等等。

(2) 逆变和电机驱动技术

包括电力变换技术；功率驱动技术；精密驱动技术；电力变换的调节控制；脉宽调制技术；驱动保护技术；电磁兼容与可靠性等等。

(3) 运动信息及信号检测

包括传感器技术；信号处理技术；接口技术等。

(4) 自动控制技术

包括控制理论；控制方法以及控制电路的模拟、仿真和调试技术。

(5) 电机系统的集成

包括电机系统的一体化设计；电机系统的结构化设计；电机系统的模拟、仿真和实现；电机系统的综合性能分析和评估。

(6) 以嵌入式DSP芯片为核心的单片电机系统SOC(System On a Chip) 技术

将电机系统的主要结构做在一个单芯片中，它以嵌入式DSP芯片为核心，采用面向对象的片中软件实现控制系统的可重构、可扩充和通用性。它可以适用于无刷电动机、感应电动机、同步电动机、开关磁阻电机、步进电动机的反馈控制、矢量控制、智能控制等高层次控制。

(7) 网络信息家电中的电机控制技术

"网络信息家电"是一种概念，是一种新领域。它是信息技术与家用电器智能控制技术的结合。它是信息时代的重要物质基础。它是计算机、自动控制、信息技术、电工等学科交叉融合产生的新兴领域。

1.2 电机控制中的关键技术

电机控制技术中的关键技术往往就是人们长期关心和研究的那些急待解决的热点技术问题或是那些人们追求最优化的永恒主题。一般认为电机控制技术包括以下关键技术问题：

(1) 通过机电一体化设计，如何进一步减小电机系统的体积，提高电机系统的力能指标和动态性能。

(2) 如何进一步实现无刷化、清洁化(指低噪声、低幅射等)，减少用铜、用铁和耗电，扩大直接驱动和直线驱动，减少运动控制的中间环节。

(3) 运用现代控制理论和计算机技术解决各类优化设计、优化运行和优化控制问题，使电机系统成为机电一体化的、智能化的运动模块(或基本运动单元)。

(4) 多维运动控制及其多维信息感知。

(5) 网络信息家电智能化接口。

(6) 高性能的电机系统的产业化技术。

微电子技术和计算机技术带动着整个高新技术群体飞速发展，同时为电机及其电机控制技术创造了无限发展的前景和机会。"运动" 是一切事物存在的基本形式。电机及其电机控制则是产生"运动" 的最重要的基础之一，所以它具有永恒的研究价值，具有永恒的发展动力和前景。

1.3 电机控制技术的要素

电机控制技术的要素，指对具体的电机控制系统的最基本的描述或最简洁的定性描述。一般认为电机控制系统由三要素组成：

(1) 伺服电动机；

(2) 被控制的机械机构；

(3) 运动控制电路。

三要素的良好结合则构成电机控制系统。

图 1.1 是一个典型的电机控制系统。它采用了大闭环控制方式，也称全闭环控制方式。这种系统不仅对电动机本身，而且也对机械机构端的速度和位置进行控制。大闭环控制系统不仅在电机输出端，而且在机械机构输出端都安装传感器。比如在床体的直线部位安装直线光栅编码器，在床体的旋转部位安装光栅编码器，用来测量位置，进行负反馈控制。所以，大闭环系统的整体精度和动态特性比较好。

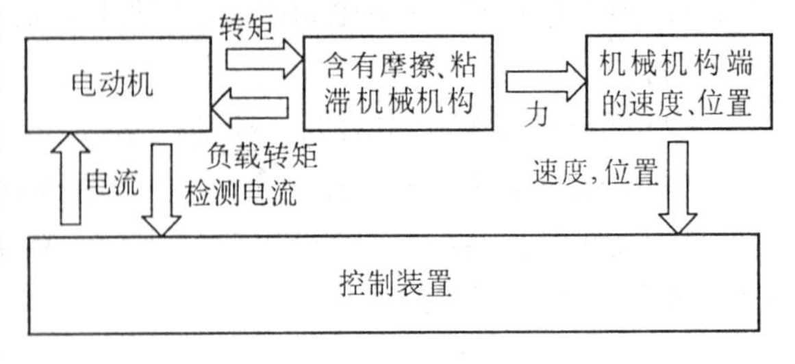

图 1.1 大闭环控制系统

但这种系统实际应用并不广泛，原因是：信号检测困难，特别是机械体振动、摩擦、齿轮间隙等非线性因素直接影响系统性能，不仅使设计困难而且调整也难，系统成本也比较高。因此，实际系统大都采用小闭环控制。图1.2是典型小闭环系统原理图。这个系统也可以称为一个轴的闭环控制系统。显然，控制装置只对电动机输出轴的速度和转角位移量进行控制，整个机构系统的精度将受机械装置的精度的影响。当机械系统的精度比系统总精度高或高许多时，应尽可能采用小闭环系统。

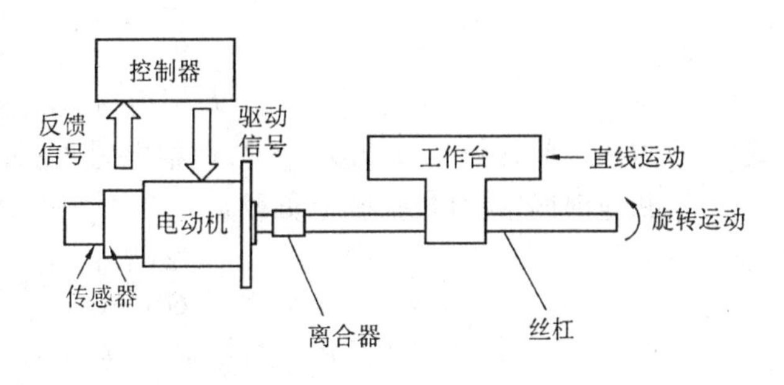

图 1.2　典型小闭环控制系统

1.4　电机控制系统的数学模型

1.4.1　数学模型及方框图

以一个轴的控制系统为例，设运动机械工作台作直线运动，电动机驱动丝杆，带动工作台。分析时可认为机械系统的固有共振频率很高，可以忽略，并且丝杆传动啮合间隙产生的误差可以忽略。这样图 1.2 电机与机械系统可抽象成图 1.3 所示的模型。在这个模型中，丝杠和工作台等运动物体的惯量已折合到电机轴的输出端，并用 $J_L(\mathrm{kg\cdot cm\cdot s^2})$ 表示。电动机自身的惯量用 $J_M(\mathrm{kg\cdot cm\cdot s^2})$ 表示。电动机旋转、丝杠啮合要求的转矩以及工作台上的外力转矩等等都一并归入外部负载转矩，用 $T_L(\mathrm{kg\cdot cm})$ 表示。以直流电动机为驱动伺服电动机，在正常工作范围内，电动机的转矩 T_e 与电枢电流 I_a 成正比，即

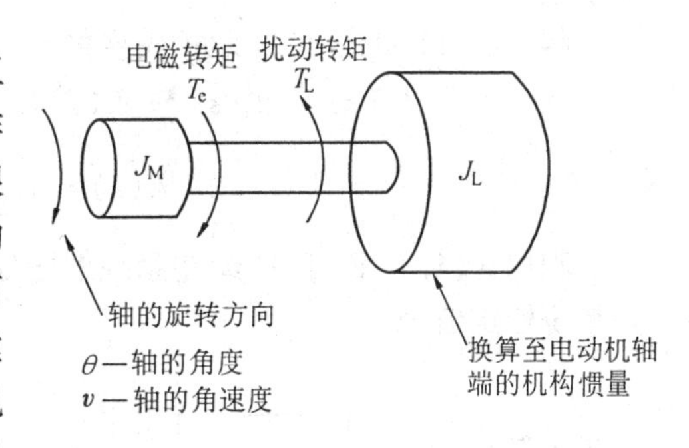

图 1.3　电动机带负载后的简化模型

$$T_e = K_T I_a$$

式中 $K_T(\mathrm{kg\cdot cm/A})$ 为转矩系数。

由电机学可写出电动机的电压平衡方程式和转矩平衡方程式

$$U_a - e_a = i_a R_a + L_a \frac{\mathrm{d}i_a}{\mathrm{d}t} \tag{1.1}$$

$$i_a - i_L = \frac{2\pi}{60}\frac{J}{K_E}\frac{\mathrm{d}n}{\mathrm{d}t} = \frac{2\pi J}{60 K_E K_T}\frac{\mathrm{d}e_a}{\mathrm{d}t} \tag{1.2}$$

$$T_e - T_L = K_T(i_a - i_L) = \frac{2\pi}{60}J\frac{\mathrm{d}n}{\mathrm{d}t}$$

$$\frac{2\pi J}{60 K_E K_T} = \frac{t_m}{R_a}$$

$$\frac{L_a}{R_a} = t_e$$

$$J = J_M + J_L$$

式中　电磁时间常数 $t_e = L_a/R_a$(s)，电枢电感 L_a(H)，电枢电阻 $R_a(\Omega)$；

机电时间常数(包括轴上负载)

$$t_m = \frac{2\pi R_a J}{60 K_E K_T} \quad (\text{s})$$

$$K_E = e_a/n \qquad (\text{V}/(\text{r/min}))$$

$$K_E = e_a/\omega \qquad (\text{V}/(\text{rad/s}))$$

机电时间常数也可写成

$$t_m = \frac{GD^2}{375} \frac{R_a}{K_E K_T} \quad (\text{s})$$

式中，$\frac{GD^2}{375}$ 被称为飞轮惯量，即用一个重量为 $G(G = mg)$、直径为 D 的理想飞轮来等效转动惯量 J。

将式(1.1)和式(1.2)取拉氏变换得

$$U_a(s) - E_a(s) = I_a(s)R_a + L_a s I_a(s) = I_a(s)R_a(1 + t_e s) \tag{1.3}$$

$$I_a(s) - I_L(s) = \frac{t_m}{R_a} s E_a(s) \tag{1.4}$$

利用式(1.3)和(1.4)绘制系统框图如图1.4所示，图中，K_v 是驱动器等效增益。U_{ref} 是系统给定信号。

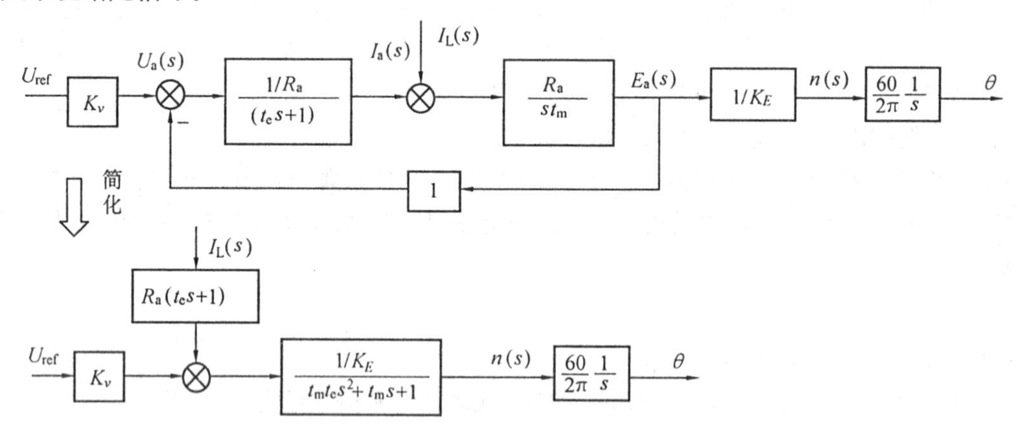

图1.4　开环的电机系统框图

1.4.2　速率控制系统

速率控制系统指具有速率负反馈的电机控制系统。速率控制系统的控制对象是负载的转速，例如轧钢机主轴驱动系统、大型空调系统、大型给水系统、速率伺服转台、航天器惯性飞轮等等。这类系统的等效方框图如图1.5所示。当电机系统的机电时间常数远大于电磁时间常数，即，$t_m \gg t_e$ 时，$G(s)$ 是一个比例积分环节，K_n 是转速反馈系数。因此，在单位阶跃输入作用下的输出转速响应曲线是一条指数曲线。采用系统校正可以进一步提高动态响应，这将在动态分析有关章节中分析。

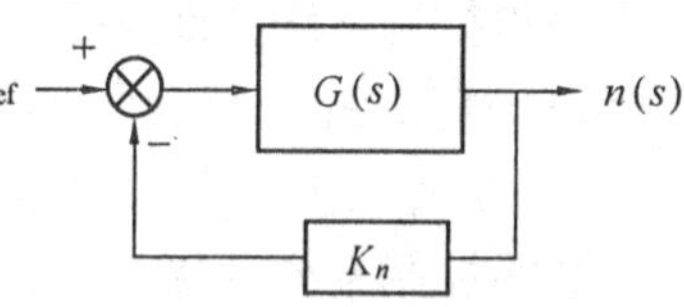

图 1.5　速率系统框图

1.4.3　位置控制系统

具有位置反馈控制的系统称为位置控制系统，被控制对象是负载的空间位置，例如仿形机床、机器人动作控制、天线扫描、电子瞄准、飞行器姿态控制等等都属于此类。在信号控制精度要求不高的情况下，步进电动机可以构成开环位置控制系统。

1.5　模拟运动控制系统和增量运动控制系统

1.5.1　模拟运动控制系统

一般的机械运动均为连续运动，即运动量(控制系统的输出端) 为连续的模拟量。我们周围发生的宏观物理量几乎均属于连续变化量。模拟运动控制系统的输出是连续运动量，它的输入也应是相应的模拟信号，例如，测速发电机检测的转速，旋转变压器检测的转角位置，应变仪的形变，温度、电流、电压、压力、浓度等等。所以模拟运动控制系统是以其输入输出量的形式来定义的。

1.5.2　增量运动控制系统

随着控制理论和技术的发展，特别是计算机的发展，以增量运动来逼近连续运动的控制方法得到了迅速发展，图 1.6 是连续运动和增量运动的一个实例。当然增量运动的输入量是与输出量相应的数字量，最具代表性的就是光电编码器的脉冲信号。所以增量运动控制系统也是以其输入量和输出量的形式来定义的。增量运动控制系统也称数字控制系统。

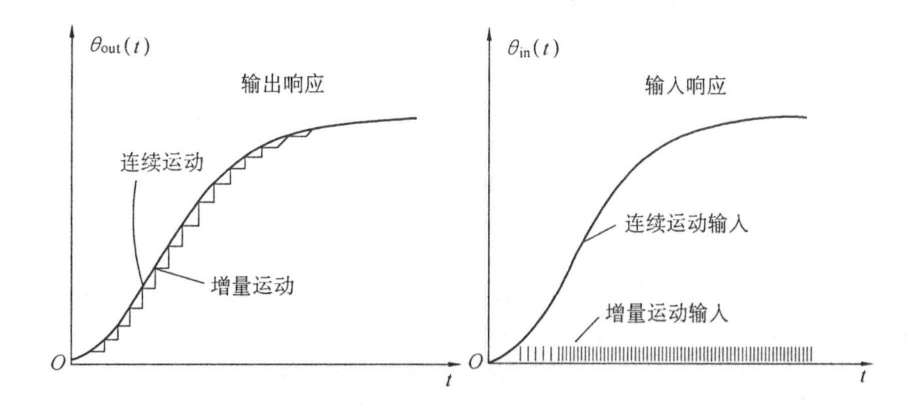

图 1.6　连续运动和增量运动

1.5.3　模拟数字混合式运动控制系统

模拟控制系统的优点是：

(1) 输入、输出量直观，接近宏观物理量本身的变化规律；

(2) 抗干扰能力强。

模拟控制系统的缺点是：

(1) 精度提高到 0.1% 量级以上非常困难，几乎已成临界；

(2) 零点附近有严重的噪声和温漂。

数字控制系统的优点是：

(1) 增加数字量的位数即可提高系统的分辨率和精度；

(2) 在整个工作范围内噪声、温漂的影响服从等概率分布，因此，不存在零点附近的噪声和温漂的影响；

(3) 有利于采用计算机控制。

数字控制系统的缺点是：

(1) 由于对噪声干扰的等概率响应，即使是数字量的最高位，也与最低位一样容易受影响，而造成严重误动作；

(2) 数字系统对外部的干扰比模拟系统大。

现代控制系统中以混合式运动控制系统居多，即使是数字运动控制系统在其电路结构内部也大量采用局部的模拟量控制。这在以后各章节分析具体电路时可以清楚地看到。所以，一个系统属于哪一类，这无关紧要，设计者只需从系统的精度和继承性以及特殊的需要来设计系统。

第 2 章　直流电动机的控制

电动机可分为有换向器的直流电动机和无换向器的直流电动机两大类。直流电动机在结构、价格、维护性能方面都不如交流电动机，但长期以来交流电动机的调速控制问题未能得到满意的解决，所以直流电动机以其良好的控制特性得到了广泛的应用。目前，虽然交流电动机的调速控制问题已经解决，但由于设备投入和改造需要一个相当长的过程，交流电动机调速控制尚未普及，直流电动机系统仍在普遍使用。

直流电动机调速系统最早采用恒定直流电压给直流电动机供电，通过改变电枢回路中的电阻来实现调速。这种方法简单易行、设备制造方便、价格低廉；但缺点是效率低、机械特性软，不能得到较宽和平滑的调速性能。该法只适用在一些小功率且调速范围要求不大的场合。30年代末期，发电机 - 电动机系统的出现才使调速性能优异的直流电动机得到广泛应用。这种控制方法可获得较宽的调速范围、较小的转速变化率和平滑的调速性能。但此方法的主要缺点是系统重量大、占地多、效率低及维修困难。近年来，随着电力电子技术的迅速发展，由晶闸管变流器供电的直流电动机调速系统已取代了发电机 - 电动机调速系统，它的调速性能也远远地超过了发电机 - 电动机调速系统。特别是大规模集成电路技术以及计算机技术的飞速发展，使直流电动机调速系统的精度、动态性能、可靠性有了更大的提高。电力电子技术中 IGBT 等大功率器件的发展正在取代晶闸管，出现了性能更好的直流调速系统。

2.1　直流电动机的调速方法

直流电动机的转速 n 和其他参量的关系可表示为

$$n = \frac{U_a - I_a R_a}{C_E \Phi} \tag{2.1}$$

式中　U_a- 电枢供电电压(V)；

I_a—— 电枢电流(A)；

Φ—— 励磁磁通(Wb)；

R_a—— 电枢回路总电阻(Ω)；

C_E—— 电势系数，$C_E = \frac{pN}{60a}$，p 为电磁对数，a 为电枢并联支路数，N 为导体数。

由式(2.1)可以看出，式中 U_a、R_a、Φ 三个参量都可以成为变量，只要改变其中一个参量，就可以改变电动机的转速，所以直流电动机有三种基本调速方法：(1) 改变电枢回路总电阻 R_a；(2) 改变电枢供电电压 U_a；(3) 改变励磁磁通 Φ。

2.1.1　改变电枢回路电阻调速

各种直流电动机都可以通过改变电枢回路电阻来调速，如图 2.1 (a) 所示。此时转速

特性公式为

$$n = \frac{U_a - I_a(R_a + R_w)}{C_E\Phi} \tag{2.2}$$

式中 R_w 为电枢回路中的外接电阻(Ω)。

当负载一定时,随着串入的外接电阻 R_w 的增大,电枢回路总电阻 $R = (R_a + R_w)$ 增大,电动机转速就降低。其机械特性如图2.1(b)所示。R_w 的改变可用接触器或主铃开关切换来实现。

这种调速方法为有级调速,调速比一般约为 2:1 左右,转速变化率大,轻载下很难得到低速,效率低,故现在已极少采用。

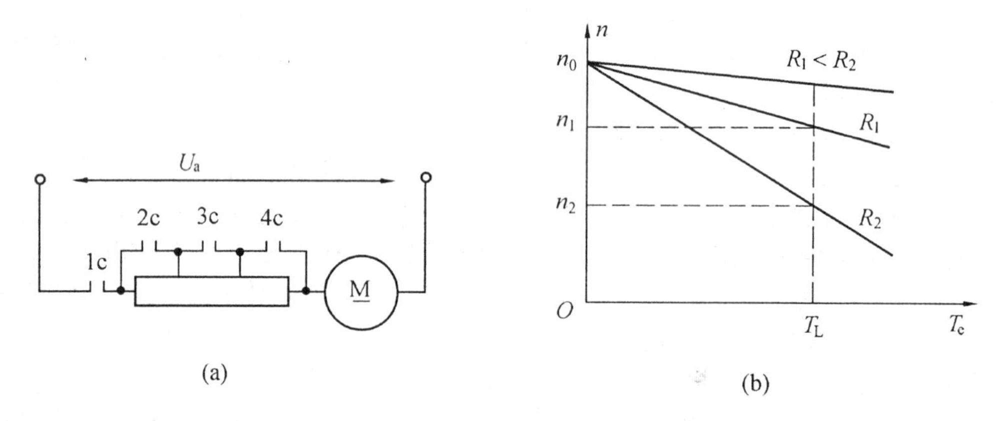

图 2.1 (a) 改变电枢电阻调速电路
(b) 改变电枢电阻调速时的机械特性

2.1.2 改变电枢电压调速

连续改变电枢供电电压,可以使直流电动机在很宽的范围内实现无级调速。

如前所述,改变电枢供电电压的方法有两种,一种是采用发电机 - 电动机组供电的调速系统;另一种是采用晶闸管变流器供电的调速系统。下面分别介绍这两种调速系统。

1. 采用发电机 - 电动机组调速方法

如图 2.2(a) 所示,通过改变发电机励磁电流 I_F 来改变发电机的输出电压 U_a,从而改变电动机的转速 n。在不同的电枢电压 U_a 时,其得到的机械特性便是一簇完全平行的直线,如图 2.2(b) 所示。由于电动机既可以工作在电动机状态,又可以工作在发电机状态,所以改变发电机励磁电流的方向,如图 2.2(a) 中切换接触器 ZC 和 FC,就可以使系统很方便地工作在任意四个象限内。

由图可知,这种调速方法需要两台与调速电动机容量相当的旋转电机和另一台容量小一些的励磁发电机(LF),因而设备多、体积大、费用高、效率低、安装需打基础、运行噪声大、维护不方便。为克服这些缺点,50 年代开始采用水银整流器(大容量) 和闸流管这样的静止交流装置来代替上述的旋转变流机组。目前已被更经济、可靠的晶闸管变流装置所取代。

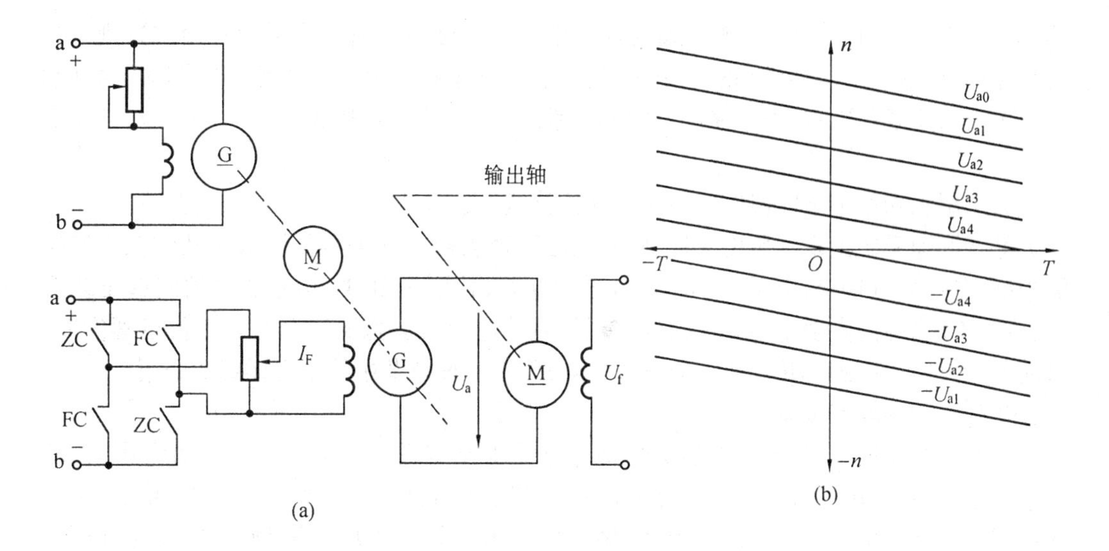

图 2.2 (a) 发电机 - 电动机组调速电路

(b) 发电机 - 电动机组调速时的机械特性

2. 采用晶闸管变流器供电的调速方法

由晶闸管变流器供电的调速电路如图 2.3(a) 所示。通过调节触发器的控制电压来移动触发脉冲的相位，即可改变整流电压，从而实现平滑调速。在此调速方法下可得到与发电机 - 电动机组调速系统类似的调速特性。其开环机械特性示于图 2.3(b) 中。

图 2.3(b) 中的每一条机械特性曲线都由两段组成，在电流连续区特性还比较硬，改变延迟角 α 时，特性呈一簇平行的直线，它和发电机 - 电动机组供电时的完全一样。但在电流断续区，则为非线性的软特性。这是由于晶闸管整流器在具有反电势负载时电流易产生断续造成的。

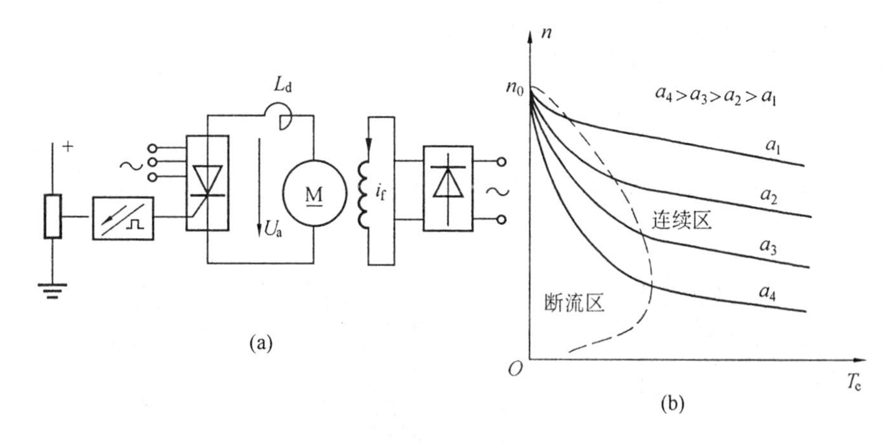

图 2.3 (a) 晶闸管供电的调速电路

(b) 晶闸管供电时调速系统的机械特性

变电枢电压调速是直流电机调速系统中应用最广的一种调速方法。在此方法中，由于电动机在任何转速下磁通都不变，只是改变电动机的供电电压，因而在额定电流下，如果不考虑低速下通风恶化的影响(也就是假定电动机是强迫通风或为封闭自冷式),则不论在高速还是低速下,电动机都能输出额定转矩,故称这种调速方法为恒转矩调速。这是它的一个极为重要的特点。如果采用反馈控制系统,调速范围可达 50 : 1 ~ 150 : 1,甚至更大。

3.采用大功率半导体器件的直流电动机脉宽调速方法

脉宽调速系统出现的历史久远,但因缺乏高速大功率开关器件而未能及时在生产实际中推广应用。近年来,由于大功率晶体管(GTR),特别是 IGBT 功率器件的制造工艺成熟、成本不断下降,大功率半导体器件实现的直流电动机脉宽调速系统才获得迅猛发展,目前其最大容量已超过几十兆瓦数量级。本书将在后面章节中给予更详细的介绍。

4.改变励磁电流调速

当电枢电压恒定时,改变电动机的励磁电流也能实现调速。由式(2.1)可看出,电动机的转速与磁通 Φ(也就是励磁电流)成反比,即当磁通减小时,转速 n 升高;反之,则 n 降低。与此同时,由于电动机的转矩 T_e 是磁通 Φ 和电枢电流 I_a 的乘积(即 $T_e = C_T \Phi I_a$),电枢电流不变时,随着磁通 Φ 的减小,电动机的输出转矩也会相应地减小。所以,在这种调速方法中,随着电动机磁通 Φ 的减小,其转速升高,转矩也会相应地降低。在额定电压和额定电流下,不同转速时,电动机始终可以输出额定功率,因此这种调速方法称为恒功率调速。

为了使电动机的容量能得到充分利用,通常只是在电动机基速以上调速时才采用这种调速方法。采用弱磁调速时的范围一般为 1.5 : 1 ~ 3 : 1,特殊电动机可达到 5 : 1。

这种调速电路的实现很简单,只要在励磁绕组上加一个独立可调的电源供电即可实现。

2.2 采用晶体管的不可逆和可逆开环变速控制

2.2.1 GTR 不可逆变速控制

1.集电极输出型

按图 2.4 将直流电动机的电枢绕组串联在集电极回路中,构成一个简单的开环调速系统。不过这个调速系统的性能很差,其特性取决于晶体管的输出特性。现分析如下。

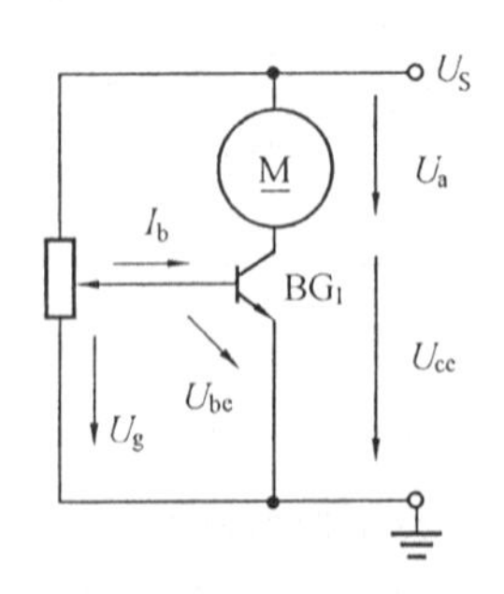

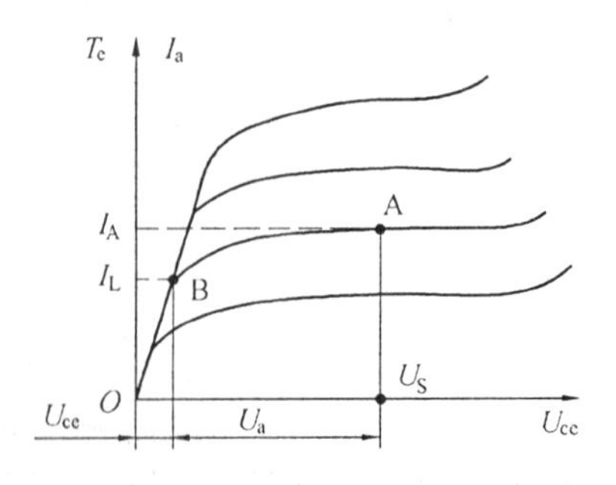

图 2.4 集电极输出型电路

起动瞬间，转速、反电势均为零，$n = 0, E = 0$。由于电枢电阻 R_a 很小，输出晶体管 BG_1 的管压降近似和电源电压相等，$U_S = U_{ce}$。若 BG_1 所能提供的集电极电流 I_a(由 I_b 决定）大于负载对应的电流 $I_L(I_A > I_L)$，则说明电机转矩 T_e 大于负载转矩 T_L，电机加速。$n \rightarrow E \rightarrow U_a$ 相应的量发生变化，BG_1 的工作点从 A 点变化到 B 点。B 工作点的方程式为

$$E = U_S - U_{ce} - I_L R_a = U_a - I_L(r + R_a) = C_E\Phi n \tag{2.3}$$

转速与转矩的关系为

$$n = \frac{U_a}{C_E\Phi} - \frac{(r + R_a)}{C_E C_T \Phi^2} T_e \tag{2.4}$$

式中，$r = U_{ce}/I_L$ 是由 BG_1 决定的非线性电阻，所以集电极输出型电机驱动控制特性是非线性的。这里晶体管 BG_1 的输出特性也即电机的输出特性（机械特性）。横轴坐标 U_a 与 E 对应可理解成转速轴坐标，纵轴坐标与 I_a、T_e 对应可理解成转矩轴。图 2.5 绘出了集电极输出时的电机控制特性。显然，机械特性和调节特性都是非线性的，但力矩控制特性是线性的。这种特性称电流型控制特性，对直接调速控制不适用，但适用于转矩控制，在位置伺服系统中使用，或在有速度反馈的调速系统中使用，详见后续分析。

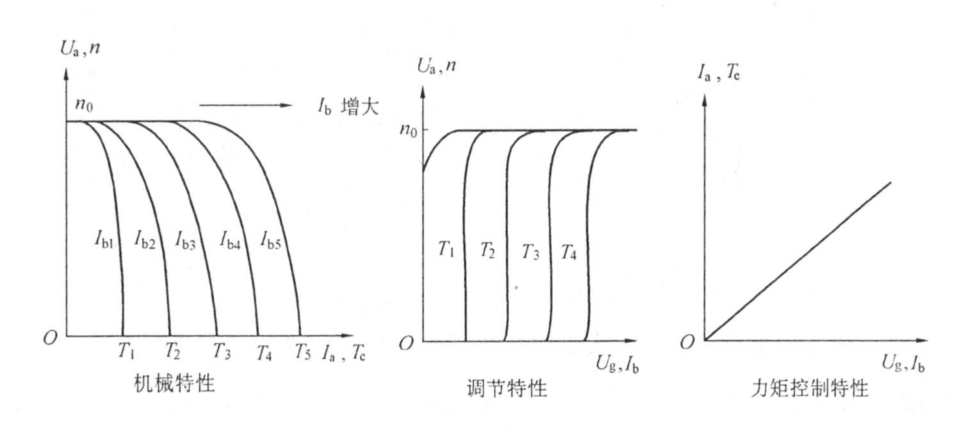

图 2.5　集电极输出时的输出特性

2. 射极输出型

图 2.6 所示是射极输出型电机驱动控制接法。由回路方程可写出

$$U_{b1} = Ku_g = U_{b2} = U_{be2} + U_a = U_{be2} + (U_S - U_{ce2}) \tag{2.5}$$

又因为

$$E = C_E\Phi n = (U_S - U_{ce2}) - R_a I_a \tag{2.6}$$

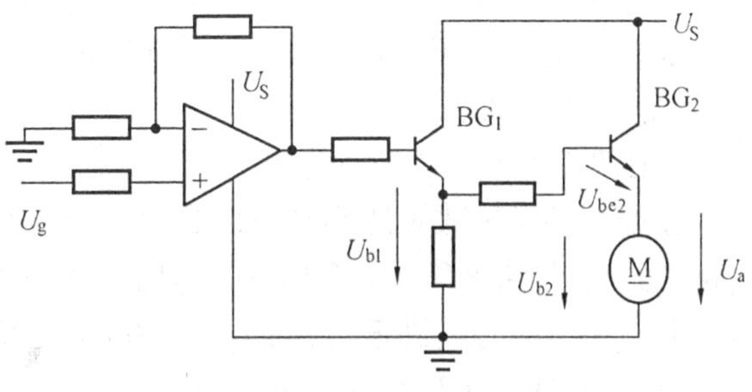

图 2.6　射极输出驱动控制电路

所以

$$n = (U_S - U_{ce2})/C_E\Phi - R_a T_e/C_E C_T \Phi^2 = (Ku_g - U_{be2})/C_E\Phi - R_a T_e/C_E C_T \Phi^2 \tag{2.7}$$

由于 U_{be2} 管压降基本为定值，例如 0.6V 左右，所以，转速与转矩的关系为线性关系，转速与给定电压的关系也为线性关系。与电流型控制特性相呼应，这种控制特性称为电压型驱动控制特性。电压型驱动特性直接适合于电机的调速控制。

不可逆变速控制的主要问题是，电流不能反向，无制动能力，也不能反向驱动，电机只能单方向旋转。

2.2.2 GTR 可逆变速控制

可逆变速控制指在四象限对电机进行变速控制，常见的有 T 型互补对称式和 H 型互补对称式两种。

1. T 型互补对称式驱动电路

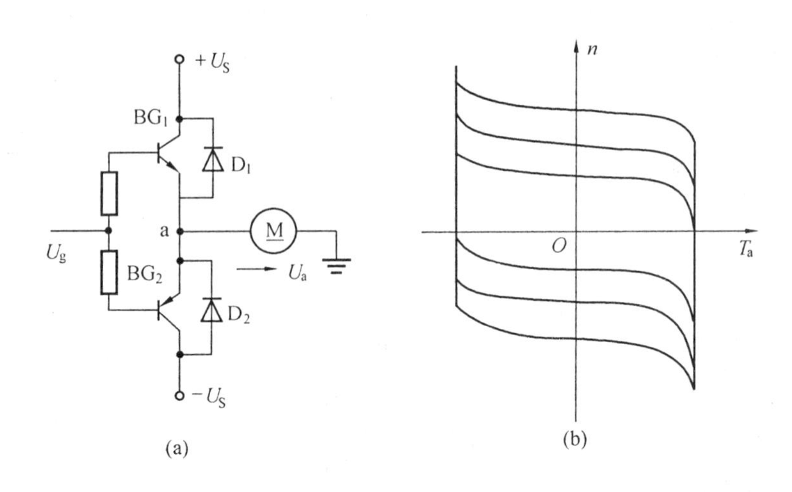

图 2.7　T 型可逆驱动电路及机械特性

图 2.7(a) 所示为 T 型互补对称式驱动电路，图中 BG_1、BG_2 为互补晶体管对，D_1、D_2 为保护用续流二极管，用于电流反向时，对 $L_a \frac{di}{dt}$ 的箝位。当 $u_g = 0$ 时，则 a 点电位 $u_a = 0$，$n = 0$；当 $u_g > 0$，则 $u_a > 0$，BG_1 导通，BG_2 截止，$n > 0$，电机正转。当 $u_g < 0$，则 $u_a < 0$，BG_1 截止，BG_2 导通，$n < 0$，电机反转。T型可逆驱动电路的四象限机械特性如图 2.7(b)，在功率晶体管的线性工作区内，保持了伺服电动机固有的线性机械特性。

2. H 型互补对称式驱动电路

H 型互补对称式可逆驱动电路也是一种常见的电路形式，如图 2.8 所示。当 $U_A = U_B$ 时电机转速为零，当 $U_A > U_B$ 时电机正转，当 $U_A < U_B$ 时电机反转。其机械特性和 T 型互补对称式相同。

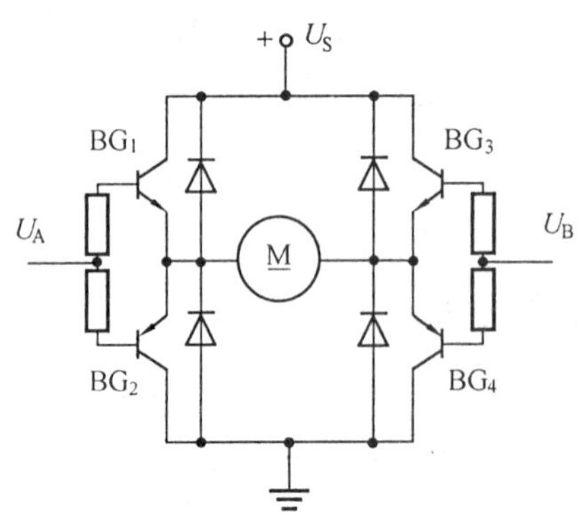

图 2.8　H 型互补对称式驱动电路

这两种驱动电路均属于电压型驱动控制电路。适用于转速控制。

值得注意的是，对于采用测速发电机反馈的变速控制系统，同时采用电流型驱动电路更为适当，此时电流型驱动电路的机械特性的软特性,可用速度反馈来弥补,从而使系统的整体性能更好。详细分析可在系统的动态性能分析有关章节找到。图2.9是两种电流型驱动控制器。

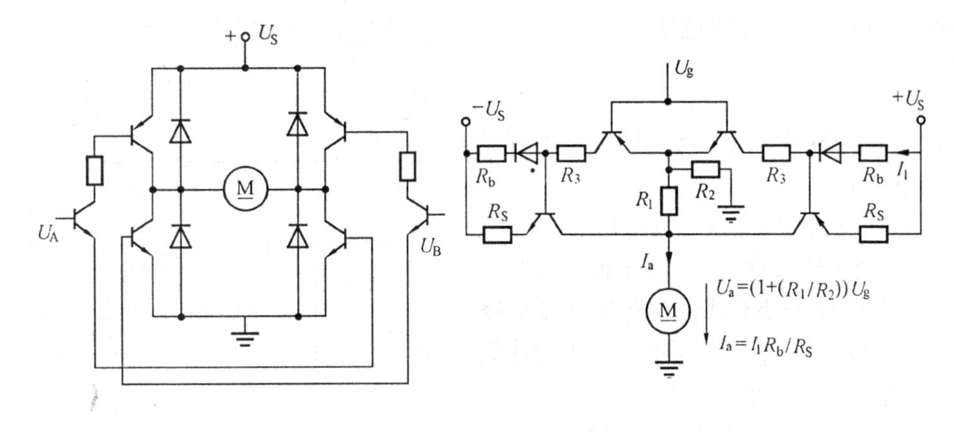

图2.9 电流型驱动控制电路

直接模拟驱动控制,采用线性功率放大器驱动电路,一般只能在几百瓦以下的伺服系统中使用。它们的共同问题是驱动电路的效率低,低速控制时管压降大、发热严重。开关伺服驱动电路具有高效率和低饱和压降,发热小(将在下面给予介绍)。尽管这样,直接模拟驱动控制仍在小功率系统中被广泛采用,特别是在超静驱动系统中,因为模拟驱动的对外部的干扰,比开关驱动时小得多。下面我们再介绍两种使用三端稳压器线性功率器件的电机驱动控制电路。当使用LM338三端稳压器构成电路时,调速范围为1.25 ~ 50V,最大驱动电流可达10A。这种电路谈不上动态特性,但其静态特性良好,电路构成极为简便、实用。图2.10(a)属于射极输出型,也即电压型,具有硬机械特性,能线性地调节转速。图2.10(b)是电流型的,具有软机械特性和线性的转矩控制特性。

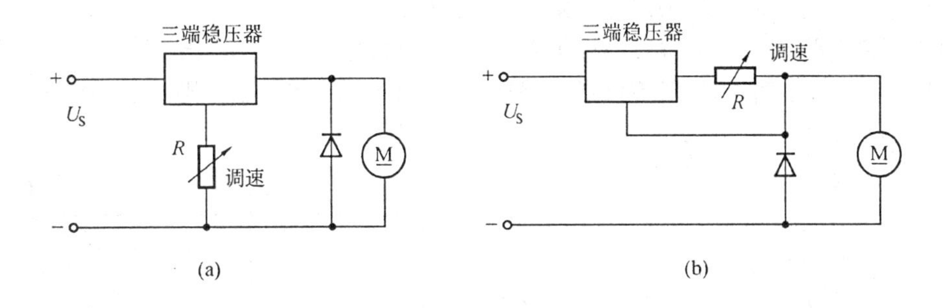

图2.10 使用三端稳压器调速

2.2.3 PAM变速控制

线性功率驱动电路的优点是线路简单、静态特性好,缺点是功率耗损大、效率低,尤其是在低转速、大转矩场合。解决的最好方法是采用开关功率驱动电路。脉冲调幅(PAM)是开关功率驱动电路中的一种。

1. PAM变速控制原理

如图2.11所示,改变调制晶体管的开与关的时间,即改变导通时间,可以改变加在直流电动机两端的平均电压的大小,从而对电机进行调速控制。A点波形与调制频率 f 的周期 T 以及导通时间 t 有关。平均电压

$$U_{av} = U_d \frac{t}{T} \tag{2.8}$$

式中,t/T 是PAM的脉宽占空比。对于不可逆控制(如图2.11),有

$$t \in (0,T) \quad t/T \in (0,1)$$

为了实现线性的脉宽调制,进而实现对电机的线性调速,就需要有线性的脉宽调制电路来保证,使 $t/T = KU_g$,K 为常数,U_g 为脉冲宽度调制电路的给定电压。

BG—调制用开关型晶体管

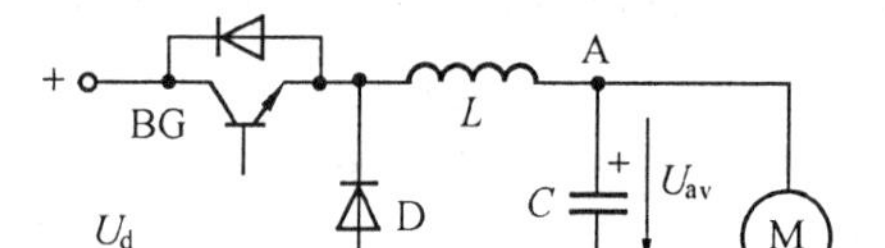

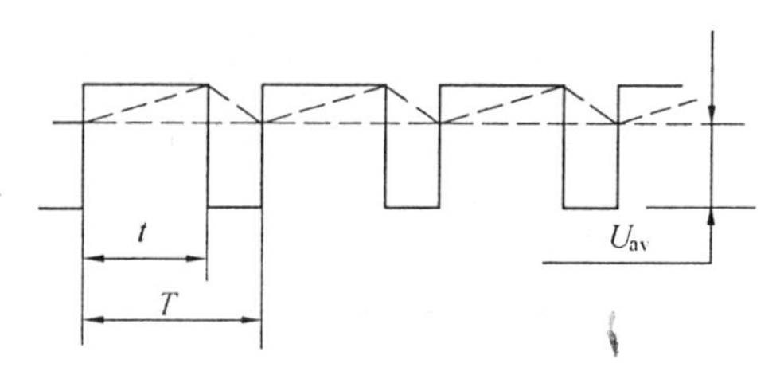

图2.11　PAM电路及波形

图2.12是一个典型的脉冲宽度调制电路。函数发生器产生固定频率为 f 的三角波或锯齿波,与 U_g 控制信号和偏置信号 U_0 在比较器中比较后,即产生宽度被调制的开关信号。U_0 的作用是设置PWM的起始脉冲宽度。

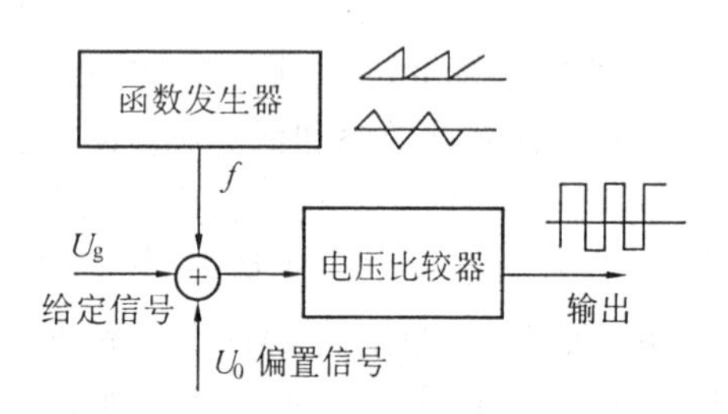

图2.12　脉冲宽度调制电路结构

(1) 若忽略一个开关周期内控制信号的变化,定义信号系数

$$\rho = U_g/U_{gm}$$

式中　U_g—— 控制信号;

U_{gm}—— 控制信号最大值。

(2) 若用三角波调制

对于不可逆电路,$U_g \in (0, U_{gm})$,则 $\rho \in (0,1)$;

对于可逆电路,$U_g \in (-U_{gm}, U_{gm})$,则 $\rho \in (-1,1)$。

(3) 若用锯齿波调制,只对不可逆电路适用,所以 $U_g \in (0, U_{gm})$,则 $\rho \in (0,1)$。

(4) 输出脉冲的占空比 t/T 与信号系数 ρ 之间的关系为:

不可逆电路采用单极性调制时

$$t/T = |\rho| \tag{2.9}$$

采用双极性调制时

$$t/T = (1+\rho)/2 \tag{2.10}$$

脉宽调制(PWM)的输出特性如图2.13所示。

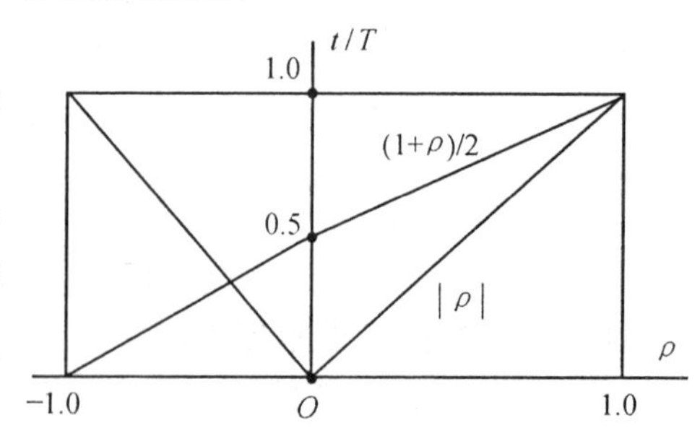

图2.13　脉宽调制输出输入特性

下面介绍脉宽调制的具体电路。

(1) 锯齿波脉宽调制器

单结晶体管振荡器的输出频率

$$f = 1/T = I_C/CU_p \tag{2.11}$$

式中 U_p 为BT管的峰值电压，可实现脉冲宽度调制的电路如图2.14，单极性调制波形如图2.15。

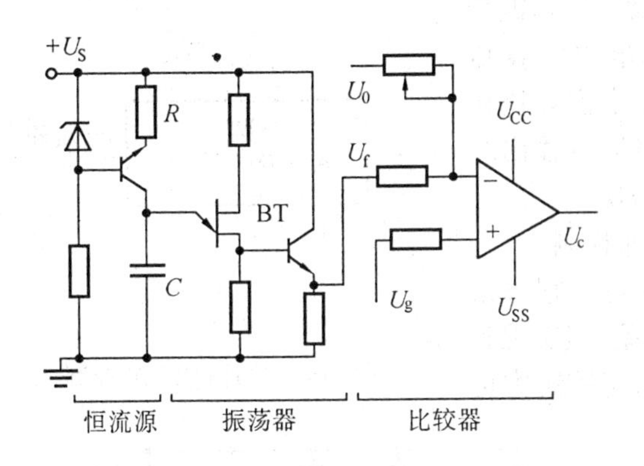

图2.14　锯齿波脉宽调制器

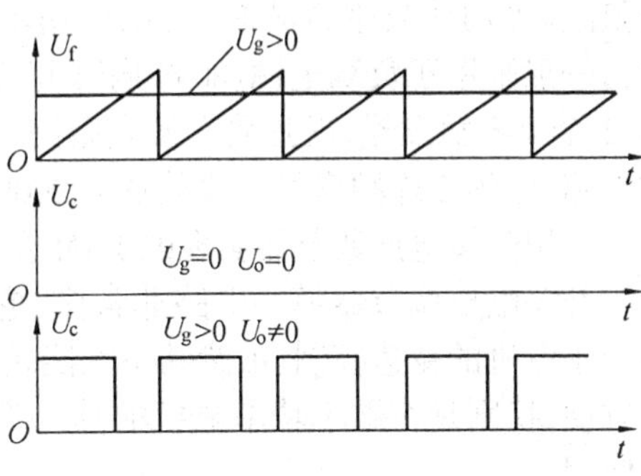

图2.15　单极性调制波形($U_{SS}=0$)

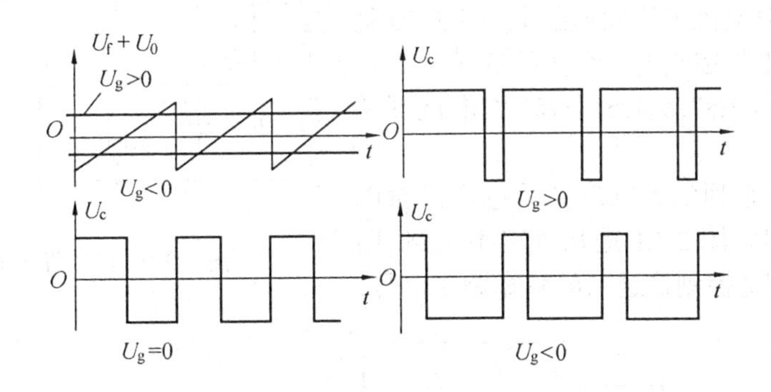

图2.16　双极性调制波形($U_{SS}=-U_{CC}$)

单极性调制控制专用IC芯片很多，例如SG3524、TL494、TL495、MB3759、TL497等，这类电路一般称为开关稳压器及控制器，将在典型电路中给予介绍。通过直流偏置电压 U_0 的设置，可实现双极性调制。双极性调制更多是采用下面介绍的三角波调制器。

(2) 三角波调制器

由三角波发生器和电压比较器组成的三角波调制器如图2.17所示。U_0 偏置保证了过零比较。三角波发生器的输出频率由

$$f = 1/T = R_f \alpha_w / 4R_t RC \tag{2.12}$$

决定。调制器的工作波形可仿效前面的分析，由读者自行绘制。实现PWM调制有很多方法，例如，直接利用单片计算机的片载PWM实现脉宽调制；也可以采用专用的函数发生器电路。

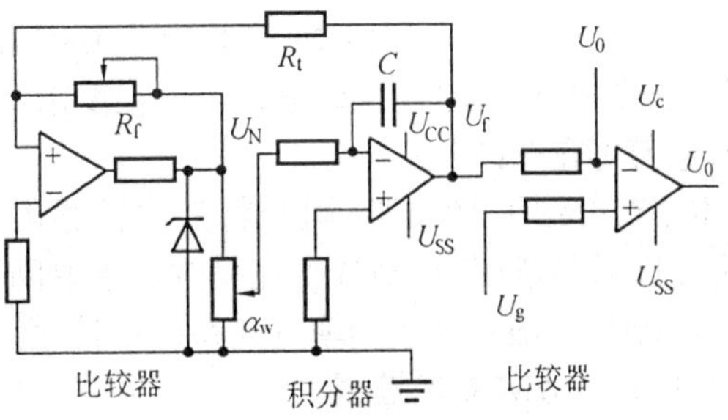

图2.17　三角波调制器

(3) 数字式脉冲宽度调制

有些单片计算机专门设置了PWM脉宽调制输出，像8098、8096和80C552等等通过软件编程实现脉宽调制。在以后章节中我们将给出一例。

(4) 专用函数发生器电路 8038(5G8038)

8038 是低成本函数发生器,可产生方波、三角波和正弦波。当用作发生方波时,可以使用单电源(U_{SS} 接地),一般采用正负双电源。8038 内部有 2 个窗口比较器,1 个 R-S 触发器,正弦波变换电阻网络以及输出缓冲电路,它的工作频率可以覆盖 0 ~ 200kHz。

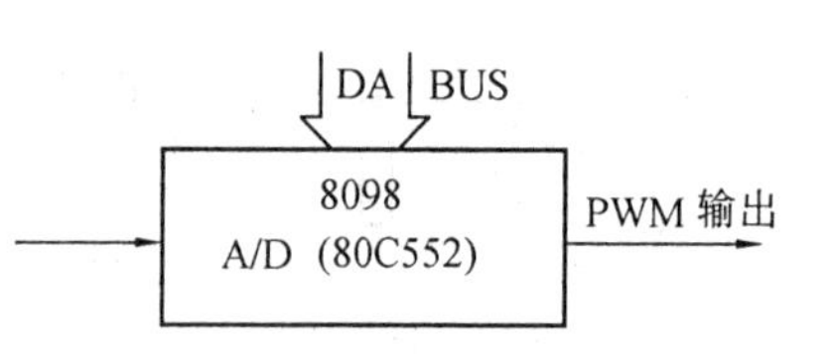

图 2.18 单片机 PWM 控制

2. 用开关电压调节器实现的 PAM 变速控制

开关电压调节器模块电路非常多。它可以很方便地用于电机的变速控制。虽然动态性能较差,但实现起来方便,特别是在微小功率电机的静态调速控制中可以使用。

(1)TH5001 开关电压调节器控制电机

TH5001 开关电压调节器和其他很多类似的电路均可以对电机进行调速控制。图 2.20 是这类电路实现电机控制的一个实际例子。

(2) 利用 TWH8778、8751、8752 大电流开关进行电机控制

利用 TWH 系列的大电流开关也可以对电机进行调速控制。图 2.21 是几个实用电路,图中 U_g 是脉冲调宽控制器送来的脉宽调制信号,

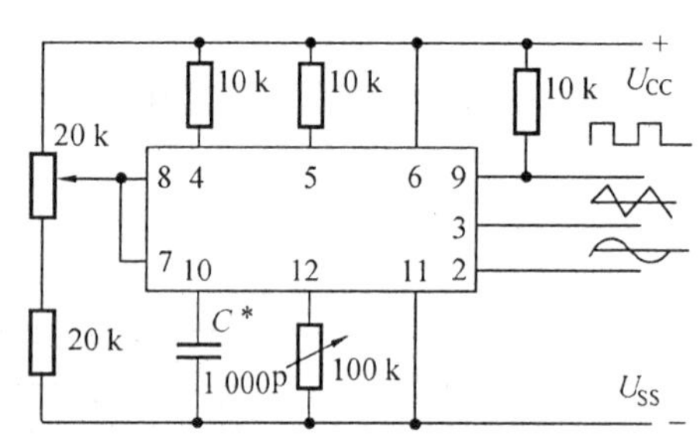

图 2.19 函数发生器 8038

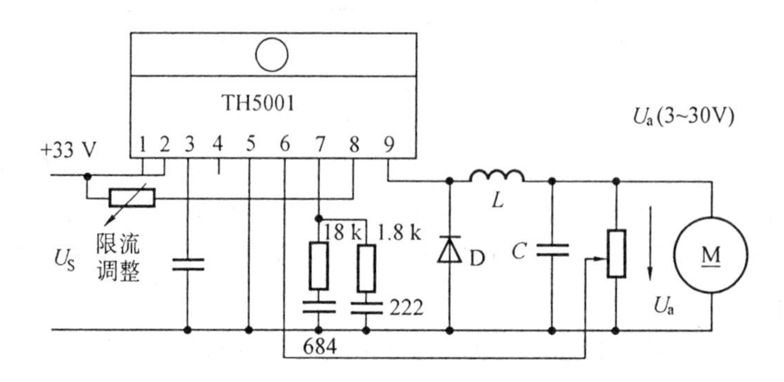

图 2.20 TH5001 开关电压调节器电机控制电路

也可以是模拟电压信号。这些电路可以在要求不高的静态调速场合使用,工作电压在 25V 以下,电流可在 5A 以下。

本小节介绍了 PAM 变速控制,其中脉宽调制(PWM) 作为一种独立的方法具有一般性,可在以后各章使用。PAM 变速控制的主要问题是:(1) 不易实现可逆变速控制。(2) 响应较慢。PAM 一般只在小功率调速系统中使用。

2.2.4 PWM 变速控制

直流电动机脉宽调制(PWM) 调速控制在 1975 至 1985 年间已达到鼎盛发展时期。最近几年的发展主要体现在功率驱动元件的发展上,例如 IGBT 功率元件的使用提高了 PWM 的工作频率,并实现所谓“超静”、“绿色驱动”。现在直流调速技术在国内也已过关。调速系

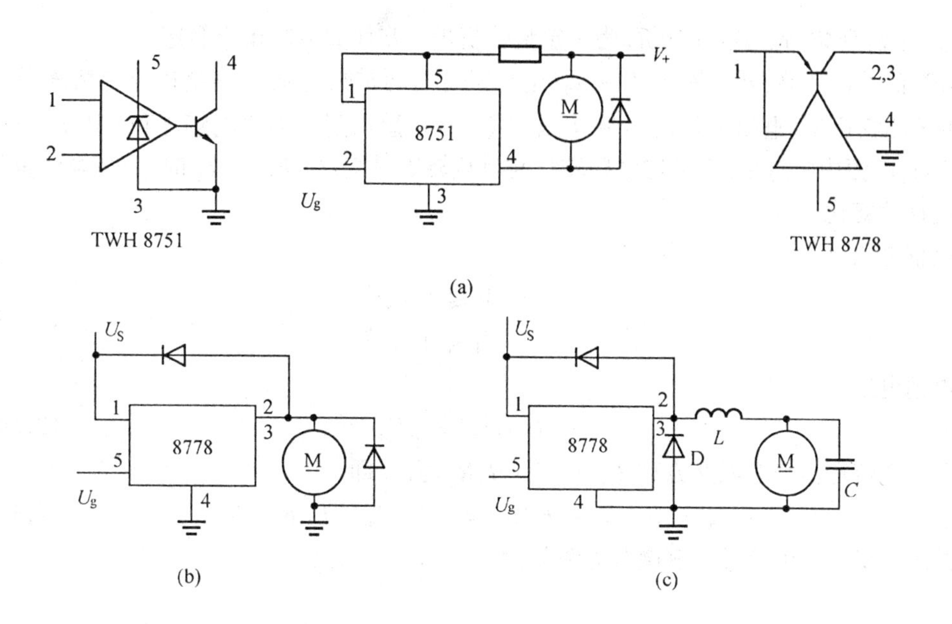

图 2.21　利用大电流开关的电机控制电路

统的功率可以达到 1 000VA 以上。

1.PWM 不可逆变速控制

(1) 最简单的开关调速系统

图 2.22 是一个最简单的开关调速系统,虽然该电路也是通过平均电压的变化来实现对电机的调速控制,但与 PAM 相比有很大差别。简单 PWM 开关控制的主要问题是:以方波电压源方式驱动电机,电机电枢电流可能出现断续,而电流断续会引起转矩的波动,甚至引起转速失控。这也是本节要重点讨论的。

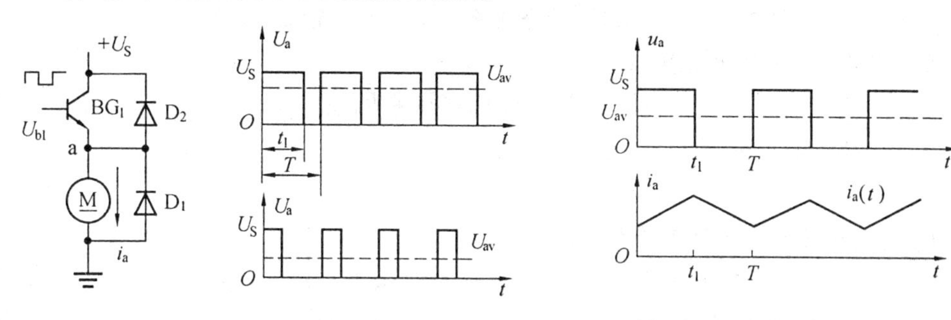

图 2.22　最简单的开关调速系统

图 2.23　连续电枢电流波形

(2) 电流连续时的电压、电流和机械特性

对于图 2.22 所示的电路,开关管 BG_1 加脉宽调制信号,如图 2.23。当 $t \in (0, t_1)$,BG_1 饱和导通,电枢与 U_S 接通,由于 $U_S > E$,电流按指数规律上升,电机将电能转换成机械能传递给负载。同时,电流增加,电枢电感储能($\frac{1}{2}Li_a^2$) 增加。在 $t \in (t_1, T)$ 时间,BG_1 截止,U_S 被断开,这时,电机的自感电势 $e_L = -L_a\frac{\mathrm{d}i_a}{\mathrm{d}t}$ 通过二极管 D_1 将维持续流,电机消耗存储

的磁能，电流衰减。此为定性分析。为了定量分析进一步作如下简化或假定：

BG_1 的惯性忽略；开关周期 $T \ll t_m$（电机机电时间常数），则 T 周期内反电势 E 为常量；电枢回路用 R_a（电枢电阻）、$L_d = L_a + L_f$（电枢电感与附加串联电感之和）和 E（反电势）等效；电源内阻忽略；当平均电磁转矩与负载转矩平衡，即 $T_{av} = T_L$ 时，电枢电流重复出现周期性变化。

电枢电压

$$u_a = \begin{cases} U_S & 0 \leqslant t < t_1 \\ 0 & t_1 \leqslant t < T \end{cases} \tag{2.13}$$

平均电枢电压

$$U_a = U_S t_1 / T = \rho U_S \tag{2.14}$$

电枢平均电流可由稳态回路方程 $U_a = E + I_a R_a$ 写出，即

$$I_a = U_a / R_a - E / R_a = \rho U_S / R_a - E / R_a \tag{2.15}$$

电枢的脉动量 ΔI_a 可通过求解微分方程得到。

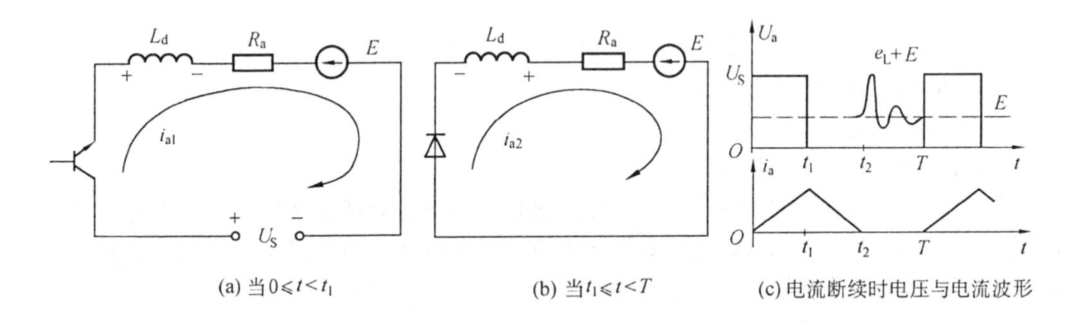

图 2.24 (a)、(b) 瞬态等效电路 (c) 电压与电流波形特性

对于图 2.24(a) 有回路方程

$$U_S = E + L_d \mathrm{d}i_{a1}/\mathrm{d}t + R_a i_{a1} \tag{2.16}$$

对于图 2.24(b) 有回路方程

$$0 = E + L_d \mathrm{d}i_{a2}/\mathrm{d}t + R_a i_{a2} \tag{2.17}$$

忽略 R_a，用近似方法解上述两方程，则

$$L_d \mathrm{d}i_{a1}/\mathrm{d}t = U_S - U_a \qquad 0 \leqslant t < t_1 \tag{2.18}$$

$$L_d \mathrm{d}i_{a2}/\mathrm{d}t = -U_a \qquad t_1 \leqslant t < T \tag{2.19}$$

解得

$$i_{a1}(t) = i_{a1}(0) + (U_S - U_a)t/L_d \quad 0 \leqslant t < t_1 \tag{2.20}$$

$$i_{a2}(t) = i_{a2}(t_1) - U_a(t - t_1)/L_d \quad t_1 \leqslant t < T \tag{2.21}$$

显然，$i_{a1}(t)$ 随时间单调上升，$i_{a2}(t)$ 随时间单调下降，在各自的端点取极值。于是，代入端点值有

$$i_{a2}(T) = i_{a2}(t_1) - U_a(T - t_1)/L_d = i_{amin} \tag{2.22}$$

并由图可看出

$$i_{a2}(t_1) = i_{amax}$$

所以电枢电流的脉动量

$$\Delta I_a = i_{a2}(t_1) - i_{a2}(T) = U_a(T - t_1)/L_d = \rho U_S(T - t_1)/L_d = \rho U_S T(1 - \rho)/L_d \tag{2.23}$$

令$\frac{d\Delta I_a}{d\rho} = 1 - 2\rho = 0$,解得 $\rho = 1/2$,说明电流波动分量的极值出现在控制信号 $\rho = 1/2$ 时,其值为

$$\Delta I_{amax} = U_S T/4L_d \tag{2.24}$$

可以看出电流波动与 U_S 成正比,与开关频率 $f = 1/T$、电感成反比。

机械特性的求取,由于电流连续,故有

$$U_a = E + I_a R_a \tag{2.25}$$

$$E = C_E\Phi n = \rho U_S - I_a R_a \tag{2.26}$$

$$n = \rho U_S/C_E\Phi - R_a T_e/C_E C_T\Phi^2 \tag{2.27}$$

机械特性的表达式与传统模拟控制的相同。

(3) 电流断续时的电压、电流和机械特性

电流断续出现在轻载和空载,此时,导通时间较短,$t_1 \ll T$,且有由于某种原因使反电势高于驱动器平均输出电压 U_a 的情况。在 $0 \leqslant t < t_1$ 区间,$E < U_S$,电流线性增长,电源作功,电感储能。在 $t_1 \leqslant t < T$ 内,BG_1 截止,在此期间,时刻 t_2 以前,由于电流换路,自感电势 $e_L = -L_d i_a/dt$ 的作用,由 D_1 维持续流,故 U_a 为一个 D_1 正向压降;直至 t_2 时刻,$i_a = 0$。因为不可逆电路电流不能反向,由于 $e_L = -L_d i_a/dt$(图中斜率)在电枢绕组引起自感电势,其值可高于 U_S,则 D_2 导通,并由 D_2 箝位在 U_S 上。从实测波形可以看到有一段振荡波形,如图 2.24(c),也即自感电势的能量将消耗在电机回路中。这个过程是周期重复的。由于电流断续可能出现一些问题:如图 2.24(c) 中,$U_a(t)$ 波形中多出一块,这意味着,即使电流为零,仍有能量使电机加速。造成空载时,无法用改变 ρ 来线性地改变电机的转速了。当然这还有待于进一步分析。下面进行定量分析。

电枢电压表达式

$$u_a = \begin{cases} U_S & 0 \leqslant t < t_1 & i_a > 0 \\ 0 & t_1 \leqslant t < t_2 & i_a > 0 \\ e_L + E & t_2 \leqslant t < T & i_a = 0 \end{cases} \tag{2.28}$$

电流断续时的电流解参考电流连续的解析式,则

$$i_{a1}(t) = (U_S - U_a)t/L_d \qquad 0 \leqslant t < t_1 \tag{2.29}$$

$$i_{a2}(t) = i_{a2}(t_1) - U_a(t - t_1)/L_d \qquad t_1 \leqslant t < t_2 \tag{2.30}$$

由图 2.24(c) 可以看出电流波动

$$\Delta I_a = i_{amax} = i_{a1}(t_1) = (U_S - U_a)t_1/L_d \tag{2.31}$$

又因为 $i_{a2}(t_2) = 0$,代入式(2.29) 和(2.30) 得

$$t_2 = U_S t_1/U_a \tag{2.32}$$

平均电流分量

$$I_a = i_{amax}t_2/2T = U_S t_1^2[(U_S/U_a) - 1]/2L_d T =$$
$$U_S T\rho^2[U_S/U_a - 1]/2L_d \tag{2.33}$$

再由 $U_a = E + I_a R_a$,可进一步写出 $n = f(T_e, \rho)$ 机械特性表达式,由于比较繁杂在此从略,仅简单描绘如下:

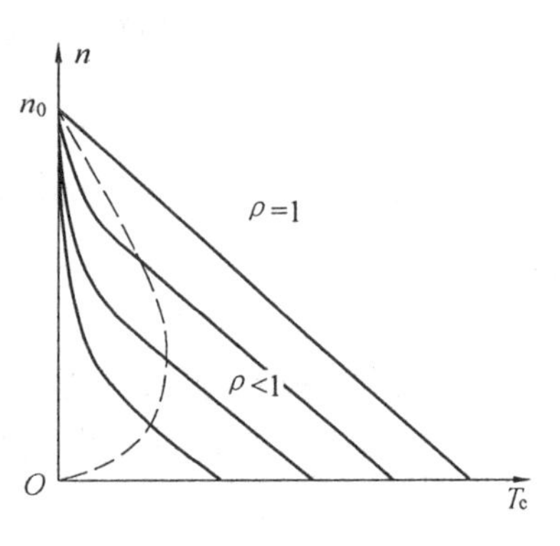

图 2.25　非线性机械特性图

由于电机空载,$I_a \to 0$,则 $U_a \to U_S$,这样 $I_{a0} = 0$,$n = n_0$,$U_S/U_a = 1$,对于任何 ρ,有 $I_a = 0$,$n = n_0$。这说明电流断续,则电机空载转速与给定无关,转速失控。下面的问题是如何防止电流断续和转速失控现象的出现?也就是讨论,满足什么条件,可以保证电流连续。

(4) 临界电流和临界电感解析

不难想象,当 $t_2 = T$ 时,电流保持了临界连续。此时,平均电流

$$I_a = \Delta I_a t_2/2T = \Delta I_a/2 = U_S T(\rho - \rho^2)/2L_d \tag{2.34}$$

令 $dI_a/d\rho = 0$,得 $\rho = 1/2$,代入上式,可得临界电流

$$I_{aL} = U_S T/8L_d \leqslant I_{a0} \tag{2.35}$$

式(2.35)也即能保证电流连续的临界条件。如果电机一体化设计能保证参数比小于电机的空载电流,即使电机空载,$I_a = I_{a0}$,电流也是连续的,不会出现转速失控现象,参数

U_S—— 由功率容量决定,由额定转速 n_N 决定;

T—— 由采用什么功率开关元件决定,GTR 取 2kHz 左右,IGBT 取 18kHz 左右;

L_a—— 由电机槽数、槽型、气隙、匝数决定;

I_{a0}—— 由电机机械加工、换向器半径、电机空载损耗决定。

若以上参数均不能再改变,只能通过在电枢回路中串联附加电感的方法,此时

$$L_d = L_a + L_f \tag{2.36}$$

式中 L_f 为电枢回路中串联的附加电感。条件 $I_{a0} > I_{aL}$ 是电动机 PWM、PAM 不可逆开关控制的基本约束条件,具有普遍意义。

2. PWM 可逆变速控制

图2.26是直流电动机广泛采用的H桥结构PWM可逆驱动电路。由于可逆驱动允许电流反向,所以电流连续条件自行满足,但它的电流脉动比电流连续单极性驱动时大,且电流脉动极值发生在空载情况。

(1) 双极性工作制

所谓双极性工作制是在一个开关周期(时间 T)内,BG_1、BG_4 和 BG_2、BG_3 两组晶体管加交替导通信号。

当 BG_1、BG_4 这一组晶本管所加导通信号的时间比 BG_2、BG_3 这一组所加导通时间长时,如图 2.26 所示,由于 $i_a > 0$,所以 BG_2、BG_3 不会导通,电机正转。当两组晶体管导通时间相同时,i_a 将有正、负半周,但平均值为零,电机停转。当 BG_2、BG_3 导通时间长于 BG_1、BG_4,则 $i_a < 0$,BG_1、BG_4 不会导通,电机反转。由于允许电流反向,所以电流总是连续的。仍

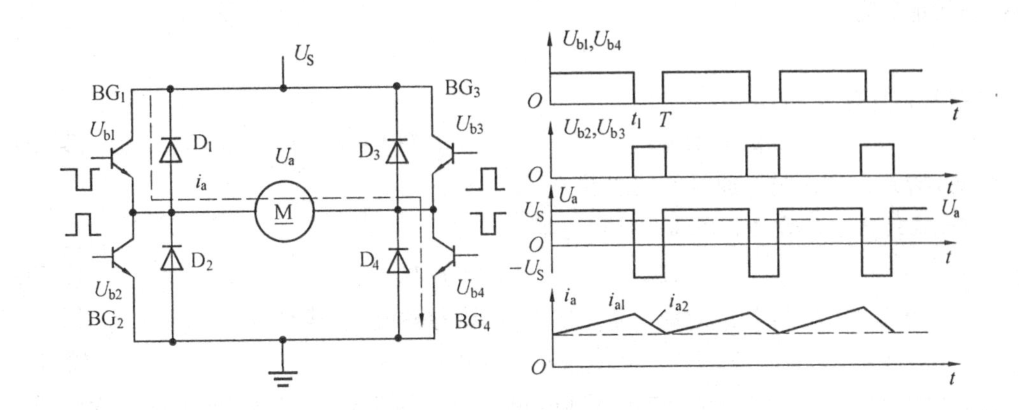

图 2.26　H 桥 PWM 驱动电路

按前面的方法进行分析。

开关放大器的输出电压

$$u_a = \begin{cases} U_S & 0 \leqslant t < t_1 \\ -U_S & t_1 \leqslant t < T \end{cases} \tag{2.37}$$

输出电压平均值

$$U_a = [U_S t_1 - U_S(T - t_1)]/T \tag{2.38}$$

电枢电流平均值

$$I_a = (U_S - E)/R_a \tag{2.39}$$

电枢电流的脉动量

$$\Delta I_a = U_S T(1 - \rho^2)/2L_d \tag{2.40}$$

下面对电枢电流的脉动量表达式进行推导:

当 $0 \leqslant t < t_1$,回路方程

$$U_S = R_a i_{a1} + L_d \mathrm{d}i_{a1}/\mathrm{d}t + E = L_d \mathrm{d}i_{a1}/\mathrm{d}t + U_a \tag{2.41}$$

当 $t_1 \leqslant t < T$,回路方程

$$-U_S = R_a i_{a2} + L_d \mathrm{d}i_{a2}/\mathrm{d}t + E = L_d \mathrm{d}i_{a2}/\mathrm{d}t + U_a \tag{2.42}$$

也即

$$L_d \mathrm{d}i_{a1}/\mathrm{d}t = U_S - U_a \qquad 0 \leqslant t < t_1 \tag{2.43}$$

$$L_d \mathrm{d}i_{a2}/\mathrm{d}t = -(U_S + U_a) \qquad t_1 \leqslant t < T \tag{2.44}$$

解上述微分方程得

$$i_{a1}(t) = i_{a1}(0) + (U_S - U_a)t/L_d \qquad 0 \leqslant t < t_1 \tag{2.45}$$

$$i_{a2}(t) = i_{a1}(t_1) - (U_S + U_a)(t - t_1)/L_d \qquad t_1 \leqslant t < T \tag{2.46}$$

脉动电流可用式(2.46)求得

$$\Delta I_a = i_{a1}(t_1) - i_{a1}(0) = (U_S + U_a)(T - t_1)/L_d \tag{2.47}$$

用式(2.47)去除式(2.45)可得

$$U_a/U_S = 2t_1/T - 1 \tag{2.48}$$

再按原始定义有

$$U_a/U_S = \rho$$

代入式(2.48),有

$$\rho = 2t_1/T - 1 \qquad t_1 = T(1+\rho)/2 \tag{2.49}$$

式(2.49)表示占空比与导通时间的线性关系。

将此式代入 ΔI_a 表达式可求出脉动电流

$$\Delta I_a = U_S T(1-\rho^2)/2L_d \tag{2.50}$$

显然,$\rho = 0$、$t_1 = T/2$ 时,或对应电机空载时,电流脉动最大,其值为

$$\Delta I_{amax} = U_S T/2L_d \tag{2.51}$$

从式(2.51)可以看出,双极性 PWM 驱动的最大电流脉动比单极性 PWM 驱动大一倍。ΔI_{amax} 将产生电机铜耗,当 U_S、T 选定后,同样可以通过电枢回路串联附加电感($L_d = L_a + L_f$)来控制电流脉动。

由于 PWM 可逆驱动电流连续与不可逆电流连续情况相同,故机械特性的表达式是相同的,即平均转速 $n = \rho U_S/C_E\Phi - R_a T_e/C_E C_T\Phi^2$ 用相对值表示时,若令 $U_S/C_E\Phi = n_0$,$T_d = C_T\Phi U_S/R_a = C_T\Phi I_d$,则

$$n/n_0 = \rho - T_e/T_d \tag{2.52}$$

$$n^* = \rho - T_e^* \tag{2.53}$$

式中 T_d—— 起动转矩;

n_0—— 理想空载转速。

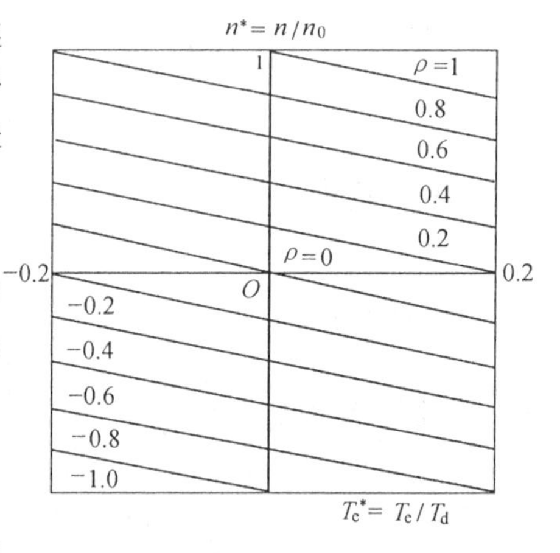

图 2.27 机械特性

(2) 单极性工作制

可逆开关功率驱动电路还有一种单极性工作方式,它仍采用图 2.26 所示的 H 桥 PWM 驱动电路,但功率晶体管的基极驱动信号不同。正转时,令 BG_3 始终加截止信号,BG_4 始终加导通信号,并通过控制 BG_1 和 BG_2 进行调速。反转时,令 BG_4 始终加截止信号,BG_3 始终加导通信号,并通过控制 BG_1 和 BG_2 进行调速。这种驱动方式相当于单极性、带能耗制动的情况。用 ρ 来调节电机的转速,旋转方向单独控制。导通时间与 ρ 的关系是

$$t_1 = |\rho| T \qquad t_1 \in (0, T) \tag{2.54}$$

最大电流脉动

$$\Delta I_{amax} = U_S T/4L_d \tag{2.55}$$

由于电流连续,具有线性调节特性和机械特性,即

$$n^* = \rho - T_e^* \tag{2.56}$$

单极性工作制,基极控制稍复杂,在 $n = 0$ 附近,死区较大,快速控制特性较差。

在单极性工作制中还有一种单极性倍频工作方法。这种方法,采用特殊的基极驱动信号,功率开关的工作特性相当于单极性控制,使电机的线电压开关频率比功率开关的工作频率提高一倍。

2.3 驱动电路的设计

驱动电路的性能很大程度上影响整个系统的工作性能。有许多问题需要慎重设计，例如，导通延时、泵升保护、过压过流保护、开关频率、附加电感的选择等。一个考虑不周的电路是无法实际使用的。

2.3.1 开关频率和主回路附加电感的选择

力矩波动也即电流波动，由系统设计给定的力矩波动指标为 $\Delta I/I_N$，对有刷直流电动机而言，通常在(5 ~ 10)% 左右。为了便于分析可认为

$$\Delta I/I_N = \Delta I/(U_S/R_d) \tag{2.57}$$

式中 R_d 为电枢回路总电阻。代入前面各种驱动控制方式的 ΔI 表达式中，消去 U_S，可求出：

对于单极性控制

$$L_d/R_d \geqslant 5T \sim 2.5T\text{(可逆或不可逆)} \tag{2.58}$$

对于双极性控制

$$L_d/R_d \geqslant 10T \sim 5T \tag{2.59}$$

式中 T 为功率开关的开关周期。

对于有刷直流电动机，电磁时间常数 L_d/R_d 一般在 10ms 至几十毫秒。若采用 GTR，开关频率可取 2kHz 左右，$T = 0.5$ms。若采用 IGBT，开关频率可取 18kHz 以上，所以上式均能满足。若采用 GTO 或可控硅功率器件，由于工作频率只有 100Hz 左右，此时应考虑在主回路附加电抗器，且

$$L_d = L_f + L_a \tag{2.60}$$

对不可逆系统还应进一步检查临界电流，$I_{aL} = U_S T/8L_d \leqslant I_{a0}$ 应小于电机空载电流，防止空载失控。

对于低惯量电机、力矩电动机，由于电磁时间常数很小(几个毫秒或更小)，此时应考虑采用开关频率高的 IGBT 功率开关器件。

2.3.2 功率驱动电路的选择

小功率驱动电路可以采用如图 2.28 所示的 H 桥开关电路。U_A 和 U_B 是互补的双极性或单极性驱动信号，TTL 电平。开关晶体管的耐压应大于 1.5 倍 U_S 以上。由于大功率 PNP 晶体管价格高，难实现，所以这个电路只在小功率电机驱动中使用。当四个功率开关全用 NPN 晶体管时，需要解决两个上桥臂晶体管(BG_1 和 BG_3) 的基极电平偏移问题。图 2.29H 桥开关电路利用两个晶体管实现了上桥臂晶体管的电平偏移。但电阻 R 上的损耗较大，所以也只能在小功率电机驱动中使用。

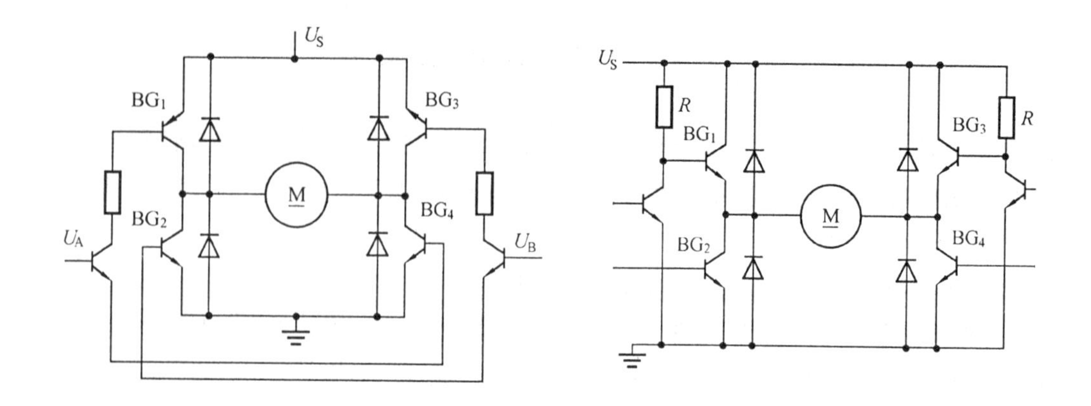

图 2.28　H 桥开关电路(Ⅰ)　　图 2.29　H 桥开关电路(Ⅱ)

当驱动功率比较大时,一般桥臂电压也比较高,例如直接取工频电压,单相 220V,或三相 380V。为了安全和可靠,希望驱动回路(主回路)与控制回路绝缘。此时,主回路必须采用浮地前置驱动。图 2.30 所示的浮地前置驱动电路都是互相独立的,并由独立的电源供电。由于前置驱动电路中采用了光电耦合,使控制信号 U_A、$\bar{U}_A$、U_B、$\bar{U}_B$ 分别与各自的前置驱动电路电气绝缘,于是使控制信号对主回路浮地(或不共地)。

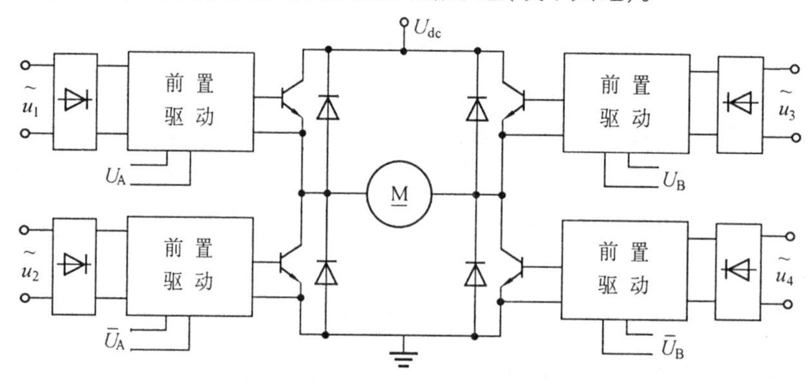

图 2.30　大功率驱动电路

2.3.3　具有光电耦合绝缘的前置驱动电路

对于大功率驱动系统,希望将主回路与控制回路之间实行电气隔离,此时常采用光电耦合电路来实现。有三种常用的光电耦合电路如图 2.31 所示,其中普通型的典型型号是 4N25、117 等,高速型的典型型号有 985C,高电流传输比型也称达林顿型,典型型号有 113 等。

图中,普通型光耦的 $I_c/I_d = 0.1 \sim 0.3$;高速型光耦采用光敏二极管;高电流传输比型光耦的 $I_c/I_d = 0.5$;它们的上升延时时间和关断延时时间分别为 $t_r, t_s > 4 \sim 5\mu s$;$t_r, t_s < 1.5\mu s$;t_r, t_s 为 $10\mu s$ 左右。

光电耦合器与后续电路结合就能构成前置驱动电路,如图 2.32 所示。这个前置驱动电路的上升延时 t_r——3.9μs,关断延时 t_s——1.6μs,可以在中等功率系统中使用。

为了对功率开关提供最佳前置驱动,现在已有很多专用的前置驱动模块。这种驱动模

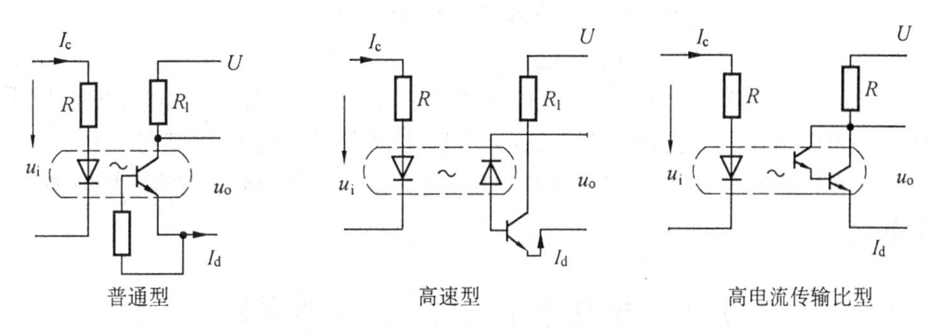

图 2.31　典型光电耦合器电路

块对功率开关提供理想前置驱动信号，保证功率开关迅速导通，迅速关断，对功率开关的饱和深度进行最佳控制，对功率开关的过电流、过热进行检测和保护。例如，EX356、EX840等等。

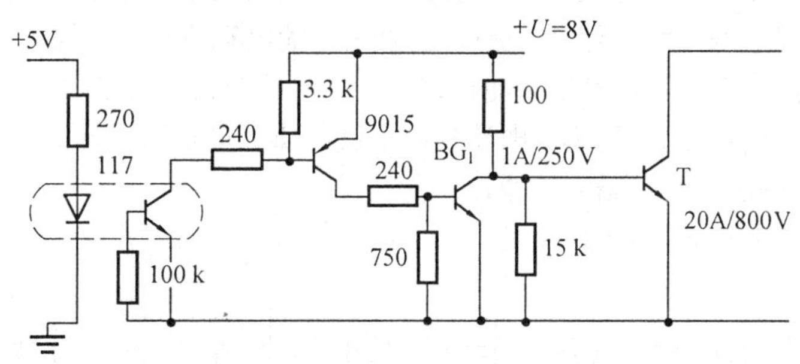

图 2.32　前置驱动电路

2.3.4　防直通导通延时电路

对H桥驱动电路上下桥臂功率晶体管加互补信号，由于带载情况下，晶体管的关断时间通常比开通时间长，这样，例如当下桥臂晶体管未及时关断，而上桥臂抢先开通时就出现所谓“桥臂直通”故障。桥臂直通时电流迅速变大，造成功率开关损坏。所以设置导通延时，是必不可少的。图 2.33 是导通延时电路及其波形。

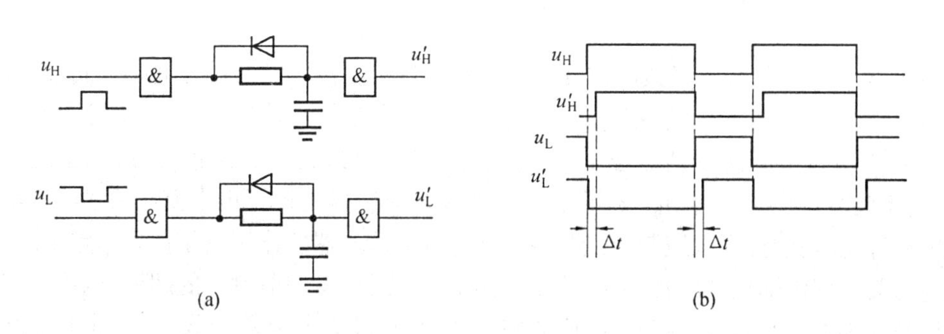

图 2.33　导通延时电路及波形

导通延时，有时也称死区时间，可通过 RC 时间常数来设置；对 GTR 可按 0.2μs/A 来设置；对 MOSFET 可按 0.1 ~ 0.2μs 设计，且与电流无关，IGBT 可按 2 ~ 5μs 设计。举例说明，若为 GTR，f = 5kHz，双极性工作，调宽区域为 $T/2$ = 1/10 = 0.1ms。若 I = 100A，则

$\Delta t=0.2\times 100=20\mu s$，则 PWM 调制分辨率最大可能性为

$$(T/2)\Delta t=0.1/0.02=5 \qquad (2.61)$$

这说明死区时间占据了调制周期的 1/5，显然是不可行的。所以对于 100A 的电机系统，GTR 的开关频率必须低于 5kHz。例如，2kHz 以下，此时分辨率达 12.5 左右。

驱动电路的设计还有很多问题，例如过压、过流、过热、泵升保护等等，具体请在电力电子学中查阅。

2.4 小功率 PWM 位置伺服系统

位置伺服系统应用很广，例如数控机床中的两个进给轴（y 轴和 z 轴）的驱动；机器人的关节驱动；x-y 记录仪中笔的平面位置控制；摄、录像机的磁鼓驱动系统；至于低速速率控制或对瞬时转速有要求时，也必须采用位置伺服控制。显然，步进电动机很适合应用于位置控制，但是在高频响、高精度和低噪声三方面，直流电动机更具有明显的优越性。

无论是采用有刷还是无刷直流电动机，PWM 脉宽调制技术目前已占主导地位，而且小功率 PWM 伺服控制系统专用集成电路目前也已经使用得相当普遍。

2.4.1 位置伺服系统的结构与原理

1. 经典位置伺服系统的结构

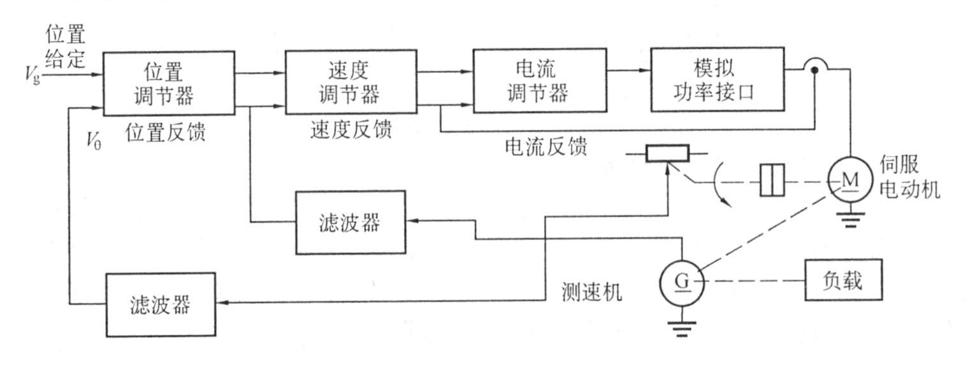

图 2.34 经典位置伺服系统

图 2.34 所示为传统或经典的位置伺服系统。图中，旋转式电位器与电动机同轴，电位器的输出电压 V_θ 与位置成线性关系。位置传感器是系统必不可少的环节。位置调节器将位置给定信号 V_g 与位置反馈信号 V_θ 之差值通过调节器进行动态校正，然后送至速率调节器、电流调节器，即经过外环、中环、内环三个闭环调节器的校正再由模拟功率接口驱动伺服电动机，实现位置伺服控制。在这个系统中，位置调节器的作用是使位置给定 V_g 与 V_θ 的偏差向最小变化。速度反馈调节器的主要作用是阻尼位置调节过程的超调。电流调节器的作用是减小力矩波动，改善动态响应的快速性，并对最大电流进行限定等。滤波电路的作用是滤除位置或速率传感器输出信号中的谐波信号。以上各环节的参数的设计和整定应根据具体的负载的性质（力矩和惯量的大小），以便满足位置伺服精度的要求。

显然，当负载性质变化时，经典位置伺服系统的硬件参数应该作相应变化，这对于硬件伺服系统是难以进行的。而计算机实现的数字控制系统却很容易实现。经典系统采用模

拟功率驱动接口，功率损耗大，性能难提高，目前只在微小功率、低成本和低精度的场合中被采用。

2. 数字控制伺服系统的结构

图 2.35 所示是数字控制伺服系统。它由计算机控制器、PWM 功率驱动接口、传感器接口和电机本体四部分组成。计算机的作用是：完成位置信号的设置，根据传感器接口给出的绝对零位脉冲和正、反位置反馈脉冲计算位置偏差，再由纯软件方法或软件硬件结合的方法实现位置、速率和电流反馈控制，产生 PWM 脉宽调制信号，最后由 PWM 功率开关接口对电动机进行最终的功率驱动。在这个系统中，由于反馈控制是通过软件实现的，故可以根据负载的性质改变系统参数，求得最佳匹配。信号滤波也可以通过软件实现，更有可能通过计算机补偿技术使传感器精度得以补偿提高。计算机控制在可靠性、小型化、联网群控制等方面的优点都是经典模拟伺服系统无法比拟的。

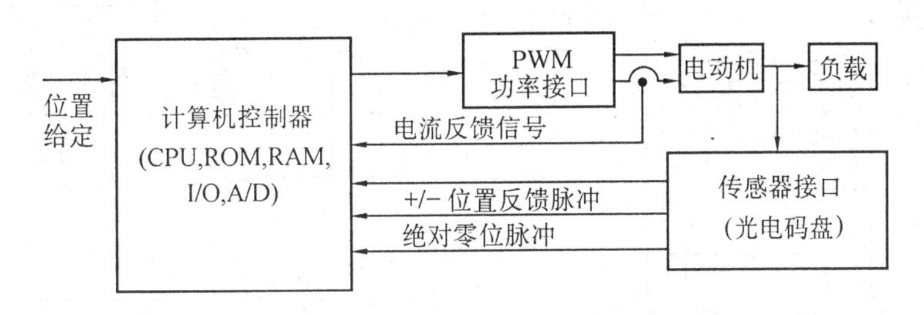

图 2.35　数字控制伺服系统

最后需要指出的是，受计算机控制器速度的影响，全数字化的位置伺服系统的实现还存在一定的困难。

3. 主要接口电路

(1) 功率接口

功率接口电路常称为主回路。直流伺服系统中大多采用脉宽调制(Pulse Width Modulation)技术，简称 PWM。小功率 PWM 功率开关接口均采用全控型功率开关器件，也即自关断器件，例如：GTR、MOSFET 和 IGBT。它们的主要性能指标可用反向耐压、工作电流和开关频率来表示。三个参数的经验取值为：反向耐压应有 2 倍以上余量，工作电流应有 2 ~ 4 倍左右余量，开关频率应与实际工作频率相当。功率驱动电路的基本类型如图 2.36 所示。其中，H 桥功率驱动接口适用于有刷电动机，三相桥功率接口适用于无刷伺服电动机。图中 VT_1 ~ VT_6 是大功率晶体管(GTR)，也可以采用绝缘栅型的功率晶体管(IGBT)，当然也可以采用场效应管(MOSFET)。D_1 ~ D_6 是续流二极管。由于 H 桥和三相桥功率接口可以对电动机绕组施加 $\pm U_S$ 双极性电源，允许电机绕组反向，使电机按正、反两个方向旋转，故这种方法称为双极性驱动器和可逆驱动。功率模块具有更紧凑的结构，每个模块内封装多个功率开关元件和续流二极管，直接构成 H 桥或三相桥结构。小瓦数功率集成电路内部甚至已经封装入每个功率开关的基极驱动电路。例如 L298，它内含双 H 桥以及基极驱动电路，在功能上已经满足一个完整的功率驱动接口的要求。又如 IR2130，可以驱动一块大单元 1GBT 功率模块，构成完善的功率驱动接口。智能化集成功率驱动模块也已经商品化，例如富士公司的第三代 N 系列智能模块(PIM)、三菱公司的 IPM 模块。

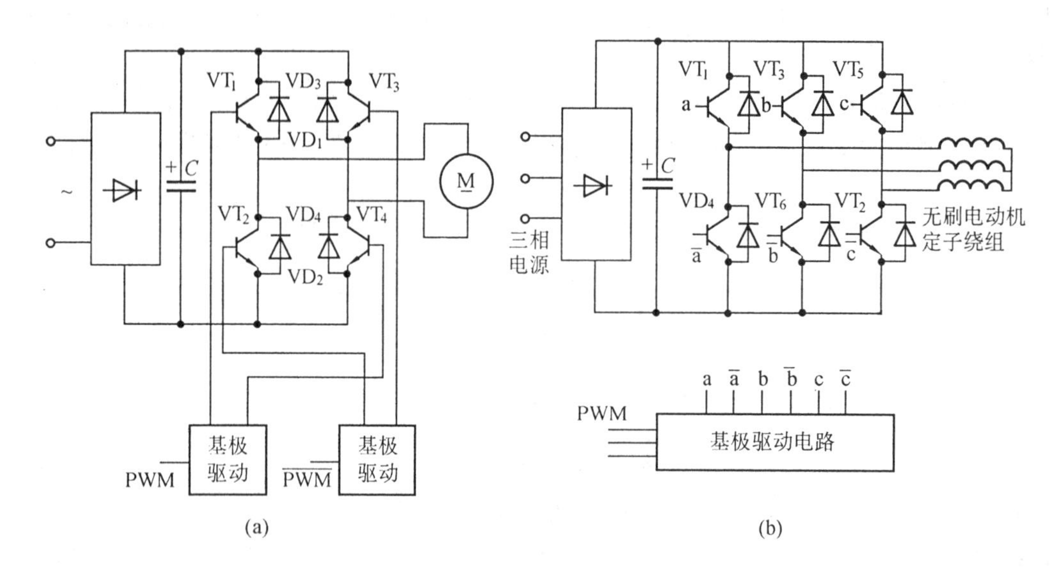

图 2.36　功率驱动接口

(a) H 桥功率驱动接口　(b) 三相桥功率驱动接口

(2) 电流反馈接口

在高精度位置伺服系统中电流反馈接口几乎是必不可少的环节。图 2.37 是电流反馈接口示意图。电流环一般做成 P 调节器或 PI 调节器。电流反馈接口的作用,可以由计算机控制器来代替,此时将构成全数字化位置伺服系统,如图 2.38。然而,目前使用的最普遍的仍是如图 2.37 所示的混合式位置伺服系统。在这个系统中,电流环采用了模拟电路,虽然增加了硬件,但是,它与全数字化伺服系统相比,为计算机减少了 A/D 与 D/A 转换所需的时间占用。

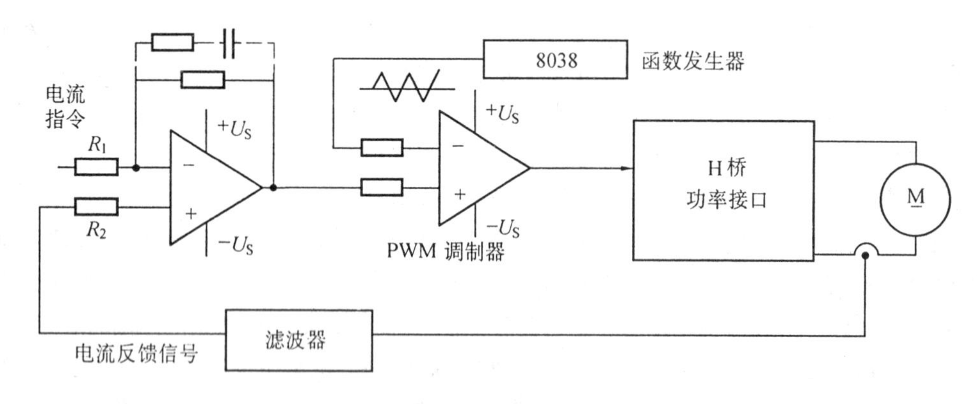

图 2.37　电流反馈接口

(3) 位置传感器接口

位置传感器是必不可少的重要环节。在数字伺服系统中使用最普遍的是增量式光电编码器位置传感元件。当传感器转轴匀速转动时,编码器输出 A、B 两相脉冲以及绝对零位脉冲 Z,如图 2.39 所示。若每转一周的脉冲个数为 N,则编码器的分辨率为

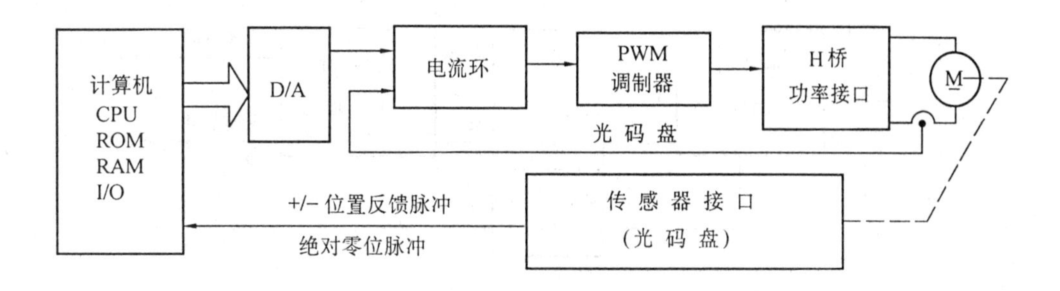

图 2.38 数字、模拟混合式位置伺服系统

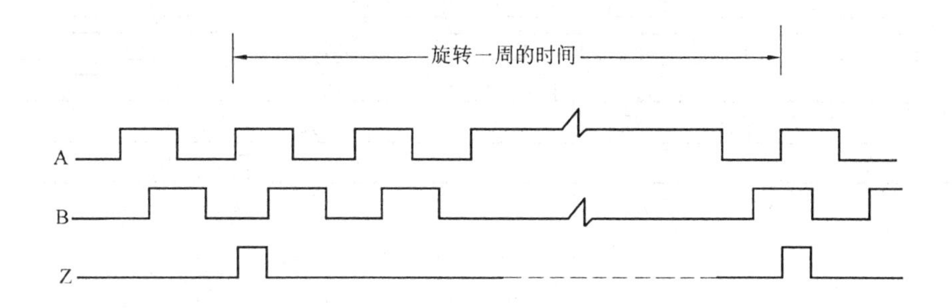

图 2.39 增量式编码器输出信号

$$K_e = 360°/N \tag{2.62}$$

转轴的空间绝对位置为

$$\theta_n = \theta_0 + K_e X \tag{2.63}$$

式中 X—— 脉冲数；

θ_0—— 转子的初始位置。

若以绝对零位脉冲 Z 为检测的计数起点，则 θ_0 为零，绝对位置变成

$$\theta_n = K_e X \tag{2.64}$$

但是位置伺服系统在进入位置伺服控制前，必须首先检测出输入转角的"绝对零位"，这是由于使用增量式位置传感器带来的缺陷。绝对位置编码器由于价格高，实际系统中很少采用，而旋转式电位器只在微小功率的系统中被采用。

为了反应编码器轴的旋转方向，应采用 A、B 两相脉冲，再由判别转向的逻辑电路，转换成正转脉冲(Upuls)和反转脉冲(Downpuls)。完整的位置传感器接口如图 2.40(a) 所示。图中，鉴相器 MC4044 的作用是对 A、B 两相信号进行鉴相，并根据 A、B 两相信号的超前、滞后关系，选通输出端口，其输入输出波形如图 2.40(b)。

4. PWM 脉宽调制方法

位置伺服系统采用双极性驱动，所以 PWM 脉宽调制也相应采用双极性调制。占空比 t/T 与信号系数 ρ 之间的关系为

$$t/T = (1 + \rho)/2 \tag{2.65}$$

式中 ρ—— 电压信号系数， $\rho = U_a/U_{Sm}$， $\rho \in (-1,1)$；

t—— 脉冲宽度；

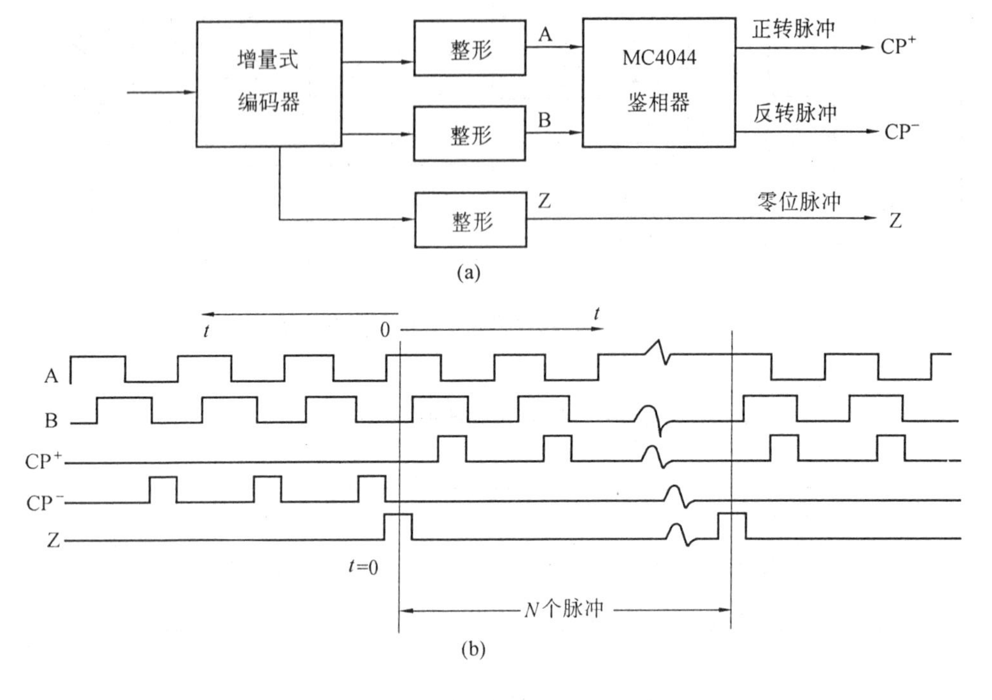

图 2.40　位置传感器接口与工作波形
(a) 位置传感器接口　(b) 信号波形

T—— 脉冲周期。

双极性脉宽调制可以用硬件实现，如图 2.41 所示。图中 8038 是函数发生器 IC 电路，它可以产生对称的三角波信号。

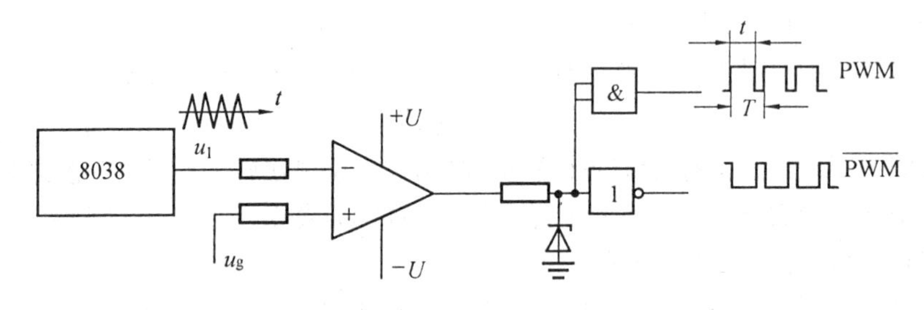

图 2.41　双极性 PWM 脉宽调制电路

PWM 信号也可以利用微机的软件加以实现。

(1) 程序延时方法

以 8031 单片机程序延时方法为例。设以 P3.3 和 P3.4 输出互补的 PWM 脉宽调制信号，并设单片机的时钟为 12MHz，调制频率 2kHz，周期 T 为 0.5ms，调制分辨率

$$\Delta t = T/(2 \times 255) = 500/510 = 1\mu s \tag{2.66}$$

给定值寄存器设在内部 RAM 的 50H 单元，旋转方向标志设在内部 RAM 60H 位地址单元。给定值 N 的取值范围为 0 ~ FFH。软件框图如图 2.42 所示。程序清单如下。

```
        MOV   R2,   50H          ;读给定 N
PWM:    JNB   60H,  CCW1         ;测方向位
        CLR   P3.4
        ACALL  DELAYE            ;导通延时
        SETB  P3.3               ;正转通电
        AJMP  CW1
CCW1:   CLR   P3.3
        ACALL  DELAYE
        SETB  P3.4               ;反转通电
CW1:    ACALL  DELAY0
        DJNZ  R2  CW1            ;N 个单位延时
        ACALL  DELAYE
        JNB   60H,  CCW2         ;测方向位
        CLR   P3.3               ;正转通电
        ACALL  DELAYE
        SETB  P3.4
        AJMP  CW2
CCW2:   CLR   P3.4               ;反转通电
        ACALL  DELAYE
        SETB  P3.3
CW2:    MOVA,   50H              ;求 N 补,送 R2
        CPL   A
        INC   A
        XCH   A,R2
LOOP:   ACALL  DELAY
        DJNZ  R2,LOOP            ;补 N 个单位延时
        RET
```

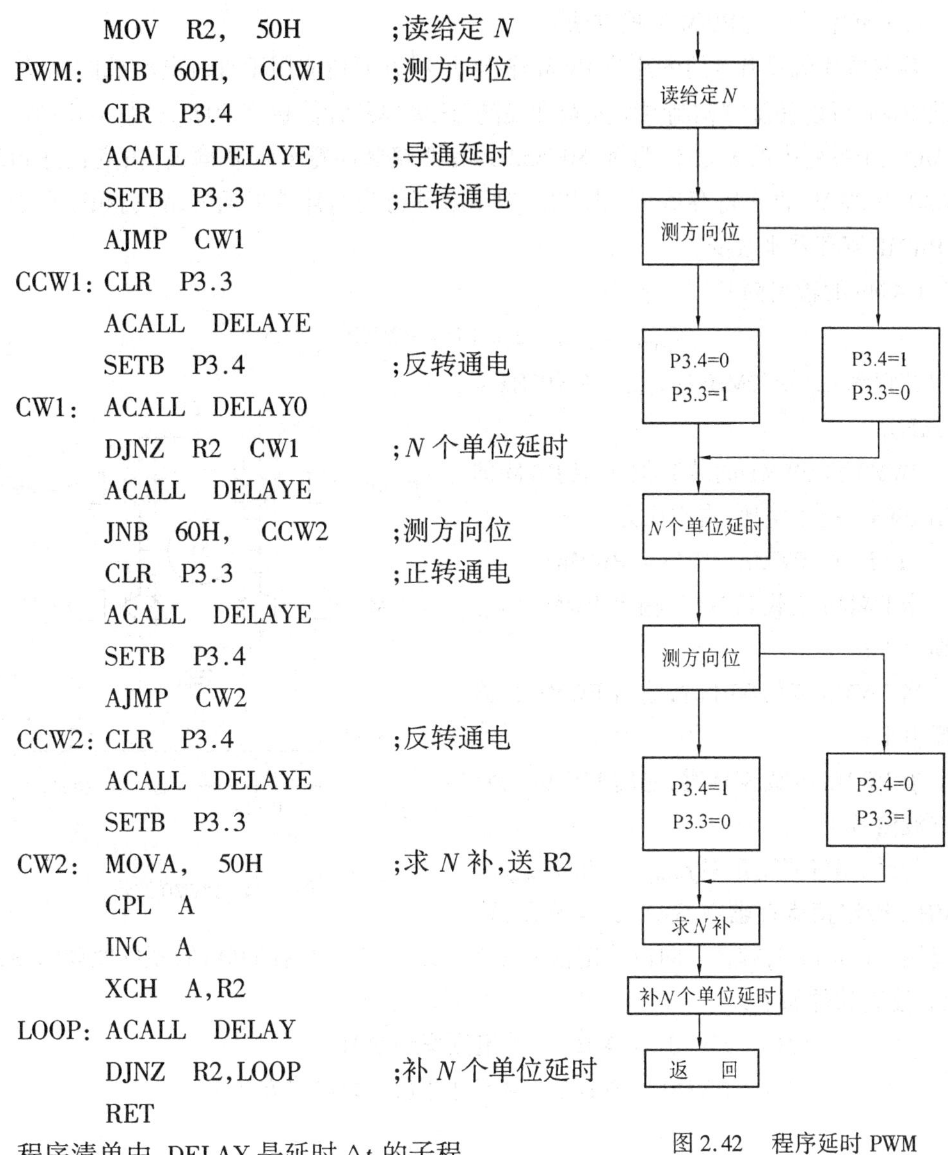

图 2.42　程序延时 PWM

程序清单中,DELAY 是延时 Δt 的子程序,由于 $\Delta t = 1\mu s$,若 8031 采用 12MHz 时钟,$1\mu s$ 即为机器周期。所以,DELAY 延时子程序实际只能用两条 NOP 空操作来代替。同时这也说明软件 PWM 方法受计算机速度的影响,调制频率很难超过 1 ~ 2kHz。这就是为什么目前绝大多数计算机伺服系统采用模拟、数字混合电路的主要原因。程序中 DELAYE 设置导通延时时间,此时间必须大于功率接口中功率开关的关断时间,以防止主回路桥臂直通。连续执行该程序的波形图如 2.43 所示。

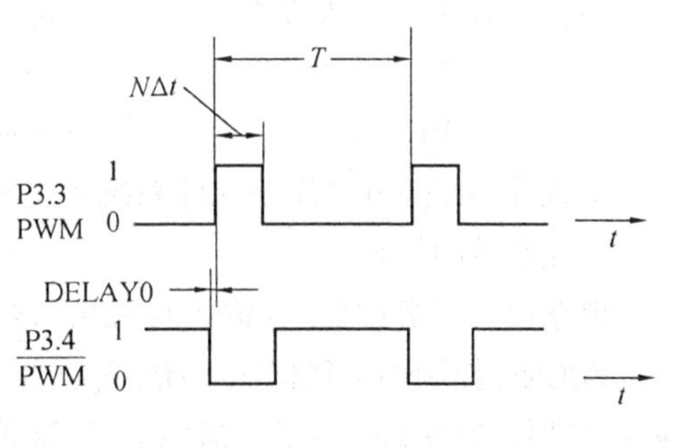

图 2.43　双极性 PWM 波形

(2) 单片机片载 PWM 编程方法

某些单片机具有专门的片载 PWM 输出，可以方便地应用于直流电动机的驱动。使用片载 PWM 可以使脉宽调制频率大幅度提高。这类单片计算机有 8098、8097、8096 等。本节以 MCS-51 系列中的 80C552 为例。80C552 具有两路脉冲宽度调制输出。占空比通过装载 PWM0 和 PWM1 两个寄存器，实时改变，而不必等待当前计数周期的结束。频率可通过装载 PWMP 寄存器来改变。

PWMn 的输出频率

$$f_{pwmp} = f_{osc}/[2 \times (1 + PWMP) \times 255] \tag{2.67}$$

当时钟频率 f_{osc} = 12MHz 时，$f_{pwmp} \in$ (92Hz ~ 23.5kH)。

PWM0 和 PWM1 的装载值决定 PWM 的输出 PWMn 的占空比，占空比为

$$t/T = (PWMn)/(255 - PWMn)$$

当 PWMn 装载 FFH 时，输出 PWMn 为连续高电平；

当 PWMn 装载 00H 时，输出 PWMn 为连续低电平；

当 PWMn 装载 80H 时，输出 PWMn 为对称方波信号。

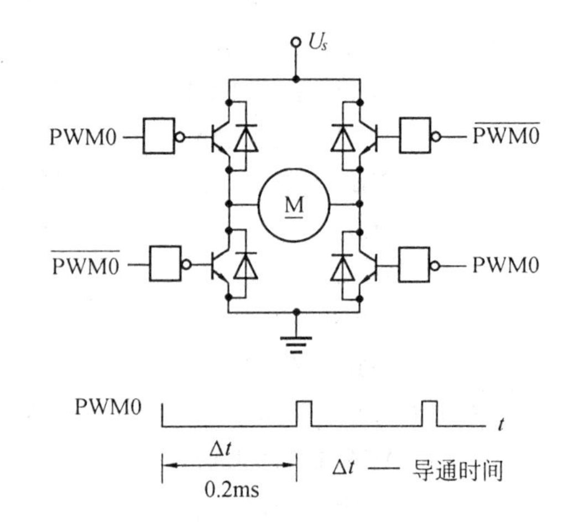

图 2.44　PWM0 波形

若设 PWM 调制频率 f_{pwmp} = 5kHz，f_{osc} = 12MHz，给定值寄存器在 RAM 50H 单元，取值范围为 0 ~ FFH，旋转方向以给定值 80H 为界，属于双极性控制驱动，硬件原理如图 2.44 所示，控制软件如下：

```
          MOV  PWMP, #04H    ;给定频率约 5kHz
          MOV  PWM0, #80H    ;给定脉宽初值为对称方波
          ...
steppwm:  MOV  A,50H         ;读给定脉宽
          MOV  PWM0,A        ;装载 PWM0
          RET                ;返回
```

子程序 steppwm 由控制软件系统的主程序反复调用，实现速度或位置控制。

5. 控制器的结构

根据设计任务的要求(输入与输出)，选定控制器结构如图 2.45 所示。这是一个由单片机 80C552 控制的位置伺服系统，它由六个接口电路组成。其中电流反馈(内环) 接口和速度反馈接口(中环) 均采用模拟电路，这是由于目前单片机的速度(时钟频率) 还不能满足电机系统高速性能的要求。在图示的系统中，单片机 80C552 和 PWM0 脉宽输出信号由电平转换电路变换成双极性脉宽调制信号(如图 2.45 所示)；再由有源滤波电路平滑成连

续的电压信号,这个环节的作用类似 D/A 变换。然后将此电压信号送速度调节器,而后再由电流调节器送至 PWM 功率接口,如图 2.45 所示,显然功率接口应内含 PWM 调制电路。

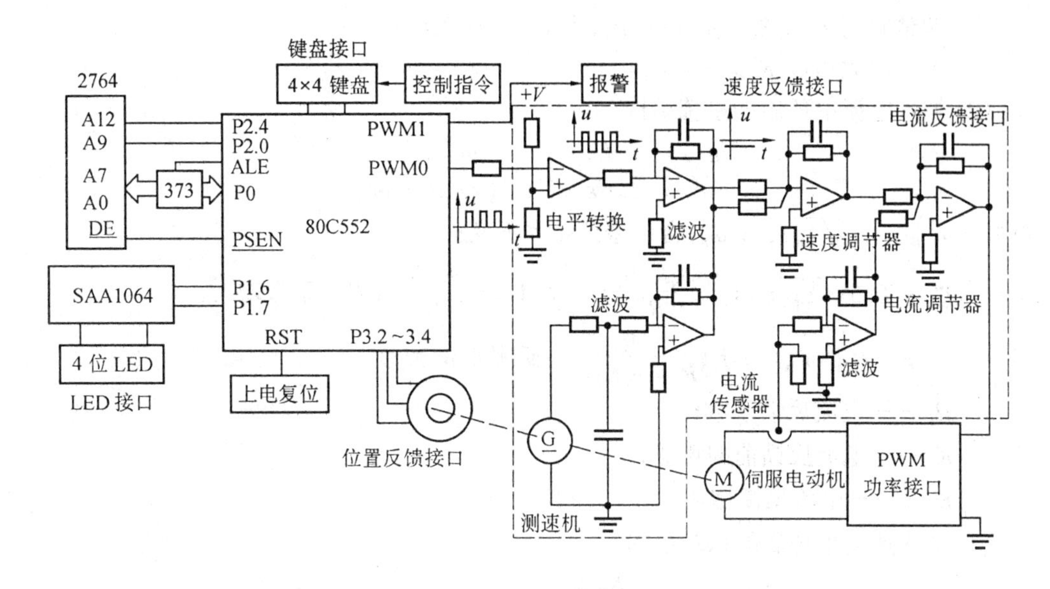

图 2.45　三闭环位置伺服系统

80C522 有四个定时器/计数器,光电编码器占用其中 T0、T1 两个计数器,编码器的零位脉冲接至中断 INT0。80C552 具有 I^2C 总线,可用二根(P1.6 和 P1.7)实现 LED 液晶显示器接口。键盘接口占 P4 口,键盘用于位置给定、运行控制及参数给定。

需要指出的是:对于小功率位置伺服系统而言,电流环和速度环并非必不可少,因此,只有一个位置环的实际系统也是很常见的。此时,只要将 PWM0 直接与 PWM 功率接口相连接,即去掉如图 2.45 所示的虚线部分电路,而且 PWM 功率接口不再需要内含 PWM 调制电路。显然,这种单闭环的位置伺服系统比三闭环系统简单得多。

在实际应用中当然也有采用双闭环的位置系统,即位置环与速度环配合或与电流环配合。无论实际应用系统的控制器结构采用几个闭环,由于速度环、电流环采用模拟电路来实现,这两种附加的环节并不需要软件来实现,所以这类位置伺服系统在软件编程方面是相同的。下面我们给出这类伺服系统的结构描述。

(1) 开环情况下电动机系统的结构

$$\frac{n(s)}{U_a(s)} = \frac{K_S/K_E}{t_m t_e s^2 + t_m s + 1} = \frac{K_S}{K_E}\frac{\omega_n^2}{s^2 + 2\zeta\omega_n s + \omega_n^2} = K\left(\frac{\omega_n^2}{s^2 + 2\zeta\omega_n s + \omega_n^2}\right) \tag{2.68}$$

式中　电磁时间常数 $t_e = L/R$, L 为电枢电感, R 为电枢电阻;

机电时间常数 $t_m = \dfrac{GD^2 R}{375 K_E K_T} = \dfrac{2\pi RJ}{60 K_E K_T}$, K_E 为电势常数, K_T 为转矩常数, J 为机械惯量;

K_S—— 驱动器等效增益;

自由振荡频率 $\omega_n = 1/\sqrt{t_m t_e}$；

阻尼系数 $\zeta = 1/(2t_e\omega_n) = 0.5\sqrt{t_m/t_e}$；

调整时间 $t_s = 3/(\zeta\omega_n) = 6t_e$，当 $\zeta \in (0,0.8)$；

系统放大倍数 $K = K_S/K_E$。

(2) 加入电流单环后的系统结构

$$\frac{n(s)}{U_i(s)} = \frac{K_S}{K_E}\left(\frac{\omega_n'^2}{s^2 + 2\zeta'\omega'_n s + \omega_n'^2}\right) \tag{2.69}$$

式中 $\omega'_n = 1/\sqrt{t_m t_e} = \omega_n$，自由振荡频率不变；

$\zeta' = 0.5\sqrt{t_m/t_e}(1 + \frac{K_i K_S H_i}{R}) = \zeta(1 + \frac{K_i K_S H_i}{R})$，阻尼系数增大；

$t'_s = 3/(\zeta'\omega'_n) = t_s(\frac{R}{R + K_i K_S H_i})$，调整时间减小；

H_i—— 电流反馈系数；

K_i—— 电流反馈前向增益；

$K_i H_i$—— 电流反馈增益。

(3) 加入速度单环后的系统结构

$$\frac{n(s)}{U_n(s)} = \frac{K_n K_S}{1 + K_n K_S H_n}\left(\frac{\omega_n''^2}{s^2 + 2\zeta''\omega''_n s + \omega_n''^2}\right) \tag{2.70}$$

式中 $\omega''_n = \frac{1}{\sqrt{t_m t_e}}\sqrt{1 + \frac{K_n K_S H_n}{K_E}} = \omega_n\sqrt{1 + K_n K_S H_n/K_E}$，自由振荡频率提高；

$\zeta'' = 0.5\sqrt{t_m/t_e}\sqrt{\frac{K_E}{K_E + K_n K_S H_n}} = \zeta\sqrt{\frac{K_E}{K_E + K_n K_S H_n}}$，阻尼系数减小；

$t''_s = \frac{3}{\zeta''\omega''_n} = t_s = 6t_e$，调整时间不变；

H_n—— 速度反馈系数；

K_n—— 速度反馈前向增益；

$K_n H_n$—— 速度反馈增益。

(3) 加入电流、速度双环时的动态结构

$$\frac{n(s)}{U_{gn}(s)} = \frac{K_n K_i K_S}{K_E + K_n K_i K_S H_n}\frac{\omega_n^{*2}(1 + \frac{K_n K_i K_S H_n}{K_E})}{s^2 + 2\zeta^*\omega_n^* s + \omega_n^{*2}(1 + \frac{K_n K_i K_S K_n}{K_E})} = \tag{2.71}$$

$$\frac{K_n K_i K_S}{K_E + K_n K_i K_E H_n}\left(\frac{\omega_n^{*2}}{s^2 + 2\zeta^*\omega_n^* s + \omega_n^{*2}}\right)$$

式中 $\omega_n^* = \omega'_n\sqrt{\frac{K_n K_i K_S H_n}{K_E}} = \omega_n\sqrt{\frac{K_n K_i K_S H_n}{K_E}}$，自由振荡频率提高；

$\zeta^* = \zeta(1 + \frac{K_n K_S H_i}{K_E})\sqrt{\frac{K_E}{K_E + K_n K_i K_S H_n}}$，阻尼系数增加；

$t_s^* = \frac{3}{\zeta^*\omega_n^*} = t_s(\frac{R}{R + K_i K_S H_i})$，调整时间减小。

从上述各种情况系统结构的描述可以看出，实际应用系统用不同的内环结构(仅分析比例调节器校正)，系统模型的结构不变，但系统模型结构的参数 ω_n、ζ、t_s 发生数量上的变化，从而使系统的动态性能得到改善。

6.控制器的数字化

按上一节讨论的各种速率控制电机系统的基本结构为

$$\frac{n(s)}{U(s)} = K\frac{\omega_n^2}{s^2+2\zeta\omega_n s+\omega_n^2} \tag{2.72}$$

当然也可以改写成

$$\frac{n(s)}{U(s)} = \frac{K_n}{(T_1 s+1)(T_2 s+1)} \tag{2.73}$$

若位置外环采用典型的PID调节，则基本结构如图2.46所示。一般可以令 $\tau_2 = T_2$，实现零极点对消，则系统的动态结构变为图2.47所示的典型 Ⅱ 型系统。Ⅱ 型系统将具有更高的动态和静态精度。

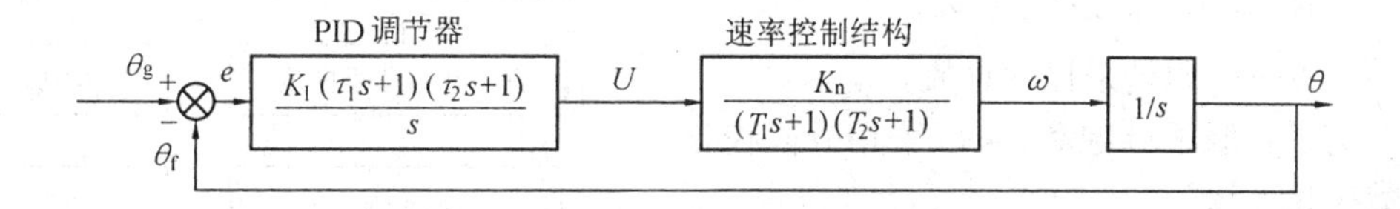

图2.46　位置伺服系统结构图

此时，PID调节器的传递函数为

$$\frac{U(s)}{e(s)} = K_P + K_I/s + K_D s =$$

$$K_I(\frac{K_D}{K_I}s^2+\frac{K_P}{K_I}s+1)/s = K_I(\tau_1 s+1)(\tau_2 s+1)/s \tag{2.74}$$

式中，$K_D/K_I = \tau_1\tau_2$，$K_P/K_I = \tau_1+\tau_2$，且 $\tau_2 = T_2$。连续PID算式可以用数字化方程来表示。

连续PID算式

$$U(t) = K_P[e(t)+\frac{1}{T_I}\int_0^t e(t)\mathrm{d}t + T_D\frac{\mathrm{d}e(t)}{\mathrm{d}t}] \tag{2.75}$$

式中，$e(t) = \theta_g - \theta_f$为偏差信号，也即PID调节的输入信号，$\theta_g$是位置给定信号，$\theta_f$是被控变量，$U(t)$为调节器输出信号。$K_P$为比例系数，$T_I$为积分时间常数，$T_D$为微分时间常数。用$(e_n-e_{n-1})/T$代替$\frac{\mathrm{d}e}{\mathrm{d}t}$，用$\sum_{n=0}^{N}e_n T$代替积分$\int_0^t e(t)\mathrm{d}t$，于是有

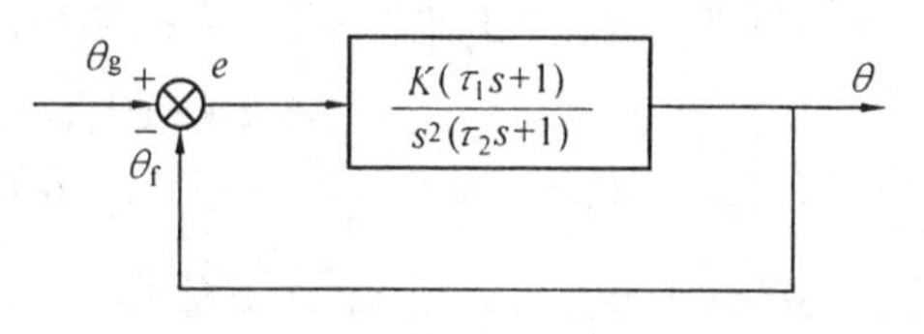

图2.47　Ⅱ 型系统

$$u_n = K_P(e_n+\frac{1}{T_I}\sum_{n=0}^{N}e_n + T_D\frac{e_n-e_{n-1}}{T}) \tag{2.76}$$

式中　T 为采样周期。

上式写成递推表达式为

$$
\begin{aligned}
u_n &= u_{n-1} + K_P[(e_n - e_{n-1}) + \frac{T}{T_I}e_n + \frac{T_D}{T}(e_n - 2e_{n-1} + e_{n-2})] = \\
&u_{n-1} + K_P[\Delta e_n + \frac{T}{T_I}e_n + \frac{T_D}{T}\Delta^2 e_n] = \\
&u_{n-1} + K_P\Delta e_n + K_I e_n + K_D\Delta^2 e_n \qquad n = 1,2,\cdots,N
\end{aligned}
\tag{2.77}
$$

式中　$e_n = \theta_g - \theta_f$,偏差采样值;

$\Delta e_n = e_n - e_{n-1}$,一阶偏差;

$\Delta^2 e_n = \Delta e_n - \Delta e_{n-1}$,二阶偏差;

K_P—— 比例系数;

$K_I = K_P \frac{T}{T_I}$,积分系数;

$K_D = K_P \frac{T_D}{T}$,微分系数;

N—— 每转采样的总数。

为了克服积分饱和,可以采用分段校正的数字化算法为

$e_n \leqslant \varepsilon$　(PID 校正)

$e_n = \theta_g - \theta_f$

$e_n > \varepsilon$　(令 $K_I = 0$,PD 校正)

7.控制程序设计

图 2.48 是伺服系统的主程序框图。它包括,初始化模块、键盘扫描模块、LED 显示模块、速度曲线生成 SCP 模块和 PID 控制模块。本节仅介绍 SCP 和 PID 两个模块的设计。

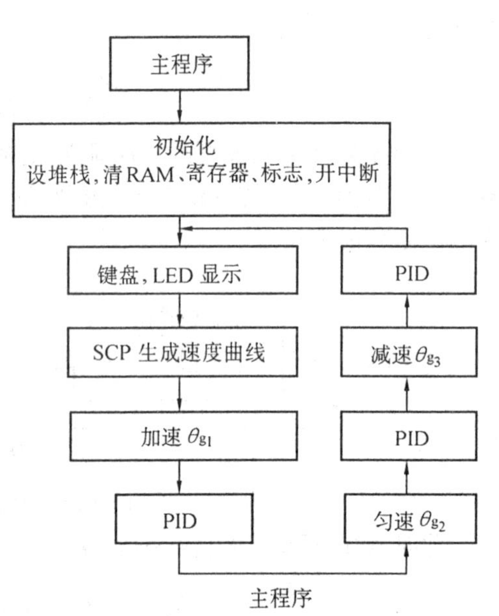

图 2.48　主程序

(1)SCP 速度曲线生成子程序

若要求电机在位置伺服控制中按梯形速度曲线到达目标位置,如图 2.49 所示,则位置给定信号应该按下列三种方式给出:

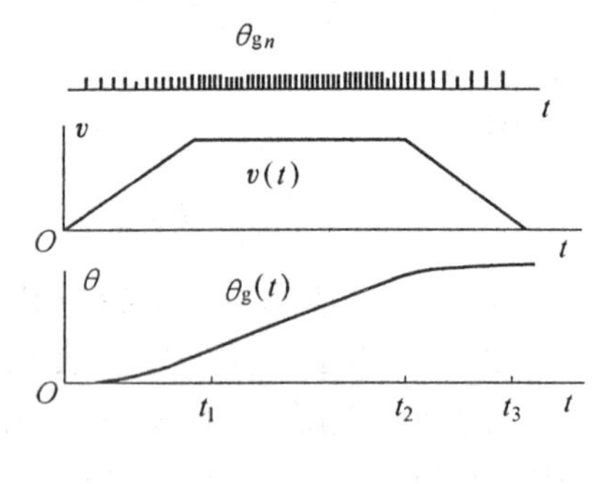

图 2.49　速度曲线

匀加速　$\theta_{g1} = \int_0^t v\mathrm{d}t = \int_a^t t\mathrm{d}t = \frac{1}{2}at^2$　$t \in (0, t_1)$

匀　速　$\theta_{g2} = vt$　$t \in (t_1, t_2)$

匀减速　$\theta_{g3} = -\frac{1}{2}at^2$　$t \in (t_2, t_3)$

位　置　$\theta_g = \sum_{k=1}^{3}\theta_k$

显然,由键盘给定位置伺服控制指令至少应包括:位置 θ_g,速度 v,加速度 a 或最大速度 v_m 三项。由图 2.49 还可以看出,与速度曲线相对应的位置随时间的变化关系。

SCP 速度曲线生成软件就是根据控制指令给出的 θ_g、v、a(或 v_m) 产生一系列与时间有关的位置给定值 $\theta_{gn}(n = 1,2,\cdots)$。软件生成方法很多,但软件所包括的基本内容如下:

例如,要求加速度 $a = 1\text{rpm/s}^2$,恒速值 $v = 120\text{rpm}$,位置 θ_g 停止在 100 转的位置。若伺服系统采用 $K_e = 4\ 000$ 脉冲 / 转的反馈码盘,则各参数的计算值为

$$\theta_{max} = 100K_e = 400\ 000 \quad (\text{个脉冲}) \tag{2.78}$$

若系统的采样周期为 $T = 500\mu s$,则在匀速区,每个采样周期应该给出 V 个位置当量,且

$$V = K_e vT = 4\ 000 \times (120/60) \times 500 \times 10^{-6} = 4(\text{个脉冲} / T) \tag{2.79}$$

用脉冲个数表示的加速度

$$A = 100K_e a(500 \times 10^{-6})^2 = 100 \times 4\ 000 \times 1 \times (500 \times 10^{-8})^2 = 0.1(\text{个脉冲} / T) \tag{2.80}$$

第 n 个周期的速率 V_n,也即速率变量

$$V_n = aT + V_{n-1} = aT + aT + V_{n-2} = anT = 0.1n(\text{个脉冲} / T) \qquad n = 1,2,3,\cdots,N \tag{2.81}$$

也即在匀加速区,每个采样周期递增 0.1 个脉冲当量。当然在均减速区,应递减 0.1 个脉冲当量。为了编程方便,也可以表达成,每增加(或减少)1 个脉冲当量所需要的采样周期数

$$X_t = 1/V_n = 10/n \qquad n = 1,2,3,\cdots,N \tag{2.82}$$

SCP 速度曲线生成软件的程序框图如图 2.50 所示。

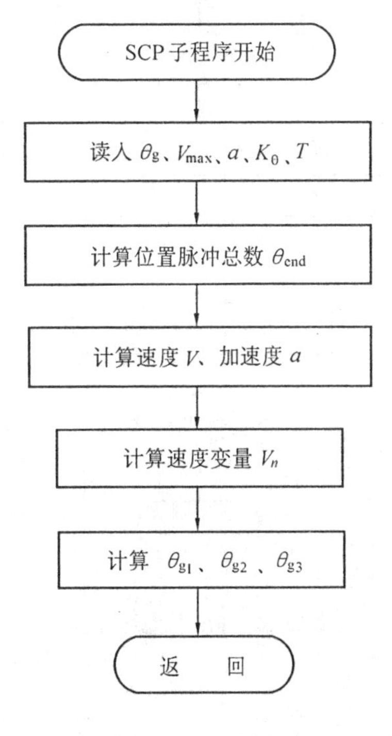

图 2.50 SCP 子程序

2D	θ_{fnH}	39	e_{nH}
2E	θ_{fnL}	3A	e_{nL}
2F	U_{nH}	3B	$e_{(n-1)H}$
30	U_{nL}	3C	$e_{(n-1)L}$
31	θ_{gH}	3D	$e_{(n-2)H}$
32	θ_{gL}	3E	$e_{(n-2)L}$
33	K_{PH}	3F	ε
34	K_{PL}	40	$(K_I e_n)_H$
35	K_{IH}	41	$(K_I e_n)_L$
36	K_{IL}	42	$(K_P\Delta e_n+K_I e_n)_H$
37	K_{DH}	43	$(K_P\Delta e_n+K_I e_n)_L$
38	K_{DL}	44	$(K_P\Delta e_n)_H$
		45	$(K_P\Delta e_n)_L$

图 2.51 内存分配

(2)PID 子程序

PID 程序模块中包括双字节加法子程序 DSUM、双字节求补子程序 DCPL 和双字节乘法子程序 DMULT，单片机片内 RAM 分配如图2.51。PID算法程序框图如图2.52所示。程序清单如下。

本节所介绍的三闭环位置伺服系统，也可采用单片机 8098 或 8097 等构成。若采用这种十六位单片机，进行 PID 运算的指令字节数将减小一半左右，从而使系统的采样周期进一步减小。

程序清单：

```
PIDPRGM MOV    R5,31H       ;取 θg
        MOV    R4,32H
        MOV    R3,2AH       ;取 θf
        MOV    R2,#00H
        ACALL  CPL1         ;θf 取补码
        ACALL  DSUM         ;计算 en
        MOV    39H,R7       ;存 en
        MOV    3AH,R6
        MOV    A,R7         ;判 en 方向
        JNB    ACC.7,S1
        MOV    39H,#00H
        MOV    A,R6         ;en 取补码
        CPL    A
        INC    A
        MOV    3AH,A
S1:     MOV    R5,35H       ;取 KI
        MOV    R4,36H
        MOV    R0,#RAH
        ACALL  MUT1         ;计算 KIen
        MOV    40H,R7       ;存 KIen
        MOV    41H,R8
        MOV    A,39H        ;en > ε
                            令 KIen = 0
        JNB    ACC.6,SPID
SPI:    MOV    40H,#00H
        MOV    41H,#00H
SPID:   MOV    R5,39H       ;取 en
        MOV    R4,3AH
        MOV    R3,3BH       ;取 en-1
        MOV    R2,3CH
```

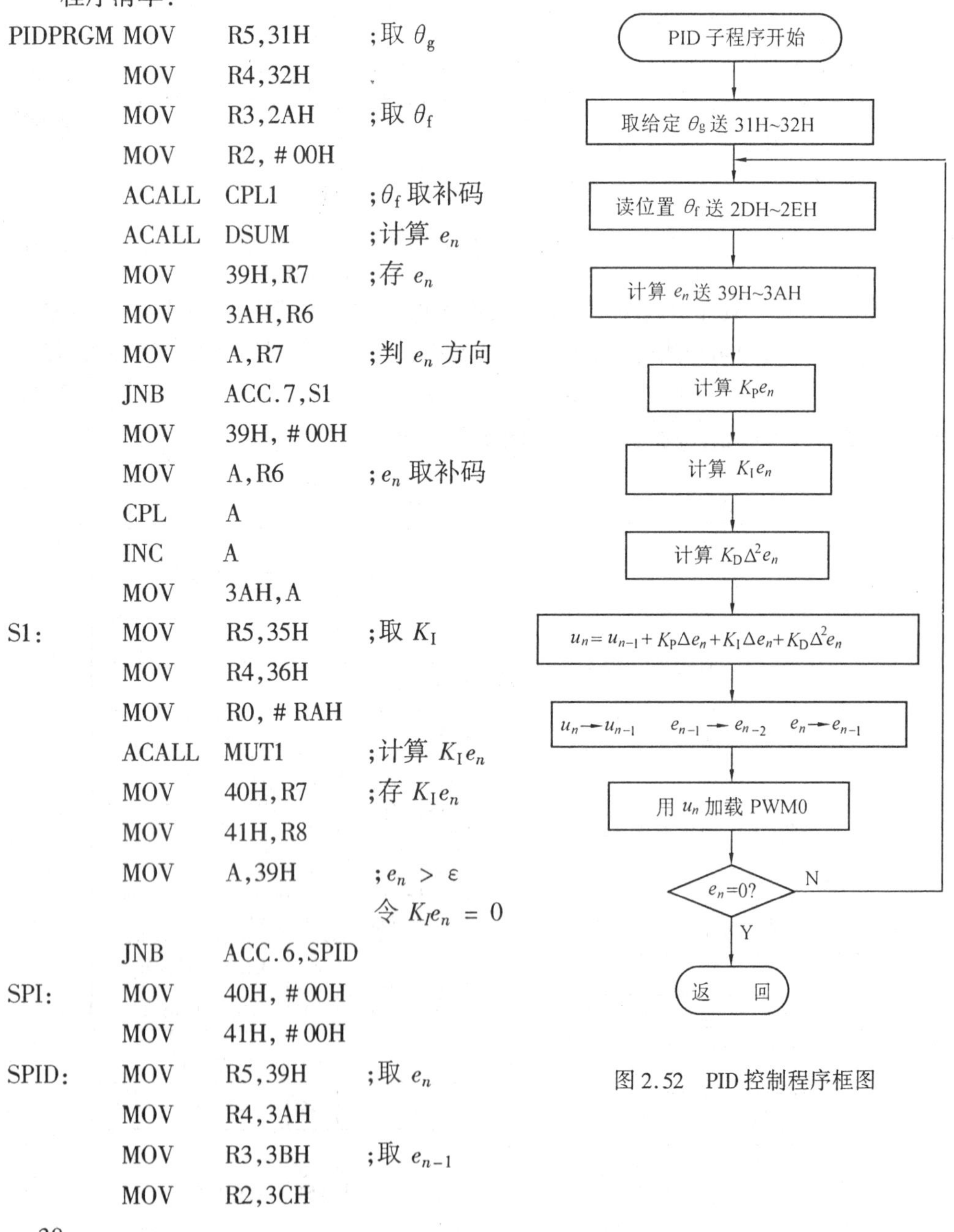

图 2.52 PID 控制程序框图

```
ACALL   CPL1
ACALL   DSUM          ;求 Δe_n
MOV     R5,33H        ;取
MOV     R4,34H
MOV     R0,#46H
ACALL   MULT1         ;求 K_P
MOV     44H,R7        ;存
MOV     45H,R6
MOV     R5,40H
MOV     R4,41H
MOV     R3,45H
MOV     R2,44H
ACALL   DSUM          ;求 K_PΔe_n + K_Ie_n
MOV     42H,R7        ;存
MOV     43H,R6
MOV     R5,39H        ;开始求 K_DΔ^2e_n
MOV     R4,3AH
MOV     R3,3DH
MOV     R3,3DH
MOV     R2,3EH
ACALL   DSUM          ;求 e_n + e_{n-2}
MOV     R5,R7
MOV     R4,R6
MOV     R3,3BH
MOV     R2,3CH
ACALL   CPL1
ACALL   DSUM
MOV     R5,37H
MOV     R4,38H
MOV     R3,3BH
MOV     R2,3CH
ACALL   CPL1
ACALL   DSUM          ;求 Δ^2e_n
MOV     R5,37H        ;取 K_D
MOV     R4,38H
MOV     R0,#46H
ACALL   MULT1         ;求 K_DΔ^2e_n
MOV     R5,41H
```

```
MOV     R4,40H
MOV     R3,42H
MOV     R2,43H
ACALL   DSUM          ;求 u_n
MOV     R5,29H
MOV     R4,30H
MOV     R3,R7
MOV     R2,R6
ACALL   DSUM          ;求 u_n
MOV     29H,R7        ;u_n → u_{n-1}
MOV     30H,R6
MOV     3DH,3BH       ;e_{n-1} → e_{n-2}
MOV     3EH,3CH
MOV     PWM0,R6       ;加载 PWM0
RET
DSUM                  ;双字节加法子程序
CPL1                  ;双字节求补子程序
MULT1                 ;双字节带符号乘法子程序,符号在 RT 的最高位
MULT1                 ;被乘数 →(R7R6),乘数 →(R5R4),积 →(R7R6)
END
```

2.4.2 位置伺服系统专用芯片简介

目前已有多种专用于伺服电动机运动控制的大规模集成电路。例如美国 NS 公司的 LM628 和 LM629。这两种芯片功能基本相同,主要区别在于输出接口,前者采用并行数据输出(12 位 DAC),后者采用直接 PWM 脉宽调制输出。它们都可以很方便地用于直流电动机或无刷电动机的运动控制。使用专用芯片能大大简化系统的软件和硬件,提高系统的运行速度和可靠性。本节介绍利用 LM629 专用芯片构成位置伺服系统。

1. LM629 性能简介

LM629 是一种用于精密运动控制的专用芯片。它有如下功能:

(1) 32 位的位置、速度和加速度数字寄存器;

(2) 341μs 的采样间隔;

(3) PWM 脉宽调制输出,分辨率 8 位;

(4) 可编程数字 PID 控制器;

(5) 内部的梯形速度发生器;

(6) 实时可编程中断;

(7) 可实时修改速度、位置和 P、I、D 控制参数;

(8) 可编程微分项采样间隔;

(9) 对码盘信号进行四倍频;

(10) 可设置工作在速度或位置伺服两种状态。

这些功能(除2、9外)由23条指令完成。指令分成四类:

(1) 初始化命令

分别用于复位(清除寄存器),认定当前位置为伺服系统的绝对零位等。

(2) 中断命令

主要用于当系统中出现故障时中断主计算机的工作,并报告发生了哪种故障。如当电机卡住不转时,系统的位置误差超过了一个用户事先设定的门限,中断产生,输出自动为零,对电机停止通电。

(3) 数字控制命令

这类指令用于数字控制器的PID参数设定及梯形速度轨迹发生器的速度、位置、加速度等参数的设定。

(4) 读数据命令

这类命令主要用于读取当前位置、速度和加速度等信息。

2. 硬件特点和构成

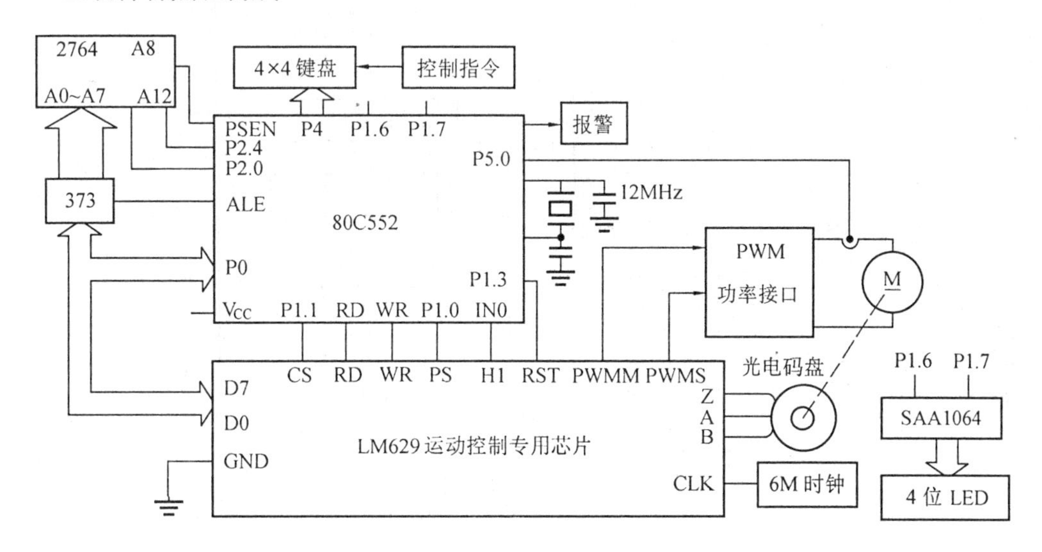

图2.53　全数字化位置伺服系统

图2.53是全数字化的位置伺服系统硬件结构图。该硬件与图2.38所示的混合式位置伺服系统十分相似,所增加的硬件芯片LM629的作用是:处理位置信号,由软件实现速度曲线的生成,PID控制,产生PWM信号。

LM629的D0～D7与管理单片机80C552的P0口相挂接。WR、RD信号相互对接,当为低电平时,管理单片机对LM629写命令或数据字节。当WR为低电平时,则管理单片机80C552从LM629读出状态或数据字节,并且,单片机利用PS信号来选择状态或数据字节。H1为中断输出信号。当H1 = "1"时,LM629越限并向管理单片机申请中断。PWMS和PWMM是LM629的PWM输出信号。其中PWMS为方向信号,PWMM为占空比可变的调宽信号,如图2.53。

3.应用软件特点和框图

由于 LM629 由硬件完成速度曲线生成和 PID 控制，所以应用软件的主要任务是：键盘、LED 管理、实现系统的参数给定。主程序框图如图 2.54 所示。在传送参数前，应先检查

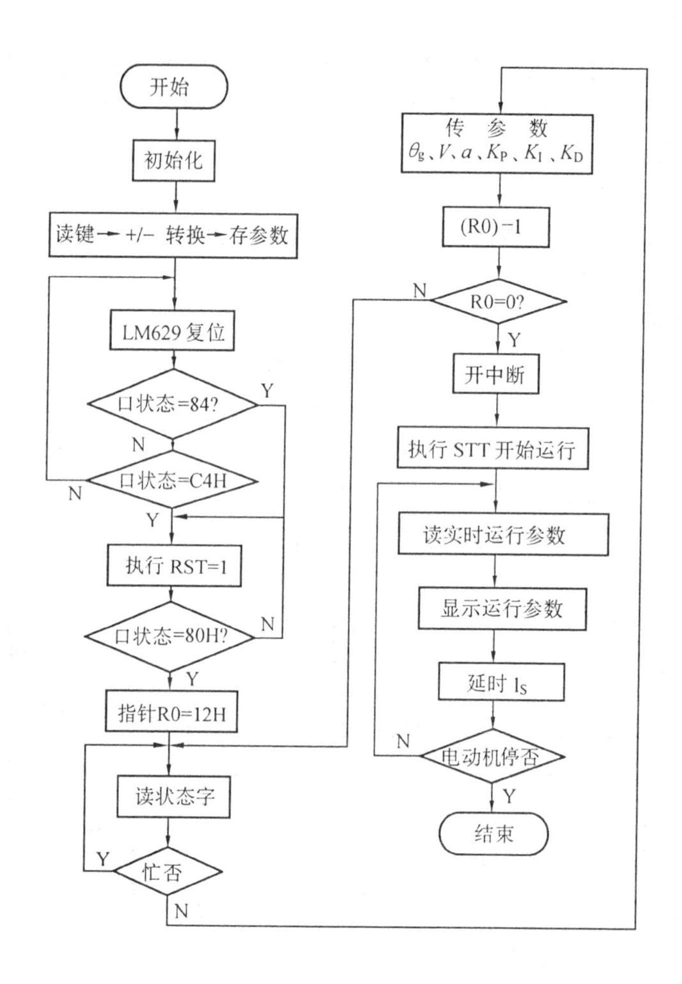

图 2.54 主程序框图

LM629 的口状态。LM629 的复位端刚释放时，口状态应为“00H”；如果顺利完成复位，口状态将变为“84H”或“C4H”。若在 1ms 之内状态没能从“00H”变成“84H”或“C4H”，则应重复执行复位操作。为了确保复位命令的正确执行，还要执行一条 RSTI 命令。这时，如果LM629 已经适当复位，则口状态就从“84H”或“C4H”变成“80H”。在单片机对 LM629 进行读写操作（读状态或数据，写命令或数据）前，必须首先读一下 LM629 的状态字，以便查询LM629 是否处于“忙”状态。当状态字为逻辑“1”，表示“忙”，主程序应等待状态字“0”的出现，再开始进行读写操作。在传递多字节参数时，每个字节，都要进行“忙”查询。

运行参数，其中包括：a、v、θ_g，可以根据实际应用的要求给出，PID 参数 K_P、K_I、K_D 的设计或计算与上一节介绍的相同。

2.5 直流电动机双闭环调速系统的工程设计方法

2.5.1 系统的静特性和反馈系数的计算

由于双闭环调速系统通常都采用比例积分调节器,因此系统对阶跃输入是无静差的。也就没必要去计算它的静特性。

反馈系数可根据 PI 调节器在稳态时给定电压与反馈电压相平衡的条件来计算。

转速反馈系数可根据 ST(速度调节器) 的给定电压为最大值 U_{gnm} 时,电动机应达到最高转速 $n_{\max}$,因为 $u_{gnm} = h_n n_{\max}$,所以转速反馈系数为

$$h_n = \frac{U_{gnm}}{n_{\max}} \tag{2.83}$$

电流反馈系数可根据电流调节器的最大给定电压,即 ST 的输出限幅值 u_{gim} 与最大反馈电流 I_{fm}(取决于电动机的允许过载能力和系统最大加速度的需要),的比值来确定,即

$$h_i = \frac{U_{gim}}{I_{fm}} \tag{2.84}$$

2.5.2 系统动态工程设计方法

调节器的选用,放大倍数及时间常数的计算,都属于动态设计的范围。可以在给定的动态指标下,采用工程设计方法来计算分析。

所谓“工程设计方法”,就是便于工程上实用的、较容易的设计方法。它的理论基础是反馈控制理论的对数频率法。基本思路是,多数实际控制系统往往具有类似的数学模型,如果选择少数恰当的典型模型,详细分析其参数与动态性能指标的关系,得到一些简单的计算公式,并把参数变化对动态性能的影响做成一定形式的表格或曲线,到具体进行设计时,找出系统所对应的是哪一种典型系统,根据要求的指标,利用现成公式、表格或曲线进行查找,即可较快地确定调节器的参数。这些参数是在满足性能指标条件下选定的,因此也就不需要再进行另外的校验了。这就可以使设计工作典型化、规范化,避免了大量的重复劳动。

工程设计方法的工作过程可分为这样两步:第一步,为保证稳态精度和动态性能要求,确定选用何种典型系统;第二步,为满足所需要的动态品质指标,计算和确定调节器参数。

2.5.3 典型 Ⅰ 型系统参数与动态性能指标的关系

由自动控制理论可知,典型 Ⅰ 型系统(简称 Ⅰ 型系统)的特征参量有两个,开环增益 K 与时间常数 τ,其中 τ 是调节对象的固有参数,不能任意改变,可调的参数只有 K。在频率特性上特征参量也只有幅值穿越频率 ω_c 与 τ 两个。开环增益 K 与 ω_c 在典型 Ⅰ 型系统中有确切的关系,$K = \omega_c$。这说明开环增益越大,穿越频率 ω_c 也越大,系统的响应越快。

典型 Ⅰ 系统的相角稳定余量是

$$\gamma(\omega_c) = 180° - 90° - tg^{-1}\omega_c\tau = -tg^{-1}\omega_c\tau \tag{2.85}$$

当 ω_c 增大时，$\gamma(\omega_c)$ 将降低，从而使阶跃响应的超调量增加。由此可见，系统的快速性与稳定性是存在矛盾的。具体设计时，须按控制系统的要求来确定 K 的大小。

典型 Ⅰ 系统必须满足 $K < \frac{1}{\tau}$（或 $\tau K < 1$）的关系，只有如此才可使通过 ω_c 幅值特性的斜率为 -20dB/dec，才能有较好的相对稳定性能。由此可见，K 的增大是有一定限度的。

典型 Ⅰ 型系统是一个二阶系统，其动态性能指标与其参数之间有确切的数学关系，这已在自动控制原理书中有所推导，现将其结果列表于 2.1 中。

过渡过程时间 t_s 与 ζ 的关系比较复杂，如果不要求很精确，允许误差为 5% 的过渡过程时间，可由下式近似计算

$$t_s \approx \frac{3}{\zeta\omega_n} = 6\tau(\zeta < 0.8) \tag{2.86}$$

式中　ω_n—— 无阻尼自然振荡频率；

τ—— 典型 Ⅰ 型系统的特征参量，对于一般控制系统，常取 $K = (0.5 \sim 1.0)\frac{1}{\tau}$，相当于 $\zeta = 0.707 \sim 0.5$；

ζ—— 系统的阻尼系数。

由表 2.1 可见，此时超调量在 4.3% ~ 16.3% 之间，系统响应较快。

表 2.1　典型 Ⅰ 型系统的参数与动态性能指标（$\tau = T$）

参数关系 KT	0.25	0.39	0.5	0.69	1.0
阴尼比 ζ	1.0	0.8	0.707	0.6	0.5
最大超调量 σ_p%	0	1.5%	4.3%	9.5%	16.3%
振荡指标 M_p	1	1	1	1.04	1.15
相角稳定余量 $\gamma(\omega_c)$	76.30	69.90	65.50	59.20	51.80
上升时间 t_r	∞	$6.67T$	$4.72T$	$3.34T$	$2.41T$
调整时间 t_s	$9.4T$	$6T$	$6T$	$6T$	$6T$

2.5.4　典型 Ⅱ 型系统参数与动态性能指标的关系

在典型 Ⅱ 型系统中（参阅自动控制原理一书）特征参量有三个：$\omega_1 = \frac{1}{T_1}$，$\omega_2 = \frac{1}{T_2}$ 和 ω_c。这三个参量一经选定，该系统也就完全确定了。为分析方便，再引入一个新的变量 h，且令

$$h = \frac{\omega_2}{\omega_1} = \frac{T_1}{T_2}$$

为中频带宽。中频段参数对系统的动态品质起着决定性的作用。因此，h 是一个关键的参数。

在一般情况下，T_2 是调节对象的固有参数，只有 K 和 T_1 是可选配的。从频率特性分析，改变 T_1，就可以改变 h；而 T_1 确定后，改变 K，相当于把开环对数频率特性垂直地上下移动，从而改变了穿越频率 ω_c。因此，对典型 Ⅱ 型系统动态设计可归结为选择 h 和 ω_c 两个参量的问题。

典型 Ⅱ 型系统是一个三阶系统，在各项性能指标之间(不像典型Ⅰ系统那样)不存在准确的数学关系式。从不同的指标出发，设计结果也不相同。在这里，我们以闭环幅频特性的谐振峰值(振荡指标)M_p 为最小的准则来解决参数的选择问题。一般说来，在系统稳定的条件下，M_p 的大小与闭环系统阶跃响应的最大超调量 $\sigma_p\%$ 有直接关系，M_p 越小时，$\sigma_p\%$ 也越小，系统的相对稳定性越好。

在一般的控制理论中已证明，在 M_p 最小时，M_{pmin} 与 h 和 ω_c 有着简单的关系

$$h = \frac{M_{pmin} + 1}{M_{min} - 1} \tag{2.87}$$

$$\omega_c = \frac{h + 1}{2hT_2} = (\frac{M_{pmin}}{M_{pmin} + 1})\frac{1}{T_2} \tag{2.88}$$

确定了 h 和 ω_c 之后，系统的参数就很容易计算了。当 $T_1 = hT_2$ 已知时，对应不同 h 值，系统的动态性能也不同，表 2.2 和表 2.3 为不同值时，典型 Ⅱ 型系统的动态响应与抗干扰动态指标。

表 2.2　典型 Ⅱ 型系统的动态指标

最大超调量 $\sigma_p\%$	52.6	43.6	37.6	33.2	29.8	27.2	25	23.3
调整时间 t_s/T_2	12	11	9	10	11	12	13	14
振荡次数	3	2	2	1	1	1	1	1

表 2.3　典型 Ⅱ 型系统的动态指标

中频带宽 h	3	4	5	6	78	9	10	
最大动态 $\frac{\Delta n_{max}}{Z}\%$ 速度降	72.2	77.5	81.2	84.0	86.3	88.1	89.6	90.8
恢复时间 t_f/T_2	13.3	10.5	8.8	13	17	20	23	26

由表可见，若 $h < 3$，则振荡次数过多，且最大超调量也大；若 $h > 10$，则抗干扰性能差，最大动态速降过大，且恢复时间过长。所以，h 一般在 3 ~ 10 之间取值。此外，对照上两表发现，若取 $h = 5$，则无论是跟随性能，还是抗干扰性能都比较好，其过渡过程时间为最短，所以一般取 $h = 5$ 为最佳值。

2.5.5 控制系统调节器的选择

这里首先指出，对于那些不能通过匹配适当的调节器校正成典型系统的，必须经过近似处理，才能使用本节讨论的工程设计方法。

在选择调节器以前，根据控制系统的需要，应该确定校正成那一类典型系统。为此应掌握上述两类典型系统的特点和它们之间的区别。典型 Ⅰ 型系统的结构简单，可以做到超调小，但抗干扰性稍差；而典型 Ⅱ 型系统的超调相对比较大，抗扰性却比较好。

1. 校正成典型 Ⅰ 型系统时调节器选择

如果调节对象是两个惯性环节，则

$$W_d(s) = \frac{K_D}{(T_1 s + 1)(T_2 s + 1)} \tag{2.89}$$

其中 $T_1 > T_2$，可采用 PI 调节器，其传递函数为

$$W_t(s) = K_P \frac{\tau s + 1}{\tau s} \tag{2.90}$$

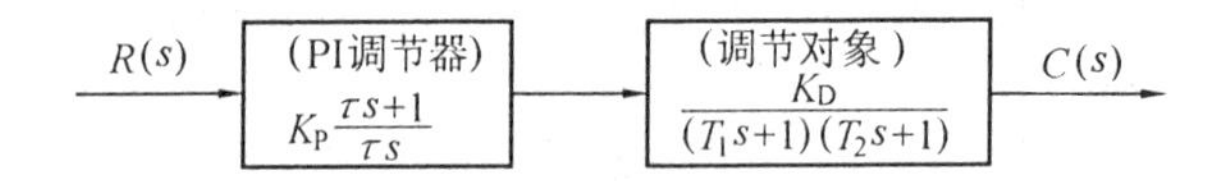

图 2.55 用 PI 调节器把两个惯性环节的调节对象校正成典型 Ⅰ 型系统

使积分时间常数 τ 与调节对象较大的一个时间常数对消，即 $\tau = T_1$。校正后系统的开环传递函数就是典型系统，如图 2.55 所示。典型传递函数为

$$W(s) = W_t(s) W_d(s) = \frac{K}{s(Ts + 1)} \tag{2.91}$$

式中 $K = \frac{K_P K_D}{\tau}$，$T = T_2$。

如果调节对象是一个惯性环节、一个惯性环节加一个积分环节或三个惯性环节，可分别选用 I 调节器、P 调节器、PID 调节器，校正的方法同上。把上述四种情况汇总起来，见表 2.4。

表 2.4 校正成典型 Ⅰ 型系统的调节器选择

原系统	$\frac{K_D}{(T_1 s + 1)(T_2 s + 1)}$ $T_1 > T_2$	$\frac{K_D}{Ts + 1}$	$\frac{K_D}{s(Ts + 1)}$	$\frac{K_D}{(T_1 s + 1)(T_2 s + 1)(T_3 s + 1)}$ T_1、T_2、T_3、基本相同，或只有 T_3 略小些
调节器	PI $K_P \frac{\tau s + 1}{\tau s}$	I $\frac{K_P}{s}$	P K_P	PID $K_P \frac{(\tau_1 s + 1)(\tau_2 s + 1)}{\tau_1 s}$
参数配合	$\tau = T_1$			$\tau_1 = T_1 \quad \tau_2 = T_2$

2. 校正成典型 Ⅱ 型系统时调节器的选择

如果调节对象是一惯性环节加一个积分环节，则

$$W_d(s)=\frac{K_D}{s(Ts+1)} \tag{2.92}$$

可用 PI 调节器校正成典型 Ⅱ 型系统,曲型传递函数为

$$W(s)=W_t(s)W_d(s)=\frac{K(\tau s+1)}{s^2(Ts+1)} \tag{2.93}$$

如果调节对象是两个惯性环节和一个积分环节,而两个惯性环节的时间常数又都相差不多,则须采用 PID 调节器。如果调节对象是两个惯性环节,而它们的时间常数相差很悬殊,可把大惯性近似处理成积分环节(详见下面),仿照第一种情况,采用 PI 调节器。如果调节对象只是一个惯性环节,则应该校正成典型 Ⅰ 型系统,很少校正成 Ⅱ 型系统。表 2.5 集中了各种校正 Ⅱ 型系统的调节器选择方案。

表 2.5　校正成典型 Ⅱ 型系统的调节器选择

原系统	$\frac{K_D}{s(Ts+1)}$	$\frac{K_D}{s(T_1s+1)(T_2s+1)}$ T_1、T_2 相近	$\frac{K_D}{(T_1s+1)(T_2s+1)}$ $T_1 \gg T_2$
调节器	PI	PID	PI
	$K_P\frac{\tau s+1}{\tau s}$	$K_P\frac{(\tau_1s+1)(\tau_2s+1)}{\tau_1s}$	$K_P\frac{\tau s+1}{\tau s}$
参数配合		$\tau_2=T_2$(或 T_1)	认为$\frac{1}{T_1s+1}\approx\frac{1}{T_1s}$

2.5.6　控制系统固有部分近似处理方法

固有部分是不包含调节器、系统其他部分的总称。实际工程上使用的固有系统部分往往是比较复杂的,要把它们校正成典型 Ⅰ、Ⅱ 型系统时,会使调节器的形式相当复杂,实际实现比较困难。为此,对复杂系统的固有部分进行适当的近似处理,予以简化,以便于工程上设计。

1.小惯性环节的近似处理

小惯性环节是指其时间常数的倒数都处于频率特性的高频段,当系统存在两个以上这种环节时,可作近似处理,而不会影响系统的基本性能。例如,系统的开环传递函数为

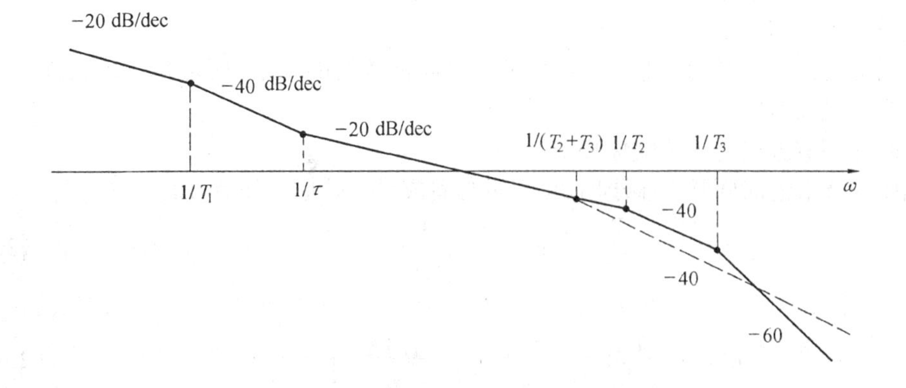

图 2.56　小惯性环节近似处理的对数幅频特性

$$W(s)=\frac{K(\tau s+1)}{s(T_1+1)(T_2s+1)(T_3s+1)} \tag{2.94}$$

式中 T_2、T_3 是小惯性时间常数,其开环对数幅频特性如图 2.56 所示。

小惯性环节部分的频率特性为

$$\frac{1}{(1+j\omega T_2)(1+j\omega T_3)}=\frac{1}{(1-T_2T_3\omega^2)+j\omega(T_2+T_3)}\approx\frac{1}{1+j\omega(T_3+T_3)} \tag{2.95}$$

近似条件为 $T_2T_3\omega^2\ll 1$。一般计算允许误差在10%以内,用近似条件可写成 $T_2T_3\omega^2\leqslant\frac{1}{10}$ 或允许频带在 $\omega\leqslant\sqrt{\frac{1}{10T_2T_3}}$ 之内。

考虑到在穿越频率 ω_c 附近的频率特性对系统性能影响最大,为了计算方便,可认为近似条件是

$$\omega_c\leqslant\sqrt{\frac{1}{10T_2T_3}}=\frac{1}{3.16}\sqrt{\frac{1}{T_2T_3}}$$

取整数,得

$$\omega_c\leqslant\frac{1}{3}\sqrt{\frac{1}{T_2T_3}} \tag{2.96}$$

在此条件下

$$\frac{1}{(T_2s+1)(T_3s+1)}\approx\frac{1}{(T_2+T_3)s+1} \tag{2.97}$$

简化后的对数幅频特性如图 2.56 中虚线所示。

同理,若有三个惯性环节,可近似为

$$\frac{1}{(T_2s+1)(T_3s+1)(T_4s+1)}\approx\frac{1}{(T_2+T_3+T_4)s+1}$$

条件为

$$\omega_c\leqslant\sqrt{\frac{1}{T_2T_3+T_3T_4+T_4T_2}} \tag{2.98}$$

多个小惯量环节近似处理方法及条件可依此类推。可看出,小惯性环节的近似处理实质上是系统的近似降阶。

最后需指出,“小时间常数”不是指某一时间常数值的大小,而是与系统其他环节的时间常数比较而言的。

2. 时滞环节近似为一阶惯性环节

当时滞环节的时间常数很小时,可以近似看成是一阶惯性环节,即

$$e^{-Ts}\approx\frac{1}{Ts+1} \tag{2.99}$$

由于

$$e^{-Ts}=\frac{1}{e^{Ts}}=\frac{1}{1+Ts+\frac{1}{2!}(Ts)^2+\frac{1}{3!}(Ts)^3+\cdots} \tag{2.100}$$

其写成频率特性为

$$e^{-j\omega T} = \frac{1}{(1 - \frac{1}{6}\omega^2 T^2 + \cdots) + j\omega T(1 - \frac{1}{2}\omega^2 T^2 + \cdots)} \approx \frac{1}{1 + j\omega T} \tag{2.101}$$

近似条件为

$$\frac{1}{2}\omega^2 T^2 \leqslant \frac{1}{10} \quad \frac{1}{6}\omega^2 T^2 \leqslant \frac{1}{10}$$

显然,只要前一个条件就够了。仿前取整数后得

$$\omega_c \leqslant \frac{1}{3T} \tag{2.102}$$

式中 3 取自$\sqrt{\frac{1}{5}} = 2.24$ 的整数,这使近似条件更严格了。

3. 大惯性环节的近似处理

系统的大惯性环节$\frac{1}{Ts+1}$可近似成积分环节$\frac{1}{Ts}$,其条件证明如下:

大惯性环节的频率特性为

$$\frac{1}{j\omega T + 1} = \frac{1}{\sqrt{\omega^2 T^2 + 1}} \angle - \mathrm{arctg}\omega T \approx \frac{1}{\omega T} \angle - 90° \tag{2.103}$$

式中

$$\varphi(\omega) = - \mathrm{arctg}\omega T$$

$$\varphi(\omega) = - 90°$$

条件为 $\omega T \geqslant \sqrt{10}$。按 ω_c 考虑并取整数后,得

$$\omega_c \geqslant \frac{3}{T} \tag{2.104}$$

由于 $\mathrm{arctg}\omega_c T \approx 72°$,似乎相频特性误差较大。但这样近似后,实际系统的稳定余量比近似系统要好,所以按近似系统多了一个积分环节,其稳定精度的提高只是一个假象,因此在考虑稳态精度时,仍应采用原数学模型。

2.5.7 双闭环调速系统工程设计法计算举例

双闭环调速系统工程设计法计算是先从电流环入手。计算电流调节器的参数,然后把电流环看作是转速调节系统中的一个环节,再计算转速调节器的参数。

现通过实例来讲述工程计算的步骤。有一晶闸管供电的双闭环直流调速系统,整流装置采用三相桥式电路,基本数据如下:

直流电动机额定功率 $P_N = 30\mathrm{kW}$,额定电压 $U_N = 220\mathrm{V}$,额定电流 $I_N = 135\mathrm{A}$,额定转速 $n_N = 1\,460\mathrm{rpm}$,电枢电阻 $R_a = 0.2\Omega$,主回路总电阻 $R = 0.5\Omega$,主回路电感 $L = 0.015\mathrm{H}$,折算到电动机轴上拖动系统飞轮惯量 $GD^2 = 22.4\mathrm{N \cdot m^2}$,晶闸管整流装置放大倍数 $K_q = 40$,给定电压 $u_{gn} = 10\mathrm{V}$,调节器限幅电压 u_{gim} 和 u_{nm} 均为 10V,反馈滤波时间常数 $T_{fi} = 2\mathrm{ms}$, $T_{fn} = 10\mathrm{ms}$。

技术要求:稳态指标为在阶跃输入下无静差;动态指标为:电流超调量 $\sigma_i \leqslant 5\%$,最大动态速度降在负载变化为 20% 额定时,$\frac{\Delta n_{max}}{n_N} \leqslant 2\%$。试计算电流调节器和转速调节器的参数。在计算调节器参数之前,必须先求出调节对象固有部分的有关参数:

(1) 电动机的电磁时间常数

$$t_e = \frac{L}{R} = \frac{0.015\mathrm{H}}{0.5\Omega} = 0.03\mathrm{s} = 30\mathrm{ms}$$

（2）电动机的电势常数

$$K_E = \frac{U_N - I_N R_a}{n_N} = \frac{220\text{V} - 136\text{A} \times 0.2\Omega}{1\ 460\text{rpm}} = 0.132\text{V/rpm}$$

（3）电动机的转矩常数

$$K_T = \frac{30K_E}{\pi} = 1.26\text{N} \cdot \text{m/A}$$

（4）电动机的机电时间常数

$$t_m = \frac{GD^2}{375}\frac{R}{K_E K_T} = 180\text{ms}$$

（5）三相桥式整流电路的滞后时间为

$$T_q = 1.7\text{ms}$$

（6）最大允许电流　　　　$I_m = 1.5I_N = 204\text{A}$

电流反馈系数　　　　$h_i = \dfrac{10\text{V}}{204\text{V}} \approx 0.05\text{V/A}$

（7）转速反馈系数　　　$h_n = \dfrac{10\text{V}}{1\ 460\text{rpm}} \approx 0.007\text{V/rpm}$

由于电流检测信号和转速检测信号中常常含有交流谐波分量，因此在反馈输入端都加T型滤波器。为了补偿反馈通道中这一惯性作用，在给定通道中也加入一个时间常数相同的惯性环节，叫做“给定滤波环节”。当然它也可以滤掉给定信号中的谐波分量，给定滤波时间常数一般取 $T_{oi} = T_{fi}$，$T_{on} = T_{fn}$。

将参数代入双闭环系统的动态结构图2.57(a)中，可得到图2.57(b)。

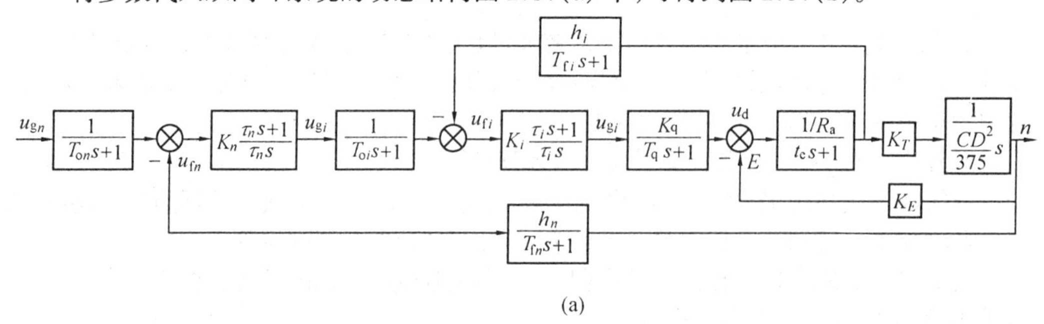

(a)

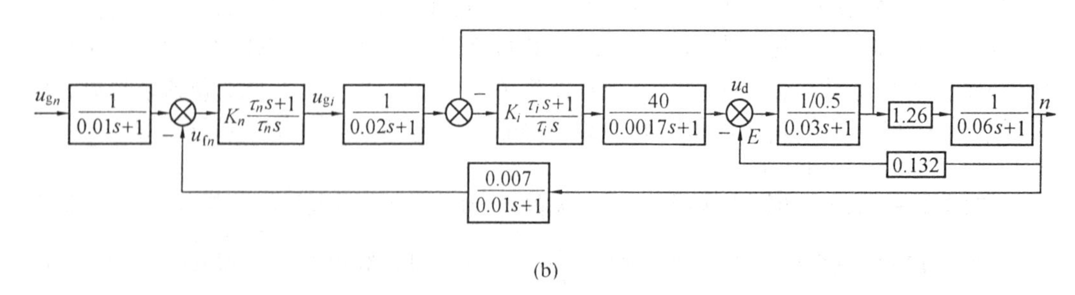

(b)

图2.57　双闭环系统的动态结构图

1.电流调节器参数选择

为求解方便，按前面讨论的原则对电流环进行适当的简化。由于电流的响应过程比转速响应过程快得多,因此假定在电流调节过程中转速来不及变化,可不考虑反电势的影响,反电势支路相当开路。另外,反馈滤波时间常数 T_{fi}(2ms) 及整流器失控时间的滞后时间 T_q(1.7ms) 都当小时间常数处理。它们都符合式(2.96) 及(2.98) 的条件。

简化后的电流环如图 2.58(a) 所示。再把非单位负反馈简化成单位负反馈(见图 2.58(b)),再合并小惯性环节(见图 2.58(c))。

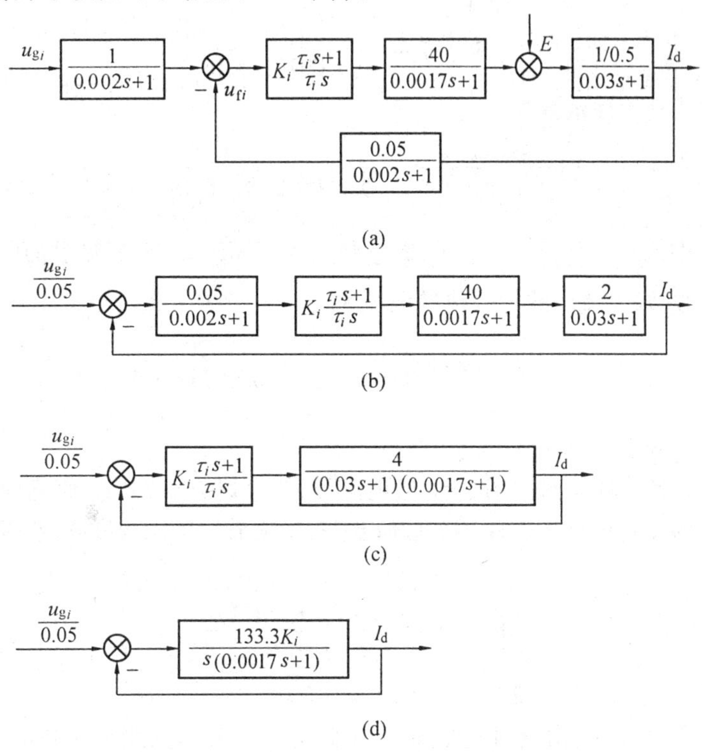

图 2.58　电流环动态结构图及其简化

这样就简化成了 Ⅰ 型系统,所以对阶跃输入为无静差。又由动态指标要求 $\sigma_i < 5\%$,因此通过表 2.1 可查得当 $KT = 0.5$ 时,$\sigma_p = 4.3\% < 5\%$,能满足要求。所以取

$$K = \frac{1}{2T_{\sum i}} = \frac{1}{2 \times 0.0037} = 135$$

则

$$\omega_{ci} = K = 135$$

按式(2.102)

$$\frac{1}{3T_q} = \frac{1}{3 \times 1.7 \times 10^{-3}} = 196 > \omega_{ci} = 135$$

满足纯滞后环的近似条件。

下面就可以具体计算调节器参数了。由图 2.58(d) 可知,$K = 133.3K_i$,所以 $K_i = \frac{135.1}{133.3} = 1.013$。因 $K_i = \frac{R_i}{R_0}$,若选择调节器输入电阻 $R_0 = 20\text{k}\Omega$,则 $R_i = K_iR_0 \approx 20\text{k}\Omega$。由 $\tau_i = R_iC_i$,得 $C_i = \frac{\tau_i}{R_i} \approx 1.5\mu\text{F}$。由 $T_{oi} = \frac{1}{4}R_oC_{oi}$,可得 $C_{oi} = \frac{4T_{oi}}{R_0} = 0.4\mu\text{F}$。

过渡过程的调整时间 $T_s = 6T_{\sum i} = 6 \times 0.0037\text{s} = 0.02\text{s}$,它主要决定于小惯性的时间常数。电流环的开环对数频率特性如图 2.60(a) 所示。

2.转速调节器参数的选择

首先要推导出转速闭环内电流环的等效传递函数。由图 2.58(d) 可知,电流环的传递函数为

$$W_i(s) = \frac{135}{s(0.0017s + 1)}$$

所以电流环的闭环传递函数为

$$\frac{0.05I_d(s)}{U_{gi}(s)} = \frac{135}{0.0017s^2 + s + 135} = \frac{1}{0.000012s^2 + 0.0074s + 1} \approx \frac{1}{0.0074s + 1}$$

按式(2.96) 条件,$\frac{1}{3}\sqrt{\frac{1}{0.000012}} = 96.2$,它将会大于 $\omega_{cn} = 34.5$(见后面的计算),因此这种处理是可以的。则电流环的等效传递函数为

$$\frac{I_d}{U_{gi}(s)} = \frac{1/0.05}{0.0074s + 1} = \frac{20}{0.0074s + 1}$$

式中 $0.0074 = \frac{1}{135} = 2T_{\sum}$。

用电流环的等效环节取代图 2.58 的电流环,即得到图 2.59(a),将它简化成单位负反馈系统见图 2.59(b),再将小惯性环节近似合并,简化成(c)、(d)。可见,此时转速开环传递函数为

$$W_n(s) = \frac{3K_n(\tau_n s + 1)}{\tau_n s^2(0.0174s + 1)}$$

式中 0.0174 为 $T_{\sum n} = T_{fn} + 2T_{\sum i} = 0.01 + 0.0074$。

此为典型 Ⅰ 型系统,由前讨论已知,当中频宽 $h = 5$时,其跟随性和抗干扰性能较好,所以取 $h = 5$,并由式(2.88) 及中频带的定义有

$$\tau_n = h \times T_{\sum n} = 5 \times 0.0174\text{s} = 0.087\text{s}$$

$$K = \frac{h + 1}{2h^2 T_{\sum n}^2} = \frac{5 + 1}{2 \times 5^2 \times 0.0174} = 396.4 \ (\frac{1}{\text{s}^2})$$

而由图 2.59(d) 可知

$$\frac{3K_n}{\tau_n} = K$$

所以

$$K_n = \frac{K\tau_n}{3} = \frac{396.4 \times 0.087}{3} = 11.5$$

若取 $R_0 = 20\text{k}\Omega$,由 $K_n = \frac{R_n}{R_0}$,则得 $R_n = K_n R_0 = 11.5 \times 20\text{k}\Omega$(取标准值 220Ω)。由 $\tau_n = R_n C_n$,则得

$$C_n = \frac{\tau_n}{R_n} = 0.4\mu\text{F}(\text{取标准值 } 0.47\mu\text{F})$$

由 $T_{on} = \frac{R_0 C_{on}}{4}$,则得

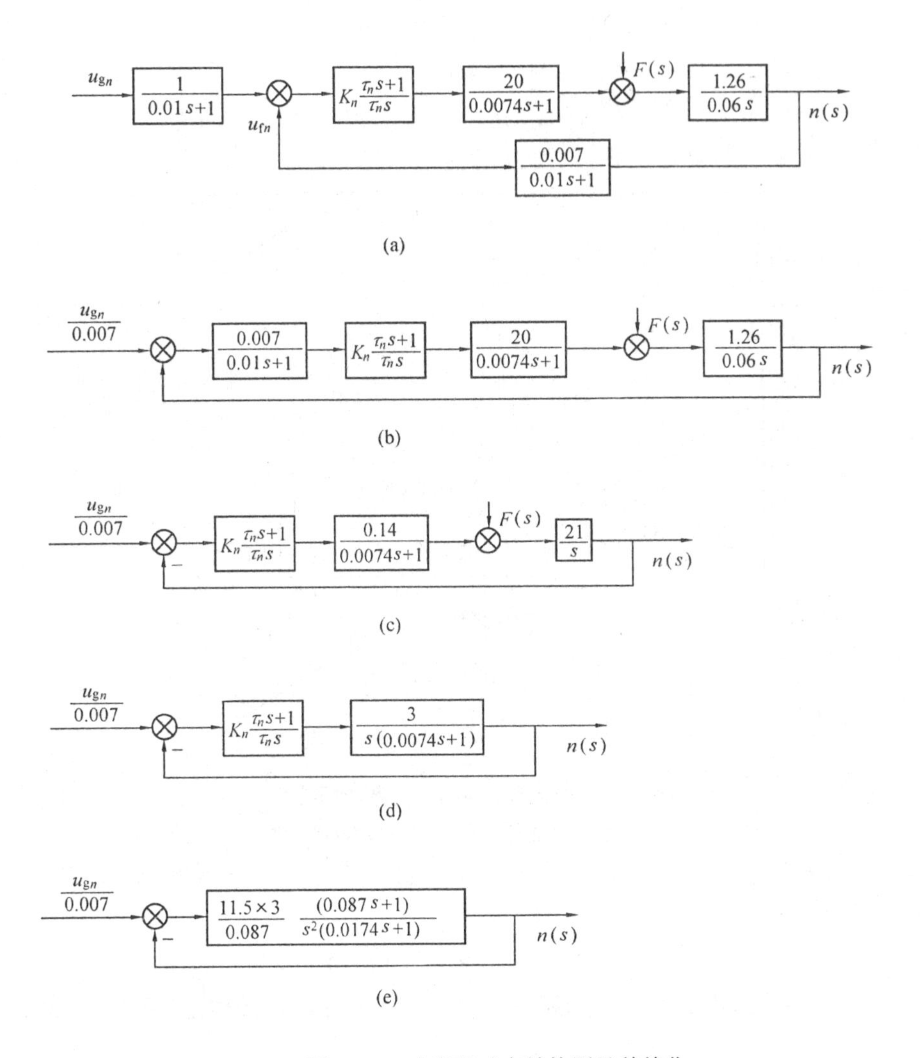

图 2.59　速度环动态结构图及其简化

$$C_{on} = \frac{4T_{on}}{R_0} = 2\mu F$$

由上述结果可画出系统的开环对数频率特性如图 2.60(b) 所示。

根据上述参数的选择,推算本系统能达到的技术指标为:

(1) 过渡过程时间。当 $h = 5$,由表 2.2 和表 2.3 查到:恢复时间 $t_f = 8.8T_{\Sigma n} = 8.8 \times 0.0174s = 0.153s$,过渡过程调整时间 $t_s = 9T_{\Sigma n} = 9 \times 0.0174s = 0.156s$,式中,$T_{\Sigma n} = T_{fn} + 2T_{\Sigma n} = T_{fn} + 2(T_{fn} + T_q)$,可见速度环和电流环的反馈滤波时间常数 T_{fn} 和 T_{fi} 的大小将直接影响过渡过程时间的大小。

(2) 最大动态转速降落 Δn_{max}。当 $h = 5$,由表 2.3 查到最大动态速降 $\frac{\Delta n_{max}}{2} = 81.2\%$。若此时负载变化为额定负载的 20%,则扰动量 $F = I_N \times 20\% = 136A \times 0.2 = 27.2A$。由

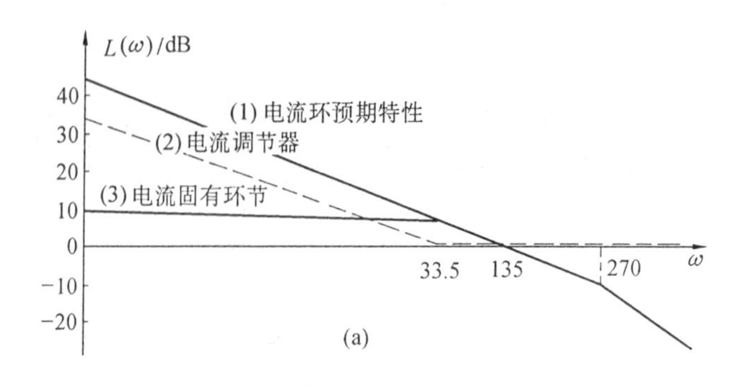

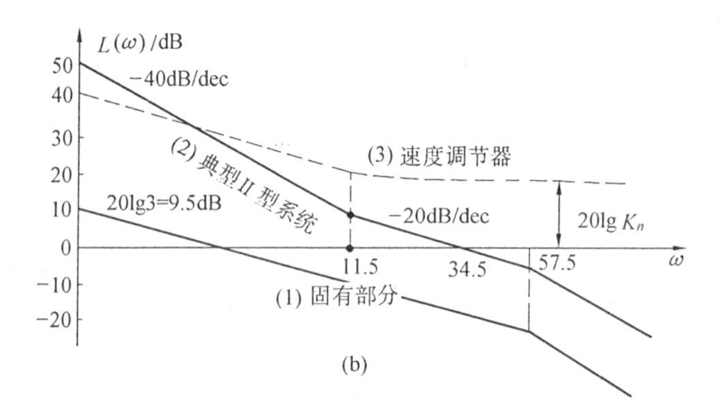

图 2.60 (a) 电流环开环频率对数幅频特性
(b) 速度环开环频率对数幅频特性

表 2.3 有 $Z = 2FK_2T_2$,式中 K_2 为扰动作用点的增益,由图 2.59(c) 可见,$K_2 = 21$,$T_2 = T_{\sum n} = 0.0174$,所以

$$Z = 2FK_2T_2 = 2 \times 2.72 \times 21 \times 0.174 \approx 20\text{rpm}$$

则得 $\Delta n_{\max} = Z \times 81.2\% \approx 16\text{rpm}$。若额定转速 $n_N = 1\ 460\text{rpm}$,则最大速降相对于额定转速的百分比为

$$\frac{\Delta n_{\max}}{n_N} = \frac{16}{1\ 460} = 0.011 = 1.1\%$$

以上的计算表明,当此系统的负载变化为额定负载的 20% 时,它的最大动态速降为 1.1%(相对额定转速),恢复时间为 0.153s,能满足技术要求。

由以上分析可见,扰动引起的最大动态速降 $\Delta n_{\max}$ 与扰动 F 的大小和作用与以后环节的增益 K_2 及速度环的小惯性时间常数 $T_{\sum n}$ 成正比。其相对值 $\Delta n_{\max}/n$ 还与当时的转速有关,转速越小,其相对值越大。

习题与思考题

2.1　一台7.5kW，U_{aN}为100V、R_a为0.025Ω、L_a为0.5mH的直流电动机，受一斩波器控制。其电源为120V电池（内阻为0.09Ω）。假定直流电动机的最大电流（起动时）限制在额定电流的3倍，要求直流电动机可逆变速运行（调速范围在0 ~ 3 000rpm）。(1) 试选择斩波器的容量及触发控制信号的频率；(2) 试画出完整的主功率驱动电路和触发控制电路；(3) 计算电流空载时，电枢电流最大脉动量。

2.2　将脉冲调幅（PAM）和脉冲调宽（PWM）技术分别应用于直流电动机调速控制系统中，问：(1) 二者的系统有何区别？(2) 存在的共性问题是什么？

2.3　电机控制系统的功率驱动主回路与控制回路之间为什么要采用浮地连接方式？

2.4　控制驱动电路中为什么要设置导通延时电路。

2.5　设一个GTR开关元件的开关频率为f = 5kHz，流过元件的额定电流为I = 100A，采用双极性工作制。试求：(1) 调宽区域；(2) 延时时间；(3) 脉宽调制分辨率的最大可能性是多少；(4) 第(3) 小问题的结论说明了什么问题。

2.6　模拟控制伺服系统和数字控制伺服系统二者有何区别，其各自的特点是什么。

2.7　直流电动机伺服控制系统中有哪些主要接口电路，试画出其中两种不同的接口电路图。

2.8　参见图2.34，其图中调节器均采用比例调节器（P）。试分别推导：(1) 电流单闭环时系统的静态特性；(2) 转速单闭环时系统的静态特性；(3) 转速、电流双闭环时系统的静态特性。

2.9　由题2.8的推导结论，思考以下问题：(1) 转速闭环控制对直流电动机控制系统的性能产生何影响；(2) 采用比例调节器与采用比例积分调节器对电机控制系统产生的影响是否相同；(3) 电流闭环控制对电动机控制系统又产生何作用。

2.10　直流电动机双闭环调速系统设计方法是否适用于图2.35伺服系统的工程设计，为什么。

2.11　参见图2.24 H桥PWM驱动可逆控制电路，试描述该电路在四象限运行时，其中U_a、E_a、I_a、n等物理量的极性变化情况。

2.12　为什么直流电动机采用脉冲调幅（PAM）和脉冲调宽（PWM）方法调速运行时，其机械特性会存在轻载失控。

2.13　在采用脉冲调幅和脉冲调宽方法的直流电动机调速控制系统中，主电路上的续流二极管在什么时刻起作用，试分别画出这两种控制系统在续流时刻的等效电路图。

2.14　为什么PAM驱动控制调速系统的响应时间大，且实现可逆驱动困难。

2.15　在图2.11的电路中，若电源突然断电，试分析电路中会出现什么问题，在实际设计电路中应如何解决所出现的问题。

第3章　步进电动机的控制

步进电动机是一种将电脉冲信号转换成角位移或线位移的机电元件。步进电动机的输入量是脉冲序列，输出量则为相应的增量位移或步进运动。正常运动情况下，它每转一周具有固定的步数；作连续步进运动时，其旋转转速与输入脉冲的频率保持严格的对应关系，不受电压波动和负载变化的影响。由于步进电动机能直接接受数字量的控制，所以特别适宜采用微机进行控制。

3.1　步进电动机的工作原理及驱动方法

3.1.1　步进电动机的种类

目前常用的有三种步进电动机：

(1) 反应式步进电动机(VR)。反应式步进电动机结构简单，生产成本低，步距角小；但动态性能差。

(2) 永磁式步进电动机(PM)。永磁式步进电动机出力大，动态性能好；但步距角大。

(3) 混合式步进电动机(HB)。混合式步进电动机综合了反应式、永磁式步进电动机两者的优点，它的步距角小，出力大，动态性能好，是目前性能最高的步进电动机。它有时也称作永磁感应子式步进电动机。

3.1.2　步进电动机的工作原理

图3.1是最常见的三相反应式步进电动机的剖面示意图。电机的定子上有六个均布的磁极，其夹角是60°。各磁级上套有线圈，按图3.1连成A、B、C三相绕组。转子上均布40个小齿。所以每个齿的齿距为 $\theta_E = 360°/40 = 9°$，而定子每个磁极的极弧上也有5个小齿，且定子、转子小齿的齿距和齿宽均相同。由于定子和转子的小齿数目分别是30和40，其比值是一分数，这就产生了所谓的齿错位的情况。若以A相磁极小齿和转子的小齿对齐，如图3.1，那么B相和C相磁极的齿就会分别和转子齿相错三分之一的齿距，即3°。因此，B、C极下的磁阻比A磁极下的磁阻大。若给B相通电，B相绕组产生定子磁场，其磁力线穿越B相磁极，并力图按磁阻最小的路径闭合，这就使转子受到反应转矩(磁阻转矩)的作用而转动，直到B磁极上的齿

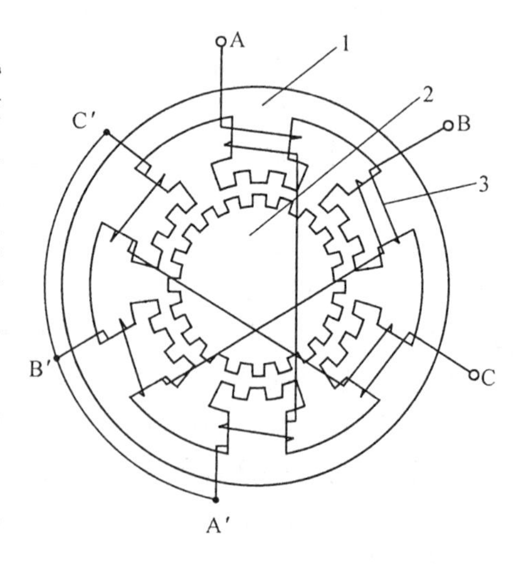

图3.1　三相反应式步进电动机的结构示意图

1—定子　2—转子　3—定子绕组

与转子齿对齐，恰好转子转过3°；此时A、C磁极下的齿又分别与转子齿错开三分之一齿距。接着停止对B相绕组通电，而改为C相绕组通电，同理受反应转矩的作用，转子按顺时针方向再转过3°。依此类推，当三相绕组按A→B→C→A顺序循环通电时，转子会按顺时针方向，以每个通电脉冲转动3°的规律步进式转动起来。若改变通电顺序，按A→C→B→A顺序循环通电，则转子就按逆时针方向以每个通电脉冲转动3°的规律转动。因为每一瞬间只有一相绕组通电，并且按三种通电状态循环通电，故称为单三拍运行方式。单三拍运行时的步距角 θ_b 为3°。三相步进电动机还有两种通电方式，它们分别是双三拍运行，即按AB→BC→CA→AB顺序循环通电的方式，以及单、双六拍运行，即按A→AB→B→BC→C→CA→A顺序循环通电的方式。六拍运行时的步距角将减小一半。反应式步进电动机的步距角可按下式计算：

$$\theta_b = 360°/NE_r \tag{3.1}$$

式中　E_r——转子齿数；

N——运行拍数，$N = km$，m 为步进电动机的绕组相数，$k = 1$ 或 2。

3.1.3　步进电动机的驱动方法

步进电动机不能直接接到工频交流或直流电源上工作，而必须使用专用的步进电动机驱动器，如图3.2所示，它由脉冲发生控制单元、功率驱动单元、保护单元等组成。图中点划线所包围的二个单元可以用微机控制来实现，这将在后面给予详细介绍。驱动单元与步进电动机直接耦合，也可理解成步进电动机微机控制器的功率接口，这里予以简单介绍。

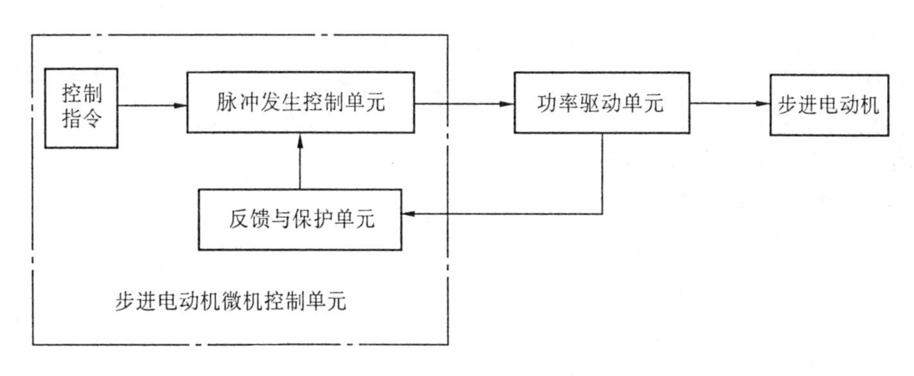

图3.2　步进电动机驱动控制器

1.单电压功率驱动接口

实用电路如图3.3所示。在电机绕组回路中串有电阻 R_s，使电机回路时间常数减小，高频时电机能产生较大的电磁转矩，还能缓解电机的低频共振现象，但它引起附加的损耗。一般情况，简单单电压驱动线路中，R_s 是不可缺少的。R_s 对步进电动机单步响应的改善如图3.3(b)。

2.双电压功率驱动接口

双电压驱动的功率接口如图3.4所示。双电压驱动的基本思路是在较低速(低频段)用较低的电压 U_L 驱动，而在高速(高频段)时用较高的电压 U_H 驱动。这种功率接口需要两个控制信号，U_h 为高压有效控制信号，U 为脉冲调宽驱动控制信号。图中，功率管 T_H 和

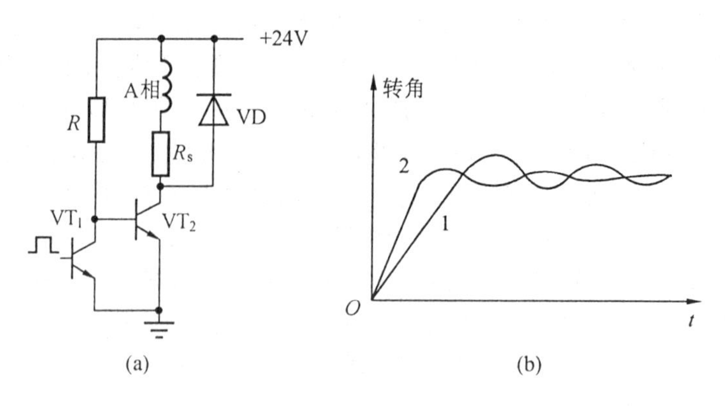

图 3.3　单电压功率驱动接口及单步响应曲线

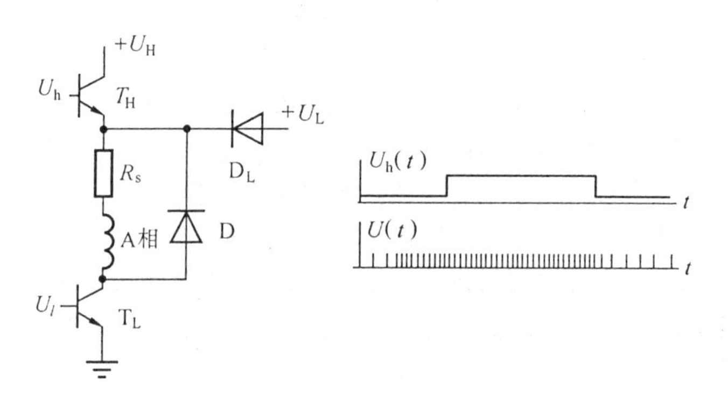

图 3.4　双电压功率驱动接口

二极管 D_L 构成电源转换电路。当 U_h 低电平，T_H 关断，D_L 正偏置，低电压 U_L 对绕组供电。反之 U_h 高电平，T_H 导通，D_L 反偏，高电压 U_H 对绕组供电。这种电路可使电机在高频段也有较大出力，而静止锁定时功耗减小。

3. 高低压功率驱动接口

高低压功率驱动接口如图 3.5 所示。高低压驱动的设计思想是，不论电机工作频率如何，均利用高电压 U_H 供电来提高导通相绕组的电流前沿，而在前沿过后，用低电压 U_L 来维持绕组的电流。这一作用同样改善了驱动器的高频性能，而且不必再串联电阻 R_s，消除了附加损耗。高低压驱动功率接口也有两个输入控制信号 U_h 和 U_l，它们应保持同步，且前沿在同一时刻跳变，如图 3.5 所示。图中，高压管 VT_H 的导通时间 t_1 不能太大，也不能太小，太大时，电机电流过载；太小时，动态性能改善不明显。一般可取 1 ~ 3ms。(当这个数值与电机的电气时间常数相当时比较合适)。

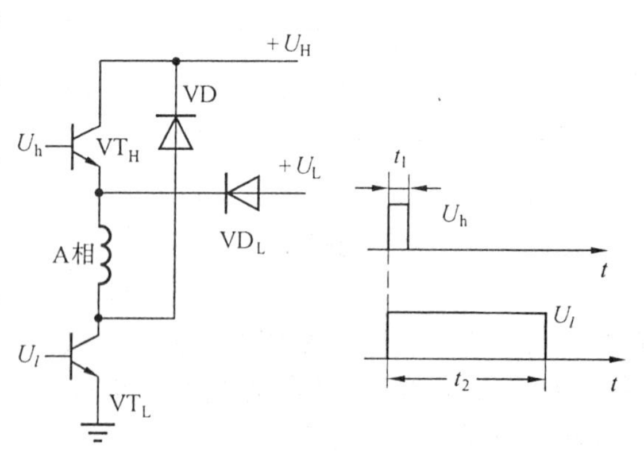

图 3.5　高低压功率驱动接口

4. 斩波恒流功率驱动接口

恒流驱动的设计思想是，设法使导通相绕组的电流不论在锁定、低频、高频工作时均保持固定数值。使电机具有恒转矩输出特性。这是目前使用较多、效果较好的一种功率接口。图 3.6 是斩波恒流功率接口原理图。图中 R 是一个用于电流采样的小阻值电阻，称为采样电阻。当电流不大时，VT_1 和 VT_2 同时受控于走步脉冲，当电流超过恒流给定的数值，VT_2 被封锁，电源 U 被切除。由于电机绕组具有较大电感，此时靠二极管 VD 续流，维持绕组电流，电机靠消耗电感中的磁场能量产生出力。此时电流将按指数曲线衰减，同样电流采样值将减小。当电流小于恒流给定的数值，VT_2 导通，电源再次接通。如此反复，电机绕组电流就稳定在由给定电平所决定的数值上，形成小小的锯齿波，如图 3.6 所示。

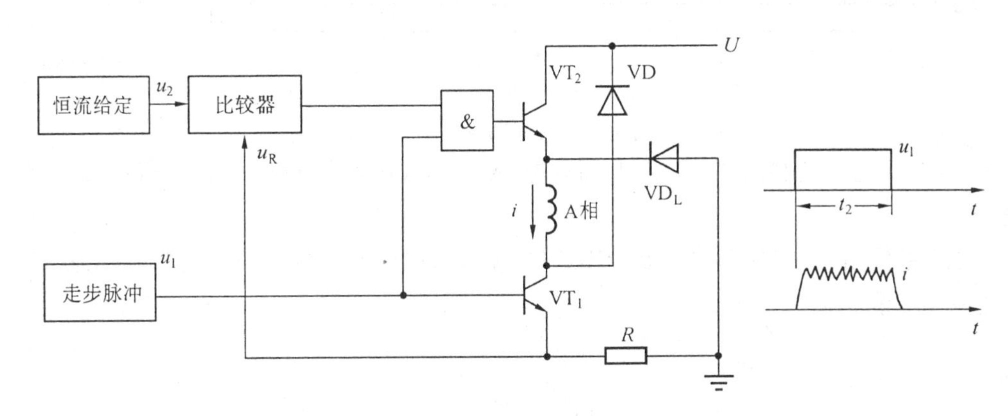

图 3.6　斩波恒流功率驱动接口

斩波恒流功率驱动接口也有两个输入控制信号，其中 u_1 是数字脉冲，u_2 是模拟信号。这种功率接口的特点是：高频响应大大提高，接近恒转矩输出特性，共振现象消除，但线路较复杂。目前已有相应的集成功率模块可供采用。

5. 升频升压功率驱动接口

为了进一步提高驱动系统的高频响应，可采用升频升压功率驱动接口。这种接口对绕组提供的电压与电机的运行频率成线性关系。它的主回路实际上是一个开关稳压电源，利用频率 - 电压变换器，将驱动脉冲的频率转换成直流电平，并用此电平去控制开关稳压电源的输入，这就构成了具有频率反馈的功率驱动接口。

6. 集成功率驱动接口

目前已有多种用于小功率步进电动机的集成功率驱动接口电路可供选用。

L298 芯片是一种 H 桥式驱动器，它设计成接受标准 TTL 逻辑电平信号，可用来驱动电感性负载。H 桥可承受 46V 电压，相电流高达 2.5A。L298(或 XQ298，SGS298) 的逻辑电路使用 5V 电源，功放级使用 5 ～ 46V 电压，下桥发射极均单独引出，以便接入电流取样电阻。L298(等) 采用 15 脚双列直插小瓦数式封装，工业品等级。它的内部结构如图 3.7 所示。H 桥 驱动的主要特点是能够对电机绕组进行正、反两个方向通电。L298 特别适用于对二相或四相步进电动机的驱动。

与 L298 类似的电路还有 TER 公司的 3717，它是单 H 桥电路。SGS 公司的 SG3635 则是

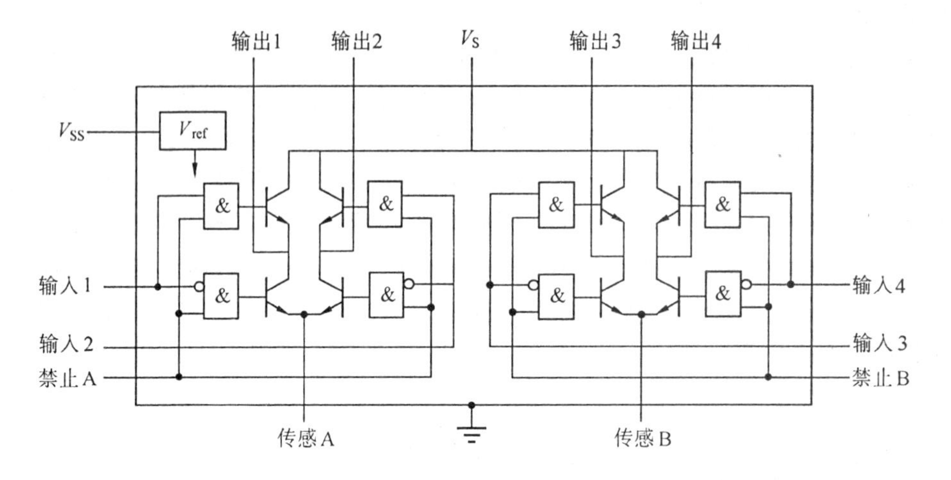

图 3.7　L298 原理框图

单桥臂电路，IR公司的IR2130则是三相桥电路，Allegro公司则有A2916、A3953等小功率驱动模块。

图3.8是使用L297（环形分配器专用芯片）和L298构成的具有恒流斩波功能的步进电动机驱动系统。

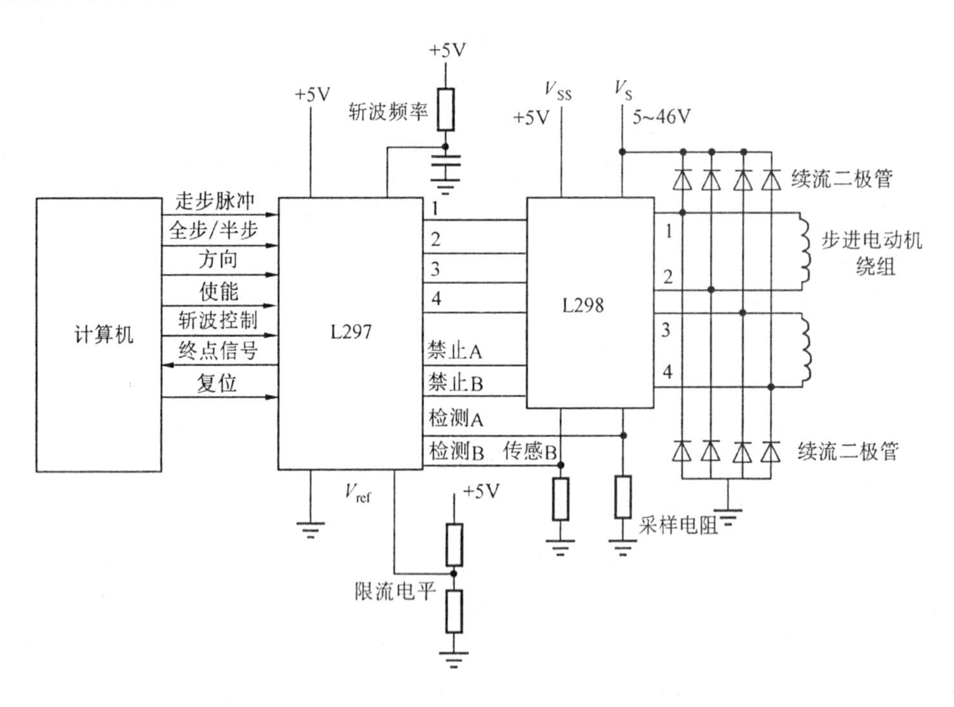

图 3.8　专用芯片构成的步进电动驱动系统

3.2　步进电动机的开环控制

使用单片微机对步进电动机进行控制，方法有串行控制和并行控制两种。

3.2.1　串行控制

串行控制中，单片机与步进电动机功率驱动接口之间只需两条控制线，一条用来发送走步脉冲串(CP)，另一条用来发送指定旋转方向的电平信号，如图3.9所示。串行控制的

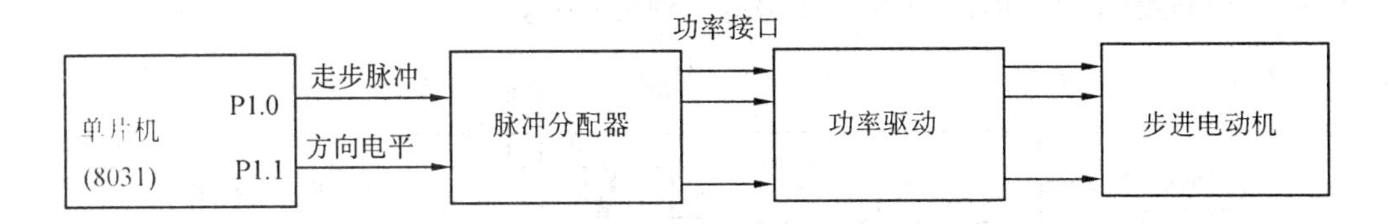

图3.9　单片机串行控制

功率接口电路内部含有一个环型分配器电路。环形分配器电路的作用是将CP脉冲转换成多相循环变化的脉冲。例如：

对于三相步进电动机分配为三相六拍，即

A → AB → B → BC → C → CA → A

对于四相步进电动机分配为四相四拍或八拍，即

A → B → C → D → A 或

A → AB → B → BC → C → DC → D → DA → A

专用分配器芯片如CH250、L297等。其中，CH250专用于三相步进电动机，L297专用于二相或四相步进电动机。

图3.10是使用CH250工作于三相六拍状态的接线图。通过设置引脚(1,2和14,15)的电平，可使CH250按双三拍、单三拍、单双六拍以及相应的正、反转共六种状态工作。

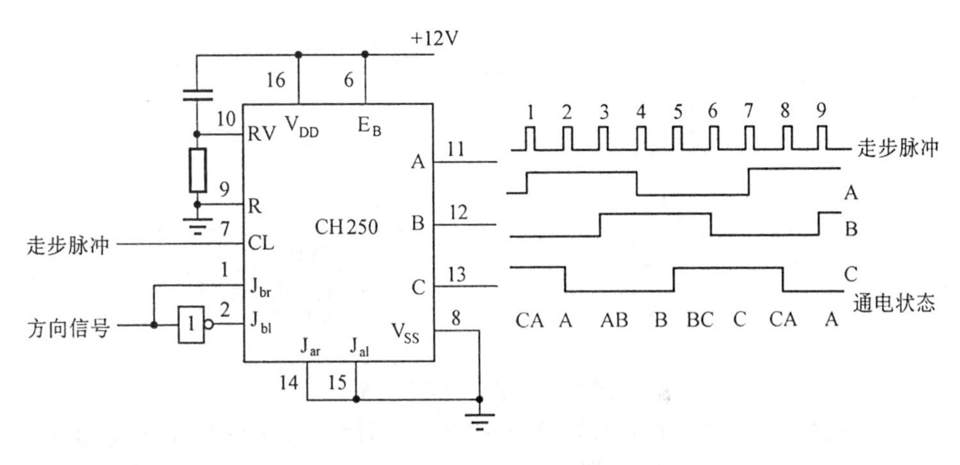

图3.10　CH250三相六拍脉冲分配

图3.11是L297步进电动机控制器的原理框图。其中包括：

(1) 译码器(也即环形分配器)

它将时钟CP脉冲、正/反转信号、半/整步信号综合后,产生所要求的各相通断信号。

(2) 斩波器

由比较器、触发器和振荡器组成。用于检测电流采样值和参考电压值,并进行比较。由比较器输出信号来开通触发器,再由振荡器决定频率并实现斩波。

(3) 输出逻辑

输出逻辑综合了分配器信号与斩波信号,产生 A、B、C、D 四相信号以及抑制信号。L297 与功率接口 L298 耦合,可以获得最好的使用效果。

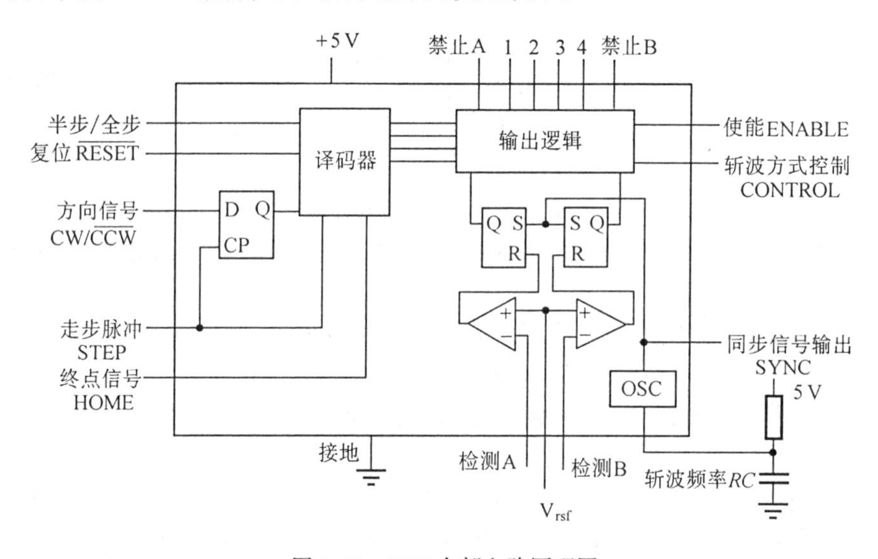

图 3.11　L297 内部电路原理图

在实际应用中,利用 EPROM 和可逆计数器组合,可以构成通用型环形分配器,如图 3.12 所示。这种环形分配器的工作原理是:设置计数器的计数长度等于电机运行的拍数

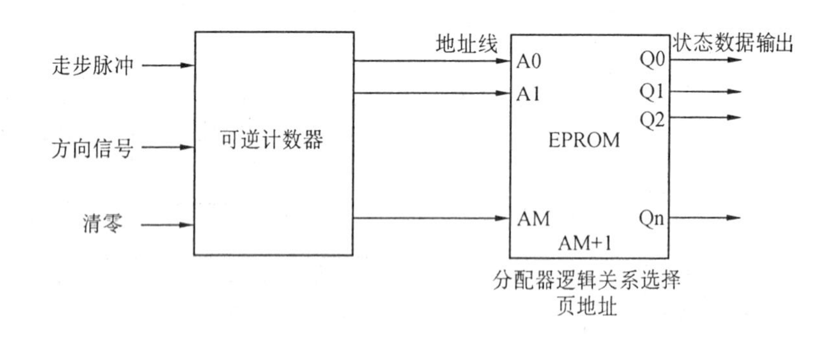

图 3.12　通用的环形分配器

(或拍数的整数倍)。计数器的输出端接到 EPROM 地址线上,并使 EPROM 总处于读出状态。这样,计数器每一个输出状态都对应 EPROM 的一个地址,EPROM 地址单元中的内容就可以确定其数据输出端的某一种状态。只要根据要求设定计数长度和固化 EPROM 中的内容,就能完成所要求的环形分配器的输入输出逻辑关系。改变 EPROM 的页地址,可以设

定不同的逻辑关系，从而实现诸如：正转、反转、二相、三相、四相各种拍数的控制逻辑的通用环形分配器功能。

3.2.2 单片机串行控制的步进电动机

图 3.9 即为简单的串行控制电路。它利用单片机 8031 的 P1.0 输出方向电平，P1.1 输出 CP 脉冲。CP 脉冲的产生方法很简单，只需对 P1.1 进行两次求反操作就可以产生一个脉冲信号。但由于任何环形分配器对 CP 脉冲的最小脉宽都有一定要求，所以在两次求反操作之间应插入一定的延时。设 P1.1 高电平，为正转驱动，CP 脉冲低电平有效。8031 单片机的驱动程序如下：

```
CW:     CLR     P1.0    ;正转电平
        CLR     P1.1    ;输出低电平，产生脉冲前沿
        LCALL   DT      ;调延时子程序
        SETB    P1.0    ;输出高电平，产生脉冲后沿
        RET             ;返回
```

调用该子程序一次，电机将正转一步，只要按一定时间间隔 T 调用这个子程序，就可以使电机按一定的频率连续转动。若要电机反方向运行，可调如下子程序：

```
CW:     SETB    P1.1    ;输出反转电平
        CLR     P1.0    ;脉冲前沿
        LCALL   DT      ;延时
        SETB    P1.1    ;脉冲后沿
        RET             ;返回
DT:     NOP             ;延时子程序
        NOP
        NOP
        RET
```

3.2.3 并行控制

在并行控制中，单片机用数条输出口线直接去控制步进电动机各相绕组的驱动线路。很显然，电机功率接口中不包含环形分配器，环形分配器的功能必须由单片机来完成。而单片机实现脉冲分配器的功能又有两种方法，一种是纯软件方法，即全部用软件来实现相序配，直接输出各相导通或截止的信号。另一种方法是软件与硬件结合的方法，下面分别予以介绍。

1.纯软件方法

在这种方法中，单片机输出口直接与功率接口耦合，环形分配器的功能全部由软件来完成。图 3.13 是其示意图。8031 的 P1.0 ~ P1.4 五条输出线输出相应的电机状态：AB → ABC → BC → BCD → DC → CDE → DE → DEA → EA → EAB → AB，这称为五相十拍运行状态。这种纯软件方法，需要在内存 ROM 区域开辟一个存储空间来存放这 10种输出状态。

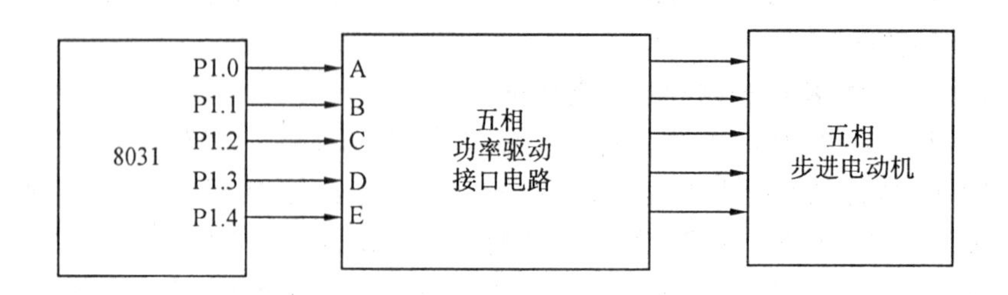

图 3.13　纯软件代替环形分配器

系统软件按照电机正、反转的要求，按正、反顺序依次将状态表的内容取出来并送至 8031 的输出口。

例如，在程序存储器 0FF0H 开始用 10 个字节存储五相反应式步进电动机的五相十拍工作状态表，并设低电平导通，高电平截止，则存储状态表的地址内容如表 3.1。

表 3.1　五相十拍状态表

地 址	存储内容(H/B)		通电状态	方　向		地　址
0FF0H	0FCH	11111100	AB	正向↓	↑反向	1003H
0FF1H	0F8H	11111000	ABC			1002H
0FF2H	0F9H	11111001	BC			1001H
0FF3H	0F1H	11110001	BCD			1000H
0FF4H	0E3H	11110011	CD			0FFFH
0FF5H	0E3H	11100011	CDE			0FFEH
0FF6H	0E7H	11100111	DE			0FFDH
0FF7H	0E6H	11100110	DEA			0FFCH
0FF8H	0EEH	11101110	EA			0FFBH
0FF9H	0ECH	11101100	EAB			0FFAH

对电机的控制变成顺序查表以及写 P1 口的软件过程。若设 R0 作状态计数器，并按每拍加 1 操作，对于十拍运行，最大计数值为 9，正转程序如下：

```
CW:     INC     R0                  ;正转加 1
        CJNE    R0, # 10H,CW1       ;计数器不到 10,正常计数
        MOV     R0, # 00H           ;计数器等于 10,则清零
CW1:    MOV     A,R0                ;计数值送 A
        MOV     DPTR, # 0FF0H
                                    ;指向正数状态表首 0FF0H
        MOVC    A,@A + DPTR         ;取出表中状态
```

```
        MOV     P1,A                    ;送输出口
        RET
```

反转程序与正转程序的区别,仅仅在于指针应指向反转状态表表首 0FFAH。

```
CCW:    INC     R0
        CJNE    R0, # 10H,CCW1
        MOV     R0, # 00H
CW1:    MOV     A,R0
        MOV     DPTR, # 0FFAH           ;指向反转状态表首 0FFAH
        MOVC    A,@A + DPTR
        MOV     P1,A
        RET
```

当然,读者会想到,若对 0FF0 ~ 0FF9 状态表,作逆向查表,同样可以实现反转控制。

纯软件代替环形分配器的编程方法是比较灵活的。下面介绍一种简洁的方法。设用 8031 的 P1 口输出 A、B、C、D 四相脉冲,来控制四相混合式步进电动机。规定低电平有效,则四相八拍工作状态如表 3.2 所示。观察表 3.2 不难发现,要使步进电动机走步,只要对 P1 口的字节内容进行循环移位就可以了。数据左移时电机正转,则数据右移时电机就反转。若用 P1 口的 P1.1、P1.3、P1.5、P1.7 分别驱动 A、B、C、D 四相功率接口,并在程序初始化时,对 P1 口装载表 3.2 中的任一数据,通过调用下述子程序就可对电机进行正、反转走步控制。

3.2　四相八拍状态

D		C	B		A	通电状态		
P1.7	P1.6	P1.5	P1.4	P1.3	P1.2	P1.1	P1.0	P1 口
1	1	1	1	1	0	0	0	A
1	1	1	1	0	0	0	1	AB
1	1	1	0	0	0	1	1	B
1	1	0	0	0	1	1	1	BC
1	0	0	0	1	1	1	1	C
0	0	0	1	1	1	1	1	CD
0	0	1	1	1	1	1	0	D
0	0	1	1	1	1	0	0	DA

程序如下:

```
        …
        MOV     P1, # 0F8H      ;初始化 P1 口
        …
CW:     MOV     A, P1           ;状态送 A
```

```
        RL      A           ;左循环位移
        MOV     P1,A        ;送输出口,正转 1 步
        RET                 ;返回
CCW:    MOV     A,P1
        RR      A           ;右循环位移
        MOV     P1,A        ;送输出口,反转 1 步
        RET
```

2. 软、硬件结合的方法

软、硬件结合的方法可进一步减少单片机的工作时间占用,更有利于实现多台步进电动机的联动控制。图 3.14 是两台步进电动机联动控制系统的示意图。在这种方法中,8031 以 P1.0 ~ P1.3 四条数据线接到多个 EPROM 的低四位地址线上,可选通每个 EPROM 的 16 个地址,也即 16 种状态。EPROM 的低位数据输出线作为步进电动机 A、B、C、D 各相的控制线。EPROM 作为一种解码器,解码器的输入输出关系可以设计得更加有利于微机控制。例如如下对应关系:

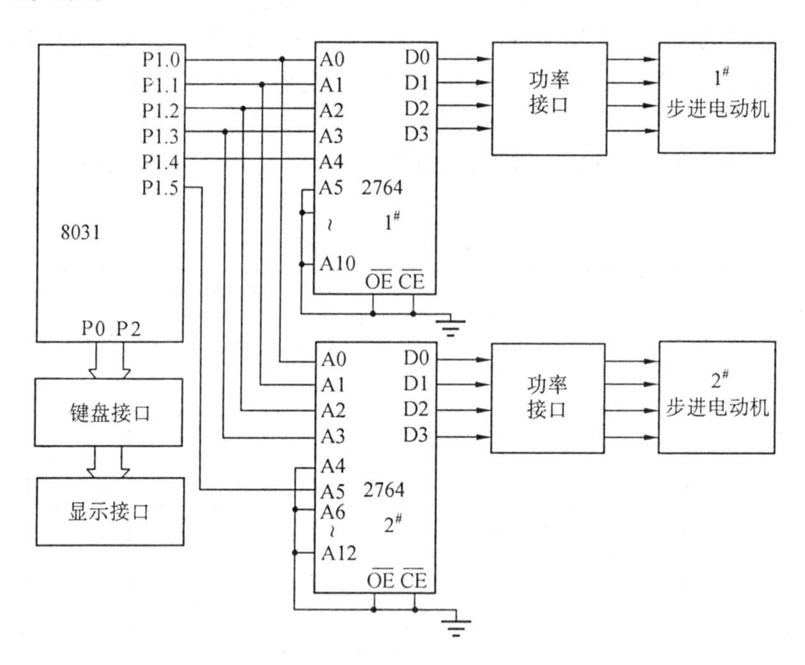

图 3.14 适用于多台步进电动机连动的控制方法

00	01	02	03	04	05	06	07	08	09	0A	0B	0C	0D	0E	0F	输入
A	AB	B	BC	C	CD	D	DA	D	CD	C	BC	B	AB	A	禁止	输出

正转 →

← 反转

这种方法只需对计数器进行加 1 操作,然后送 P1 口;环形分配器的功能不用主机负

担,不再需要串行控制中的延时,软件开消减少。

P1 口的高位线,按线选法,选择不同的 EPROM,也即选择不同的步进电动机。P1 口高四位,最多可线选四台步进电动机联动控制。按图 3.14,P1.4 和 P1.5 分别选通 1# 和 2# EPROM 及相应的步进电动机。控制多台步进电动机的子程序如下:

```
            …                           ;从主程序来
            SETB   P1.4                 ;P1.4 高电平,对 1# 电机控制有效
            SETB   P1.5                 ;P1.5 高电平,对 2# 电机控制有效
            …                           ;主程序其他操作
正转 CW:    INC    R0                   ;正转计数加 1
            CJNE   R0, #08H,CW          ;R0 不为 8 时正常计数
            MOV    R0, #00H             ;R0 为 8 时清零,置正转首状态
CW1:        MOV    P1,R0                ;运行 1 拍
            RET
反转 CCW:   INC    R0                   ;反转计数加 1
            CJNE   R0, #0FH,CCW1        ;寻反转末状态
            MOV    R0, #08H             ;置反转首状态
CCW1:       MOV    P1,R0                ;输出
            RET
```

3.2.4 步进电动机开环变速控制

控制步进电动机的转速,实际上就是控制转换电机通电状态的时间长短。有两种基本方法,一种是软件延时,另一种是定时器定时。

1.软件延时方法

这种方法在每次转换电机通电状态(简称换向)后,调用一个延时子程序,待延时结束后,再次执行转换状态子程序。如此反复使电机按某一确定转速运转。执行下面程序将控制电机正向连续旋转。

```
CON:    LCALL    CW          ;调用正转 1 步子程序
        LCALL    DT1         ;调用延时子程序
        SJMP     CON         ;返回继续
        …
DT1:    MOV      A, #DATA;
L1:     DEC      A
        JNE      L1
        RET
```

DT1 程序的延时时间为

$$t1 = [3 + (1 + 2) \times DATA] \times T = (3 + 3 \times DATA) \times T$$

式中,T 为机器周期,时钟 6MHz 时,8031 单片机的 $T = 2\mu s$。这种方法简便,不占用硬盘资源,调用不同的延时子程序就可以实现不同的速度控制。它的缺点是占用 CPU 时间过多,显然只能在简单的控制过程中采用。

2.定时器延时的方法

不同的单片机有不同数量的片载定时器/计数器。利用其中某个定时器,加载和溢出产生中断信号,终止主程序的执行,转向执行定时器中断服务程序,来产生硬件延时的效果。若将电机换相子程序放在定时器中断服务程序之中,则定时器每中断一次,电机就换相一次,从而实现对电机的速度控制。

下面以使用8031的Timero定时为例介绍控制程序。设电机运行速度定为每秒1 000步(1 000脉冲/s),则换向周期为1 000 μs。设8031使用12MHz时钟,则机器周期T为1 μs。定时器应该每1 000个机器周期中断一次。8031定时器执行加计数,所以1 000次计数的加载值应为FFFFH - 03E8H,也即原码03E8H的补码为FC18H。在此加载值情况下,再加计数1 000次,即能产生溢出。中断服务程序如下:

```
TIM0:   LCALL   CW          ;调正转1步子程序
        CLR     TR0         ;停定时器
        MOV     TL0, # 18H  ;装载低位字节
        MOV     TH0, # 0FCH ;装载高位字节
        SETB    TR0         ;开定时器
        RETI                ;中断返回
```

调试上述程序会发现,电机运行转速将低于设定值,不精确。分析上述程序不难发现,对于精确定时,还应该计及诸如:加载定时器、停定时器以及中断响应等时间,并进行修正。下面给出准确的程序。计及附加延时为7T,得加载值为FC18H + 7H即FC1FH。为实时改变加载值提供可能性,将加载值存在中间单元R6、R7中。实用程序清单如下:

```
TIM:    TCALL   CW          ;调用正转1步子程序
        CLR     TR0         ;停定时器
        MOV     A,TL0       ;原始计数值低位字节送A
        ADD     A,R6        ;与加载值相加
        MOV     TL0,A       ;回送低字节
        MOV     A,TH0       ;原始计数值高位字节送A
        ADDC    A,R7        ;与加载值相加
        MOV     TH0,A       ;回送高字节
        SETB    TR0         ;开定时器
        RETI                ;中断返回
```

系统反复执行这个中断程序时,步进电动机将按准确的频率运行。改变R6和R7中的数值,可以改变电机的运行频率。

3.3 步进电动机的最佳点-位控制

3.3.1 最佳点-位控制原理

步进电动机最佳点-位控制就是控制步进电动机拖动给定的负载从一个位置最快速地运行到另一个给定的位置。对电机而言,就是从一个锁定位置,运行若干步数,尽快到达

另一个锁定状态。显然有两个基本要求:即总步数要求符合设定值,走步时间应尽量短。为了满足此要求,在软件上要做很多工作。首先,为了保持总步进数不出错,需要建立一个随时校核步进数是否准确的机制。而且电机的每一次换相都需要对步进数进行计算或校核。例如,系统运动前,应在 RAM 某些单元中设置总步进数,开始运行后,按换相次数递减这些单元中的数值,当校核单元中的数值为零时,说明系统已走完所需的正转或反转的总步数,并停止运行进入锁定。而正、反转可以由方向标志位来确定。

步进电动机的最高起动频率一般比最高运行频率低许多,所以直接按最高运行频率起动将产生丢步或根本不运行的情况。而对于正在快速运行的步进电动机,若在到达终点附近,立即停发脉冲,令其立即锁定,也很难实现,由于旋转系统的惯性,会发生冲过终点的现象。因此,在点 - 位控制过程中,运行速度要有一个加速 → 恒速 → 减速 → 低恒速 → 锁定的过程,如图 3.15 所示,图中,纵坐标是频率,其实质也即转速,它的单位是步 /s;横坐标是步数,其实质也即距离。对于图 3.15 的线性曲线,加、减速时间为

$$t_1 = t_3 = N_1/(f_m - f_0) \tag{3.2}$$

恒速时间

$$t_2 = N_2/f_m \tag{3.3}$$

低速时间

$$t_4 = N_4/f_0 \tag{3.4}$$

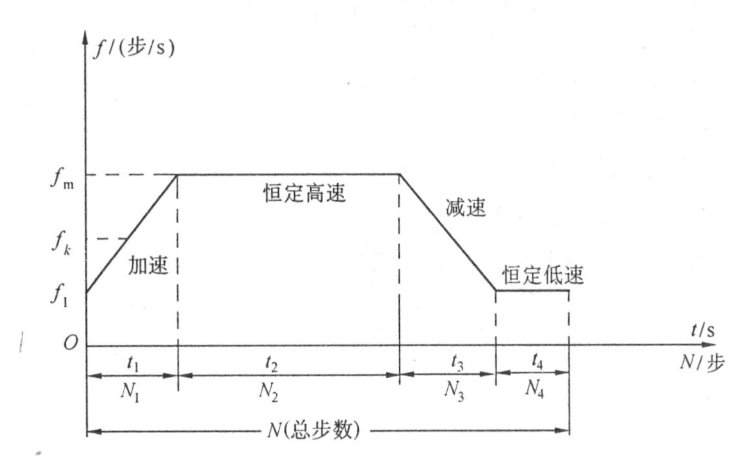

图 3.15　点 - 位控制的加、减过程

当然短距离点 - 位控制,加减速过程没有实际意义;对于中等运行距离,电机可能只需加速和减速而没有恒速过程。对于最佳点 - 位控制,应该尽可能增加恒速运行时间,缩短加速、减速过程的时间。为此,升速的起始速度应取等于或略小于系统的极限起动频率,而不是从零开始。减速过程结束时的速度一般应等于或略低于起动速度,再经数步低速运行后停止。由于极限起动频率和电机轴上的负载的性质有关,所以这个数值经常由实验测试来确定。

升速规律一般有两种选择,一是按指数规律,它更接近步进电动输出转矩随转速变化

的规律；另一种是按直线规律升速，它更显简炼。用微机对步进电动机进行加减速控制，实际上就是控制每次换向的时间间隔。升速时，使脉冲串逐渐加密，减速则反之。当微机利用定时器中断方式来控制电机变速，实际上就是不断改变定时器的装载值的大小。为了减少每步计算装载值的时间，可以用阶梯曲线来逼近理想升降曲线。这样，每次装载，软件系统可以通过查表方法，查出所需要的装载值。下面用实例进行说明。

设系统的最低转速 f_0 为 100 脉冲 /s，最高转速 f_m 为 10 000 脉冲 /s，整个变速范围分 100 挡，用速度字 K 表示速度挡次，则各挡速度为

$$f_k = (1 + k) \times 100 \quad k = 0,1,\cdots,99 \tag{3.5}$$

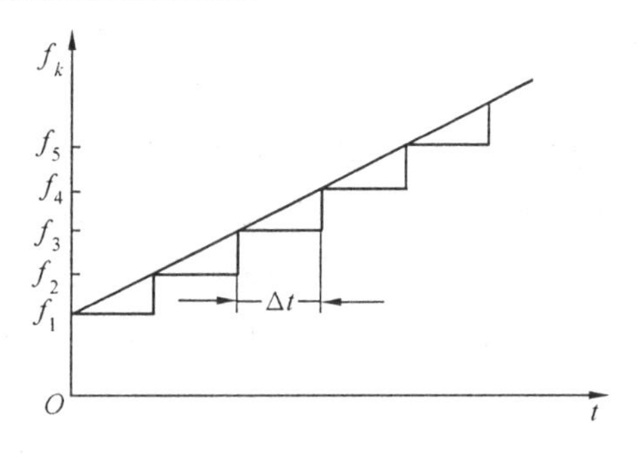

图 3.16　阶梯升速

阶梯升速过程如图 3.16 所示。对于直线升速，Δt 为常数，对于值指数升速，Δt 为变量。阶梯时间 Δt 越小，升速越快，反之较慢。Δt 的大小可通过电机参数计算来确定。算例如下：

若电机系统的转动惯量为 J，最大牵入转矩为 T_m，由简化动力学模型可以写出最小加速时间 t_m 与电机参数之间的近似关系为

$$T_m = J\frac{f_m - f_0}{f_m}\frac{\pi}{180}\theta_0 + T_L \qquad (\mathrm{N \cdot m}) \tag{3.6}$$

式中　θ_0—— 步距角；

f_0—— 最高起动频率；

f_m—— 最高连续运行频率；

T_L—— 电机系统总的阻力矩。

在实际应用中，经常未知 J、T_m、T_L 等电机系统参数，所以常用实验方法来确定 t_m，即以升速最快、而又不丢步为选择原则。t_m 确定后，可进一步确定阶梯时间

$$\Delta t = t_m / k_m \tag{3.7}$$

每个阶梯的运行步数为

$$N_k = f_k \Delta t \tag{3.8}$$

每个阶梯的频率加载值

$$f_k = (1 + k) f_0 \qquad k = 0,1,2,\cdots,k_m \tag{3.9}$$

$$k_m = f_m / f_0 - 1$$

升速过程总步数为

$$N_m = KN_k \tag{3.10}$$

程序在执行过程中，每次速度升一挡，都要计算这个台阶应走的步数，然后以递减方法检查，当减至为零时，表示该挡速度运行完毕，控制字 K 加 1，进入下一挡速度。在此同时，还要递减升速过程总步数 KN_k，减速过程与升速过程类似，在此不再分析。

3.3.2 步进电动机点 - 位控制的软件设计

软件设计是在硬件设计基本完成的基础上进行的。在软件设计过程中，进一步完善硬件设计存在的问题，互相补充、协调，并最终完成软件与硬件的定型。设确定采用图 3.14 所示的硬件环境，但只考虑驱动一台四相步进电动机。因此，对步进电动机的走步控制，就是对通电状态计数器进行加 1 的控制。而速度控制，则通过不断改变加载定时器的装载值来实现。

整个软件由主程序和定时器中断服务程序构成。主程序的功能是：对系统资源进行全面管理，处理输入显示，计算运行参数，加载定时器中断服务程序所需要的全部参数和初

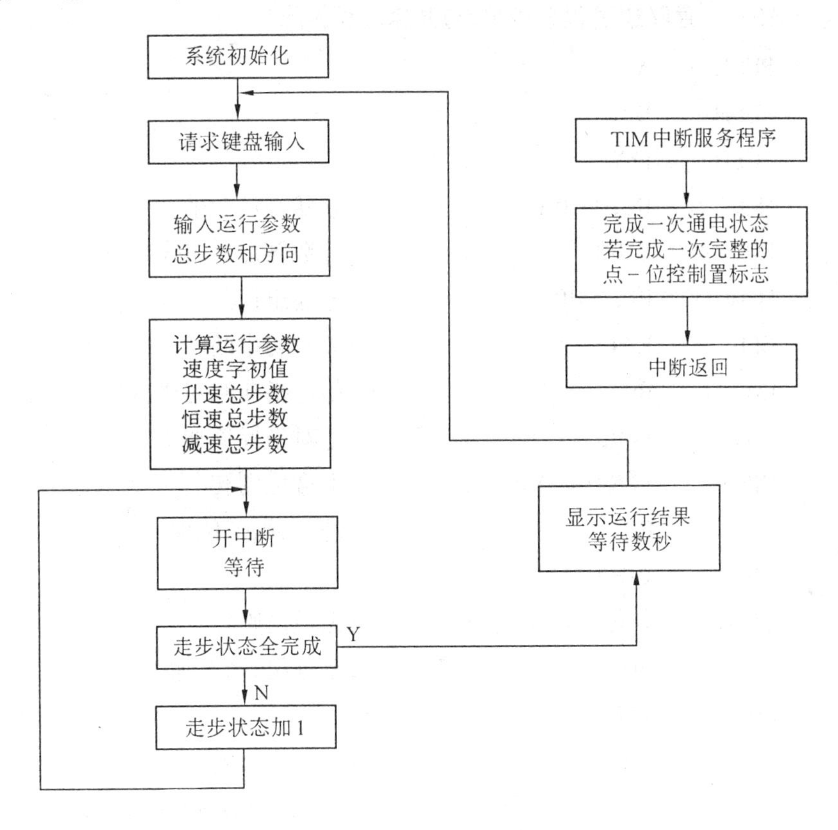

图 3.17 系统框图

始值，开中断，等待走步过程的结束。主程序框图如图 3.17。本节主要解释用于点 - 位控制的定时器中断服务程序。服务程序的内存占用，由软件统一分配为：

占用内部 RAM 的 20H ~ 24H 单元，占用工作寄存器 R0 ~ R3，定时器装载值表存在 8F00H 起始的程序存储器（ROM）中。程序清单及详细注解如下：

R0—— 中间寄存器，存放地址指针；

R1—— 存过程速度字，其初始值为起动速度字 K，例如 $K = 1$；

R2—— 存每挡速度运行中的步数，其初始值为起动速度挡的运行参数 $K\Delta N$，K 为起

动速度字；

R3—— 数据指针，初值为 24H，存放升速总步数低字节；

20H—— 产生电动机状态计数器；

21H ~ 23H—— 系统的绝对坐标值，电机每走一步加 1；

24H ~ 25H—— 存升速过程总步数 $\sum_{K=s}^{m=1} K\Delta N$，$s$ 为起动速度字，m 为给定的恒速度字；

26H ~ 28H—— 存恒速过程总步数，由总步数减二倍升速过程总步数得到；

29H ~ 2AH—— 存降速过程总步数，与升速过程相同。

```
TIN:    PUSH    A
        PUSH    B
        PUSH    PSW
        MOV     R0, # 20H           ;取状态计数值
        INC     @R0                 ;计数器加 1，正转 1 步
        MOV     P1, @R0             ;送输出口
        CLR     EA                  ;关一切中断
        INC     R0                  ;指针指向绝对坐标值
        INC     @R0                 ;绝对坐标值加 1
        CJNE    @R0, # OOH, L1      ;不进位则转
        INC     R0                  ;进位，则低位加 1
        INC     @R0
        CJNE    @R0, # 00 # , L1    ;无进位则转
        INC     R0                  ;有进位，则上加 1
        INC     @R0
L1:     SETB    EA                  ;重新开中断
        CJNE    R3, # 24H, L4       ;测 R3，判断是哪个阶段
        MOV     R0, # 24H           ;是升速段
        DEC     @R0                 ;升速步数减 1
        CJNE    @R0, # 0FFH, L2
        INC     R0
        DEC     @R0
L2:     DJNZ    R2, L3              ;判该挡速度走完否？否转
        INC     R1                  ;走完增一挡
        MOV     A, R1               ;计算该挡步数
        MOV     B, # DATA           ; # DATA 为立即数，即 ΔN
```

```
        MUL     AB
        MOV     R2,A                    ;存好该挡步数
L3:     NOV     A,24H                   ;判升速段结束否
        ORL     A,25H
        JNZ     L9                      ;未结束,转重新装载
        MOV     R3, # 26H               ;结束则重置指针,指向恒速段
        SJMP    L9
L4:     CJNE    R3, # 26H,L6            ;判是否为恒速段,否转
        MOV     R0, # 26H               ;是恒速段,恒速段步数减 1
        DEC     @R0
        CJNE    @R0, # 0FFH,L5
        INC     R0
        DEC     @R0
        CJNE    @R0, # 0FFH,L5
        INC     R0
        DEC     @R0
L5:     MOV     A,26H                   ;判恒速段结束否
        ORL     A,27H
        ORL     A,28H
        JNZ     L9                      ;未结束,则重新装载
        MOV     R3, # 29H               ;结束则重置指针,指向降速段
        DEC     R1                      ;准备降速第一挡步数
        MOV     A,R1                    ;计算该挡步数
        MOV     B, # DATA               ;读入 ΔN
        MUL     AB
        MOV     R2,A                    ;存好该挡步数
        SJMP    L9                      ;转重新装载
L6:     MOV     R0, # 29H               ;处理降速段
        DEC     @R0                     ;降速段步数减 1
        CJNE    @R0, # 0FFH,L7
        INC     R0
        DEC     @R0
L7:     DJNZ    R2,L8                   ;判该挡走完否,否转
        DEC     R1                      ;走完降一挡
```

```
        MOV     A,R1              ;计算该挡步数
        MOV     B,#DATA
        MUL     AB
        MOV     R2,A              ;存好步数
L8:     MOV     A,29H             ;判降速段走完否
        ORL     A,2AH
        JNZ     L9                ;未完,转重新装载
        CLR     TR0               ;完成则停定时器,结束运行
        MOV     20H,#0FFH         ;状态计数器置结束标志
        SJMP    L10
L9:     MOV     DPTR,#8F00H       ;开始准备装载定时器
        MOV     A,R1              ;取速度字
        RL      A                 ;乘 2,因为每挡加载值为两个字节
        MOV     B,A
        MOVC    A,@A + DPTR       ;取低位字节
        CLR     TR0
        ADD     A,TL0             ;加载低位字节
        MOV     TL0,A
        MOV     A
        MOVC    A,@A + DPTR       ;加载高位字节
        ADDC    A,TH0
        MOV     TH0,A
        SETB    TR0
L10:    POP     SPW
        POP     B
        POP     A
        RETI
        ORG     8F00H
        DB      00H,0F8H,0D8H……   ;定时器装载值表:从第三个数据开
                                   始,写入与100脉冲/s、200脉冲/s直
                                   至与10 000脉冲/s相对应的TL0和
                                   TH0的数据
```

控制软件编制有很多方法和技巧,这需要大量的编程实践经验。本节只是给出简单示例。应注意:软件的效率和适用性是其主要指标。

习题与思考题

3.1　步进电动机与其他普通电动机比较，从运行原理和结构形式上有何区别。

3.2　步进电动机接到普通工频电源或直流电源上，能否运行，为什么？

3.3　步进电动机的驱动电源有何特点，有多少种驱动方式，试画出典型的两种功率驱动接口电路。

3.4　设计一台二相四拍运行的步进电动机的脉冲分配器和功率驱动器，并画出输出波形。

3.5　什么叫步进电动机的最佳点 - 位控制，如何实现。

第4章　无刷直流伺服电动机与控制系统

4.1 引　言

无刷伺服电动机正沿着机电一体化的方向发展。即，传统的电机与电力电子电路、微处理器及其控制软件集成为一个应用系统。电机本体与驱动电路、控制器结合成不可分割的整体，出现在产品销售市场上。机电一体化技术使各类电机的固有特性得以改善，出现了新的人工运行特性。在这种情况下，甚至使得我们无法说清楚一个具体的机电一体化产品究竟应该称之为什么类型的电机了。本章所述的无刷直流伺服电动机既可以看成是采用电子换向器的直流电动机，也可以看成是使用直流电源的带有逆变器供电的交流电动机。如果按伺服控制特性分类，则无刷直流伺服电动机具有普通有刷直流伺服电动机的控制特性，而采用矢量控制的感应电动机也有可能成为同类型的伺服电动机。由于定义的角度不同，因此，不同的书籍或论文中亦有不同的称呼。显然以下三种称呼使用最为广泛。

一种说法，它是由同步电动机、转子位置传感器和电子换向电路组成的，是一种自控频率同步电动机。另一种说法，强调其控制特性与有刷直流电动机的相似性，强调这类电机在其发展过程中，的确首先想到用电子换向线路来代替直流电动机的机械换向器这一事实，尽管后来的发展使它不仅在电机结构上而且在运行及控制原理上更接近同步电动机，但人们仍喜欢延用无刷直流伺服电动机这一容易理解的习惯性术语。第三种说法，强调其伺服控制特性，指明电机绕组电流的交流变化性质，使用具有更宽阔外延的概念，称之为交流伺服电动机。这种概念已经把诸如：矢量控制的感应电动机、频率控制的永磁同步电动机、闭环控制的步进电动机一概纳入瓶颈。

其实没有必要在称呼上多加争论，因为并不妨碍这类电机的应用和飞速发展。出于叙述方便和因循习惯，本章使用无刷直流伺服电动机这一术语。

无刷直流伺服电动机由电机本体、位置传感器、驱动电路三部分组成。电机本体的主要特点是，采用永磁转子，而定子结构则类似于交流感应电动机，采用三相或二相绕组。因此，电机本体几乎雷同于永磁同步电动机。位置传感器将决定这类电机的运行性能，也将决定这类电机的驱动电路的结构及其复杂程度。目前比较常用的是光电式位置传感器、霍尔元件位置传感器，这两种传感器分辨率低但成本也低；绝对位置光学码盘、旋转变压器则具有高分辨率特点。无刷电动机系统按其完成的功能不同可以分为速率伺服系统和位置伺服系统两大类。速率伺服系统中使用的无刷电机一般简称伺服电机，而位置伺服系统中使用的无刷电机则称为力矩电机。电机本体在设计上各有特点。前者一般取长细外形结构，气隙磁场采用近乎方波的准方波气隙磁场；后者一般取扁平外形结构，气隙磁场则采用正弦波。前者的驱动电路则采用方波电压或电流驱动；而后者的驱动电路采用正弦波电流驱动。力矩波动是它们的共同主要精度指标,而后者则更加强调减小和控制力矩波动。

磁性材料的进步为制造包括无刷电机在内的高性能永磁电机开辟了道路,目前采用铁氧体永磁材料的低成本电机,气隙磁密可达 4 000Gs 左右,而高性能电机采用钕铁硼永磁材料后,气隙磁密可高达 8 000Gs 左右。

无刷伺服电动机在重量和尺寸上都比有刷直流伺服机小,大约均可减小 70% 左右;而转动惯量约可减小(40 ~ 50)% 左右。

无刷伺服电动机的容量一般在 100kW 以下。100kW 以上则由于永磁材料使用过多、加工永磁困难等原因而不采用,此时,将使用矢量控制的感应电动机和同步电动机实现伺服控制。

微型无刷伺服电动机系统已经真正实现了机电一体化。功率无刷伺服电动机的驱动电路和传感器也在向模块化发展。新技术的不断发展、机电一体化的优化设计和生产制造,使无刷直流电动机系统具有更为优良的动态特性、更为低廉的制造成本,使其具有强大的生命力和竞争力。

4.2 无刷直流伺服电动机的运行原理和结构特点

4.2.1 "方波"运行原理与"正弦波"运行原理

无刷伺服电动机由电机本体、位置传感器、驱动电路三部分组成。电机本体的主要特点是,采用永磁转子,而定子结构则类似于交流感应电动机,采用三相或二相绕组。图 4.1 是一个无刷伺服系统示意图。

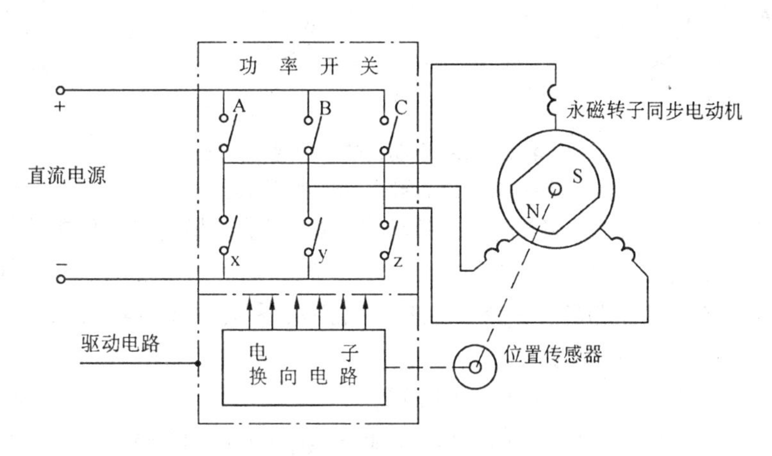

图 4.1 无刷电动机系统

它的运行原理简述如下。当转子处于图 4.2(a) 所示的位置时,功率开关 A、y 导通,定子磁势 F_a 和转子磁场 B_{r1} 的夹角为 120°(电角度),定子磁势与转子磁场互相作用产生电磁转矩。该转矩使转子向定子磁势轴线方向旋转。随着转子的转动,B_{r1} 与 F_a 之间的夹角逐渐减小,当转子磁场处于 B_{r2} 位置时,也即定子磁势与转子磁场夹角为 60°(电角度),绕组开始换流,由 A、y 导通变成 A、z 导通,定子磁势跳跃前进 60° 变成图 4.2(b) 中所示的位置，定子磁势 F_a 与转子磁场之间的夹角又变成 120°（电角度）。依次类推，由位置传感器提供转子位置信号，每隔六分之一电周期，功率开关切换一次，使电机电流所产生的定子磁势 F_a 跳跃 60°（电角度），进而使转子连续转起来。由于定子磁势呈步进运动，所以产生的电磁转矩将呈现波动。

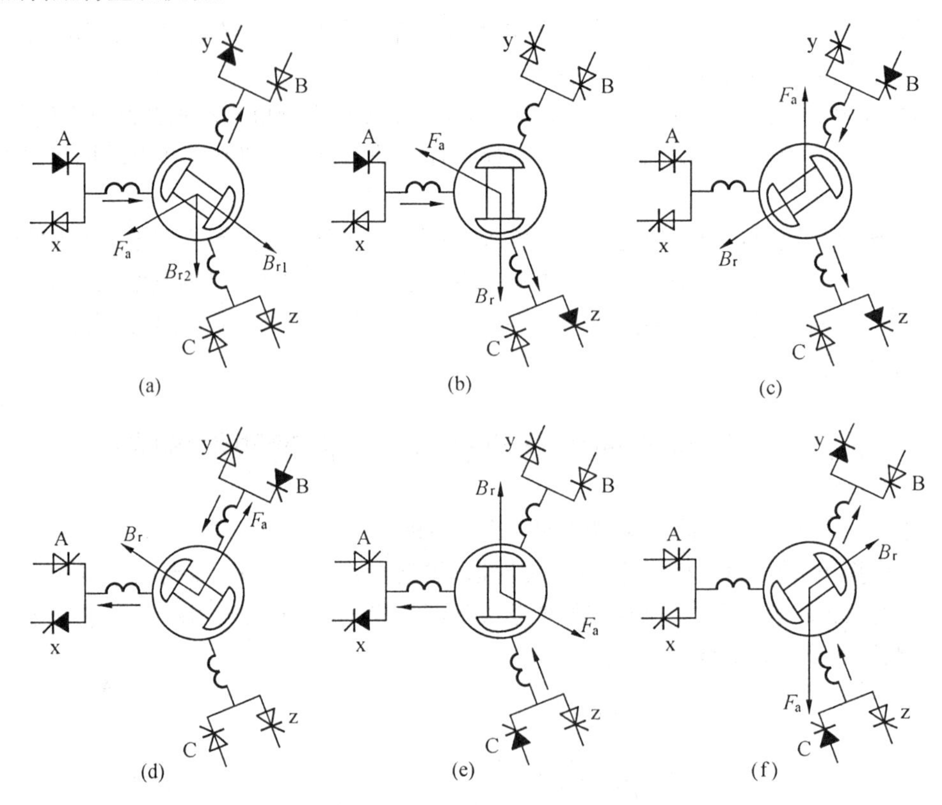

图 4.2　无刷电动机的六种通电情况

（图中实芯的晶闸管，表示其正导通）

设永磁转子产生正弦波气隙磁场，其幅值为 B_m，定子三相绕组为集中绕组，每相匝数为 W，线圈有效长度为 l，各绕组中所通电流为 $K(\theta)I$，定子半径为 R，设转子以角速度 Ω 旋转。若以 A 相绕组轴线与转子磁场轴线重合时为观察起点，则两轴线之间的夹角、三相绕组所产生的电磁转矩分别为

$$
\begin{aligned}
T_a &= RWlIK(\theta)B_m\sin\theta \\
T_b &= RWlIK(\theta-120°)B_m\sin(\theta-120°) \\
T_c &= RWlIK(\theta+120°)B_m\sin(\theta+120°)
\end{aligned}
\tag{4.1}
$$

式中 $K(\theta)$ 是电流换向函数，它是与转子位置有关的周期函数，即

$$
K(\theta)=\begin{cases}1 & (\text{绕组正向接通}) \quad 30° < \theta < 150° \\ -1 & (\text{绕组反向接通}) \quad 210° < \theta < 330° \\ 0 & (\text{绕组未被接通}) \quad \theta \notin (30° \sim 150°, 210° \sim 330°)\end{cases}
\tag{4.2}
$$

$K(\theta-120°)$ 是 $K(\theta)$ 的滞后 120° 换向函数〔$K(\theta+120°)$ 则是 $K(\theta)$ 的超前 120° 换向

函数〕,且

$$K(\theta - 120^\circ) = \begin{cases} 1 & 150^\circ < \theta < 270^\circ \\ -1 & 330^\circ < \theta < 450^\circ \\ 0 & \theta \notin (150^\circ \sim 270^\circ, 330^\circ \sim 450^\circ) \end{cases} \tag{4.3}$$

电流换向函数以转子位置 θ 为自变量,它可以通过逻辑电路或微型计算机来实现。电流换向函数的不同将导致不同的换向逻辑,从而影响电机的运行性能。上述的换向函数构成典型的三相六状态方波驱动逻辑,可采用图 4.1 所示的三相桥式功率开关驱动电路。显然,各绕组中的电流先正向导通 120° 电角度,再关断 60°,然后反向导通 120°,再关断 60°,A、B、C 三相绕组的换向逻辑互差 120° 电角度。各相的转矩曲线如图 4.3(a) 所示。三相合成转矩 $T_e = T_a + T_b + T_c$,绘于图 4.3(b) 中。在 $\theta = 30^\circ \sim 90^\circ$ 其间,A 相正向导通,B 相反向导通,合成转矩为

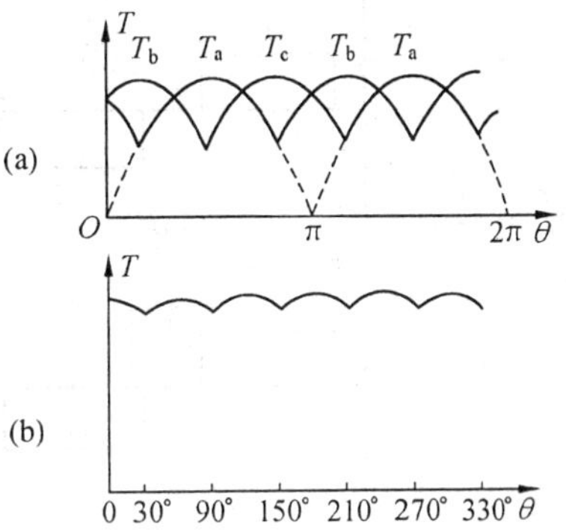

$$T_e = T_a + T_b = RWlIB_m[\sin\theta - \sin(\theta - 120^\circ)] = T_m\sin(\theta + 30^\circ) \tag{4-4}$$

图 4.3 (a) 各相的转矩波形 (b) 三相合成转矩波形

其中

$$T_m = \sqrt{3}RlWIB_m$$

显然,当 $\theta = 30^\circ, 90^\circ, \cdots, (k - \frac{1}{2})60^\circ$ 时,合成转矩有极小值($k = 1,2,3,\cdots$),即

$$T_{min} = \frac{\sqrt{3}}{2}T_m$$

当时 $\theta = 60^\circ, 120^\circ, \cdots, 60^\circ k$,合成转矩有极大值,即

$$T_{max} = T_m$$

转矩的单峰波动率为

$$A_T = \frac{T_{max} - T_{min}}{T_{max} + T_{min}}100\% = 7.2\% \tag{4.5}$$

由于定子磁势是脉动方波,转子磁场是正弦波,如图4.4(a),产生原理性力矩波动。欲改善力矩波动可循两条途径。一是采用“方波”原理,即经过设计加工,使永磁转子产生的磁场沿气隙按矩形波或梯形波分布,如图 4.4(a)、(d) 所示。在此情况下,按我们前面的定义有

$$\begin{aligned} T_e &= T_a + T_b + T_c = \\ &RWlIB_m[K^2(\theta) + K(\theta \pm 120^\circ)K(\theta - 120^\circ) + K(\theta \pm 120^\circ)K(\theta + 120^\circ)] = \\ &\pm 2RWlIB_m = \pm\frac{2}{\sqrt{3}}T_m \end{aligned} \tag{4.6}$$

式中的正负号决定转矩的方向,也决定电机的旋转方向。

式(4.6) 与转角无关,可见按方波原理可使电机的转矩波动为零。当然,这一结论是在理想情况下得到的,实际电机由于定子电流的换向过渡过程,以及难获得平顶宽大于

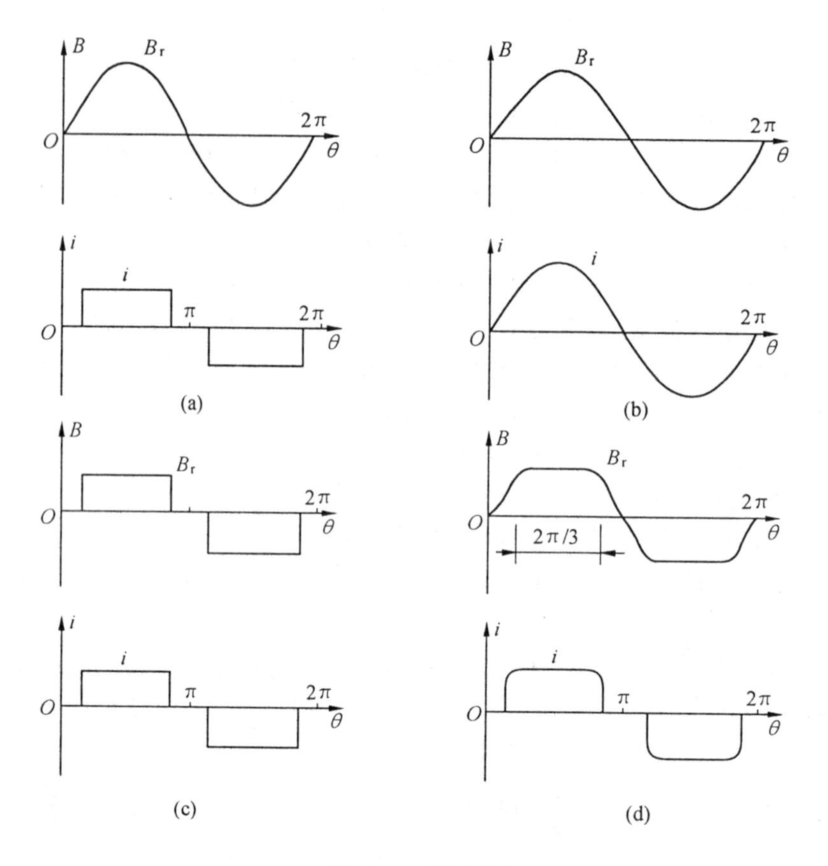

图 4.4　磁场波形

120°的梯形波。另一个重要的原因是采用方波磁场将不利于减小定位力矩，高速运行时电机附加损耗也有所增加。实际应用中，电机一般采用准方波磁场甚至采用近似正弦波的磁场，因此，这类电机的力矩波动一般在7%左右。特别是对于速率伺服电动机，力矩波动主要影响低转速稳定性，当电机高速运行时，由于转动惯量的飞轮稳速效应，力矩波动对转速稳定性影响变小。所以，速率伺服电动机大都采用方波电压或电流驱动，以便简化驱动电路，降低生产成本。

力矩伺服电动机则大多采用第二途径——"正弦波"原理，也即，经设计和加工，使永磁转子产生的磁场沿气隙按正弦波分布，如图4.4(b)所示，此时，电流换向函数 $K(\theta)$ 为正弦连续函数，即

$$\begin{cases} K(\theta) = \sin\theta \\ K(\theta \pm 120^\circ) = \sin(\theta \pm 120^\circ) \end{cases} \tag{4.7}$$

按此定义，三相合成转矩为

$$T_e = T_a + T_b + T_c =$$
$$RWlIB_m[\sin^2\theta + \sin(\theta \pm 120^\circ)\sin(\theta - 120^\circ) + \sin(\theta \pm 120^\circ)\sin(\theta + 120^\circ)] =$$
$$\pm \frac{3}{2} RWlIB_m = \pm \frac{\sqrt{3}}{2} T_m \tag{4.8}$$

可见按“正弦波”原理可使电机的转矩波动为零。当然，这也是理想情况。实际电机系统由于电机本体、位置传感器、驱动电路三者的综合影响，力矩波动是不可避免的，其值可以控制在 5% 左右。由于力矩电动机多用于低速直接驱动系统中，对力矩波动要求严格，所以这类电机一般采用正弦波电流驱动。这类电机系统无论是电机本体、位置传感器，还是驱动电路，都比“方波原理”电机系统复杂得多，因此生产成本比较高。

4.2.2 结构特点

(1) 无刷伺服电动机的结构示意图如图 4.5(a) 所示，这种长细结构，有利于减小电机惯量，因此，适用于速率伺服系统。它的永磁转子多采用径向磁路，如图 4.5(b)、(c) 所示。径向磁路的主要优点是可以减小电枢反应的影响。

图 4.5(b) 采用整体磁块，当使用低成本的铁氧体时，平均气隙磁密可达 4 000Gs 左右。而改用钕铁硼磁钢，则平均磁密可高达 7 000 ~ 8 000Gs。磁块削角是为了减小由于定子开槽引起的定位力矩。为了简化制造工艺，即使定子采用整数槽，只要削角合理，定位力矩仍可控制，且保持磁场有一定的平顶区域。图 4.5(c) 采用方形磁条，每极采用多条拼接，采用这种方案也有利于减小定位力矩，但总的磁条数应与定子槽数成奇数倍。采用这种方案永磁材料利用率较好，但加工工艺复杂。

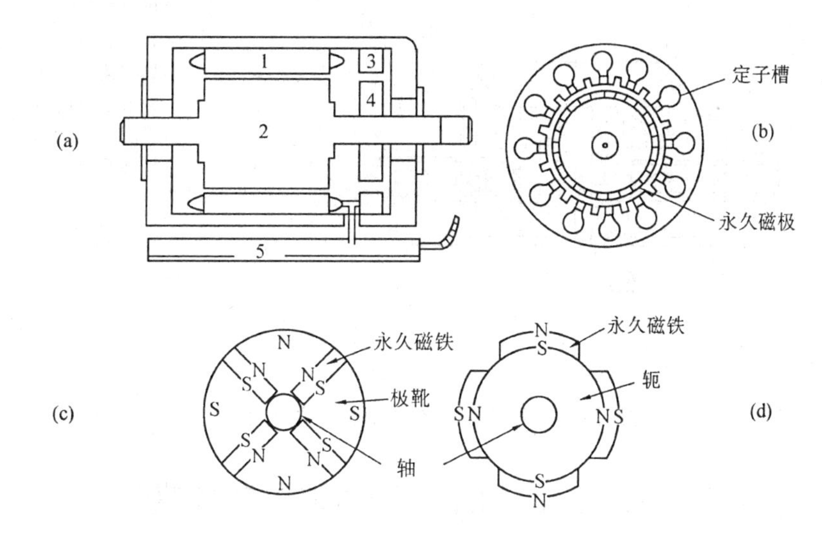

图 4.5 (a) 无刷伺服电动机结构示意图 (b) 定转子剖面图
(c)、(d) 永磁转子磁路图
1— 定子 2— 永磁转子 3— 传感器定子 4— 传感器转子 5— 驱动电路

(2) 无刷力矩电动机的结构示意图如图 4.6 所示。这种扁平结构，有利于提高电机的输出力矩，由于采用空心转子，所以转子惯量也不大。这类电机一般均采用切向磁路，极对数 p 很大，采用整体磁块，如图 4.5(b) 所示。磁块截面呈正弦形，以便产生正弦的气隙磁场。

(3) 微型无刷伺服电动机已经真正实现了机电一体化。图 4.7 是计算机硬盘驱动中的主轴驱动电机示意图。又如，软盘驱动器、盒式录音机、录像机磁鼓驱动器、镭射唱机，甚至高级电动玩具、仪器用无刷风机都实现了机电一体化，而且这类电机已经形成年产数千万台的批量，成为一项世界性的产业。

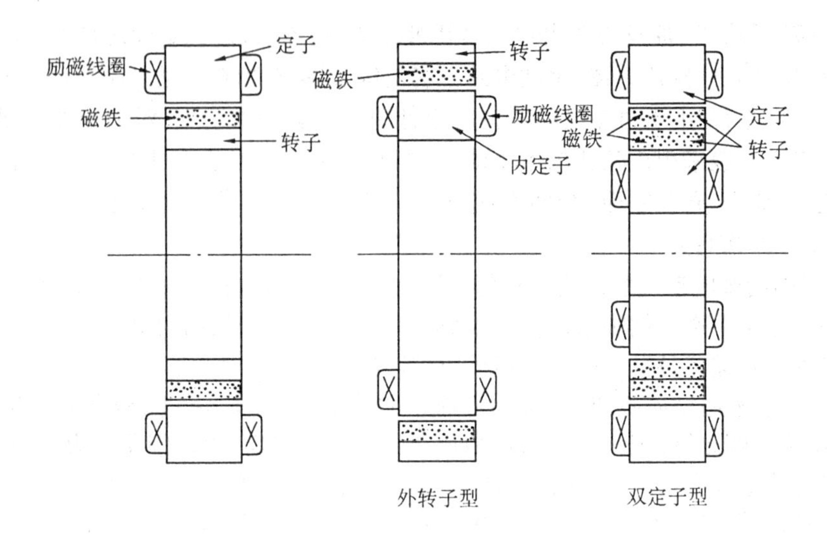

图 4.6　无刷力矩电动机结构示意图

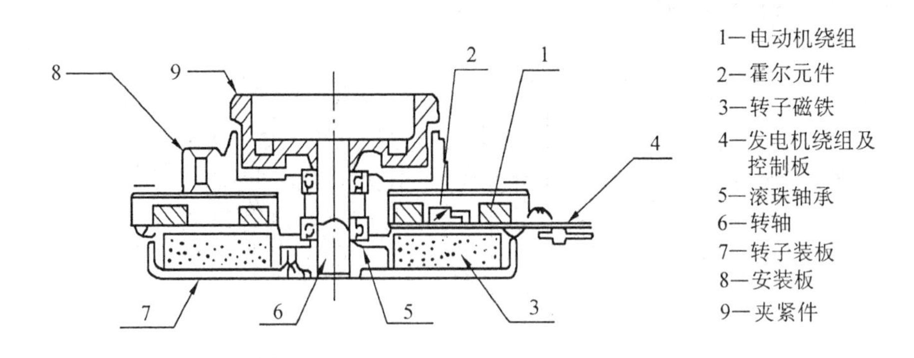

图 4.7　微型无刷伺服电动机结构示意图

4.3　无刷直流伺服电动机的位置传感器

无刷直流伺服电机的位置传感器(PS)种类繁多。早期大多采用接近开关式、电磁谐振式、高频耦合式等,它们检测精度低,结构也较复杂。随着新的检测元件不断涌现,又出现了各类磁电式、光电式和磁敏式位置传感器。

4.3.1　磁极位置传感器

如本章第二节所述,有两类无刷电动机,它们分别按"方波"原理和按"正弦波"原理运行。它们对位置传感器的基本要求也明显不同。在 4.2 节中,我们曾定义了换向函数 $K(\theta)$,而位置传感器正是为构造换向函数服务的。显然,"方波原理"方案使用脉冲换向函数,例如式(4.2)和式(4.3)的波形如图 4.8 所示。由于 $K(\theta)$、$K(\theta+120°)$、$K(\theta-120°)$ 是三个正交函数,所以在数学上应满足正交函数的性质。显然,$K(\theta)+K(\theta+120°)+K(\theta-120°)=0$,也即 $K(\theta)$、$K(\theta+120°)$、$K(\theta-120°)$ 中的任何一个都可以通过另外两个的简单运算得到。同时,可以看出它们在特定位置产生跃变,所以是特定位置的函数,因此使用的位置传感器也只需对转子的特定位置产生响应。而所谓特定位置,也即永磁转子的磁极位置。我们把这类位置传感器称为磁极位置传感器。

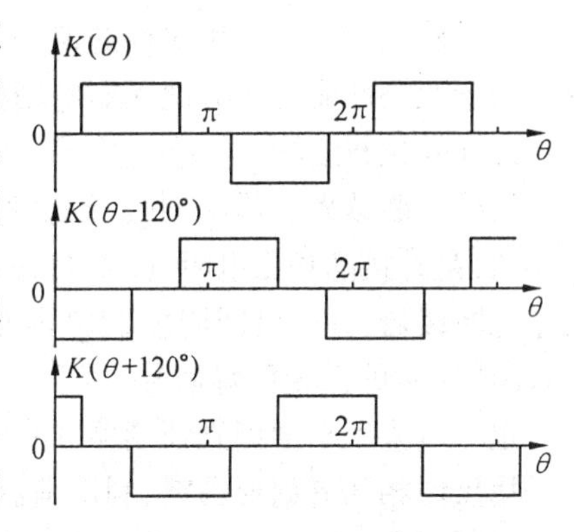

图 4.8　脉冲换向函数波形图

目前较常用的磁极位置传感器有霍尔传感器和红外光断续器两种。

1.霍尔传感器

霍尔传感器是利用半导体材料的霍尔效应构成的磁场敏感元件。霍尔元件的输出电压为

$$u_{H} = R_{H}\frac{IB}{\delta_{H}} \times 10^{-8} \tag{4.9}$$

式中　R_H—— 霍尔材料系数;

I—— 激磁电流;

δ_H—— 霍尔元件的厚度;

B—— 被测磁密。

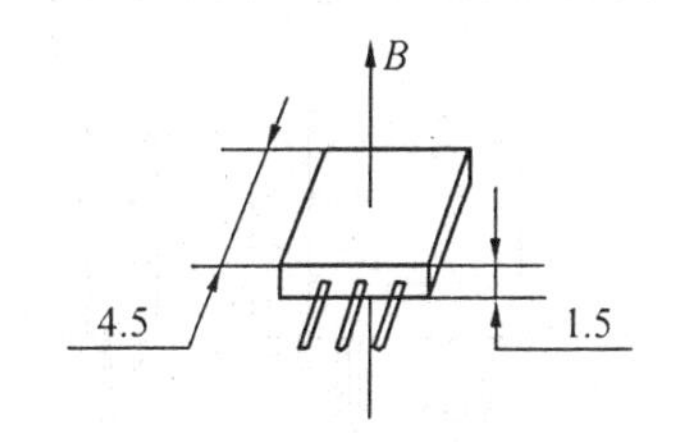

图 4.9　三端霍尔开关

由于激磁电流不能太大,输出信号很小,为了使用方便,已采用集成技术,将霍尔元件和附加电路封装成三端模块,如图 4.9 所示。

这种霍尔开关在对称磁场作用下,将产生不对称输出,如图 4.10(a) 所示。它适用于单极性驱动的方波无刷电动机。

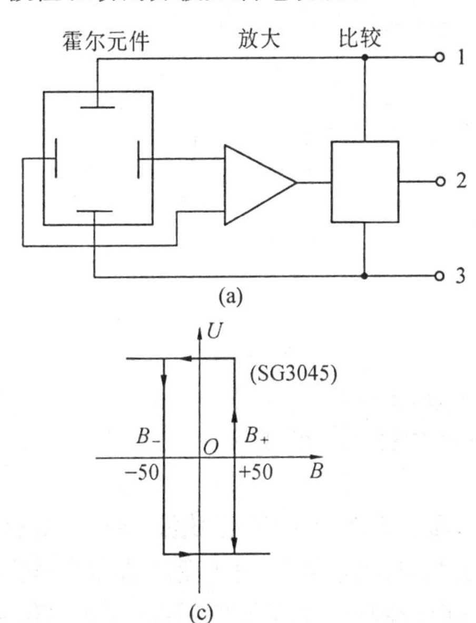

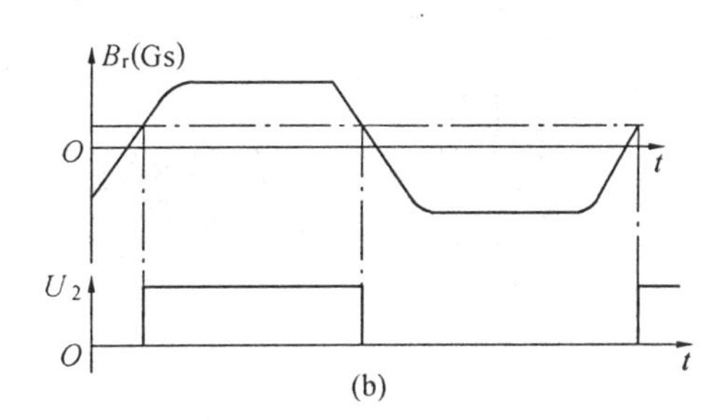

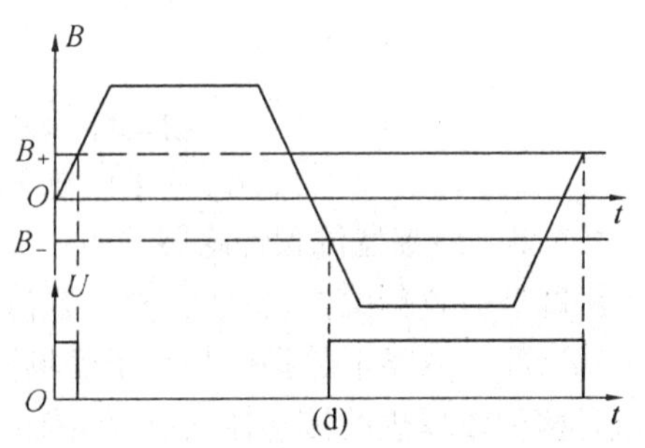

图 4.10　(a)、(b) 非锁零式霍尔开关特性

(c)、(d) 锁零式霍尔开关特性

为了获得与检测磁场对称的信号可采用如图 4.10(d)、(c) 所示的锁零式霍尔开关，它适用于双极性驱动的方波无刷电动机。

2. 红外光断续器

红外光断续器含有一对红外线发光二极管和受光管，并塑封成图 4.11 所示的外形。图中 R_c 是外接的输出电阻，图 4.11(c) 中示出极对数 p(以 $p = 2$ 为例) 的遮光片。当采用三个光断续器，并且沿圆周按 120° 电角度(机械角度为 $120°/p = 60°$) 布置，则可得到图 4.11(d) 所示的三相位置信号。

也可以采用平面型光断续器，即把红外发光二极管和受光管布置在同一平面上，遮光片采用黑白相间的扇形图案，利用黑白图形的反射强弱产生传感轴角位置的变化。这种反射式光断续器如图 4.11 中所示，并且已制造成三端或四端组件。由于反射式光断续器的输出信号的对称性与传感器及反射面的距离有关，对称性调整比较困难，所以它一般只作为非对称输出的位置传感器来使用。

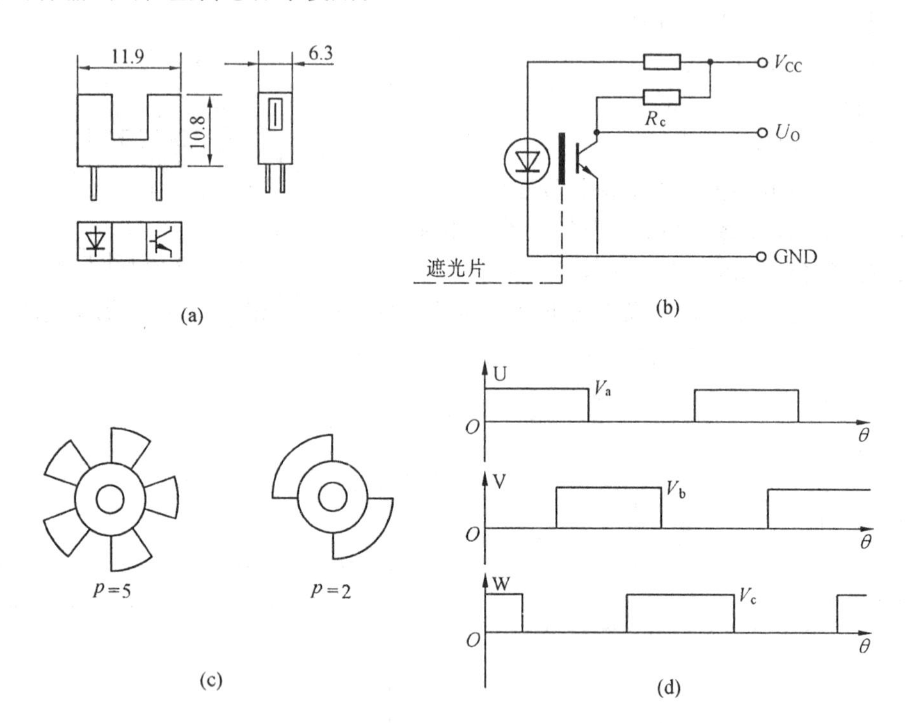

图 4.11 (a) 外形尺寸 (b) 原理图

(c)($p = 2.5$) 遮光片 (d) 三相位置信号波形图

4.3.2 跟踪型位置传感器

跟踪型位置传感器，也即实时位置传感器。前面已多次提到按“正弦波”原理，要求位置传感器配合变换电路提供与转子磁场同步的正弦波位置信号。旋转变压器和绝对光电码盘是两种较理想的传感器，这两种传感器均能够在接通电源后即刻传感转子绝对位置。在实际应用中，也有将增量光电码盘和磁极位置传感器相结合来等效绝对增量码盘的方案。这种方案必须在接通电源后，先利用磁极位置传感器进行“方波”驱动，以便找到磁极位置传感器跃变点，之后它才能进入正弦波位置信号传感。下面分别给予介绍。

1.旋转变压器

旋转变压器是一种微特电机，它由定子和转子组成。定子绕组采用空间正交的两相绕组，或采用空间互差 120° 电角度的三相绕组。它们的等效电路分别如图 4.12(a)、(b) 所示。旋转变压器的磁极对数一般取 $p = 1$，也可取 $p > 1$。若不作说明，所谓旋转变压器，应该理解成极对数 $p = 1$，定子为两相正交绕组；$p > 1$ 的称多极旋转变压器，定子为三相绕组，称三相旋转变压器或自整角变压器。

二相旋转变压器的输出电压为

$$\begin{cases} u_1 = u_m \sin p\theta \sin\omega t \\ u_2 = u_m \cos p\theta \sin\omega t \end{cases} \tag{4.10}$$

三相旋转变压器的输出电压为

$$\begin{cases} u_1 = u_m \sin p\theta \sin\omega t \\ u_2 = u_m \sin(p\theta - 120°) \sin\omega t \\ u_3 = u_m \sin(p\theta + 120°) \sin\omega t \end{cases} \tag{4.11}$$

式中　ω—— 转子激磁频率；

p—— 极对数；

u_R—— 转子激磁电压；

u_m——$u_m = u_R/K$；

K—— 变比。

这些都是常数。

为了实现无刷化，通常采用无刷旋转变压器。无刷旋转变压器比普通旋转变压器在结构上增加了一个耦合变压器，其结构如图 4.13 所示。它通过耦合变压器定子把激磁信号感应到耦合变压器的转子边，再向旋转变压器的转子绕组提供激磁信号。无刷伺服电机系统中使用的旋转变压器，激磁频率 ω 比较高，通常取 1 000Hz ~ 5 000Hz。无刷伺服电机系统的工作转速 Ω 越高，激磁频率 ω 就应取得越高。

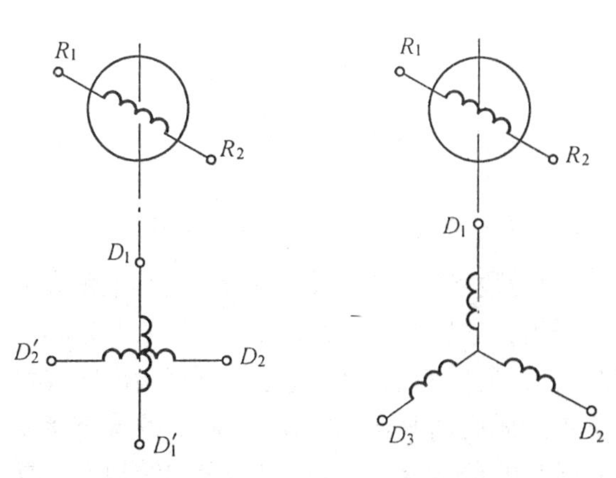

图 4.12　(a) 旋转变压器 (b) 三相旋转变压器

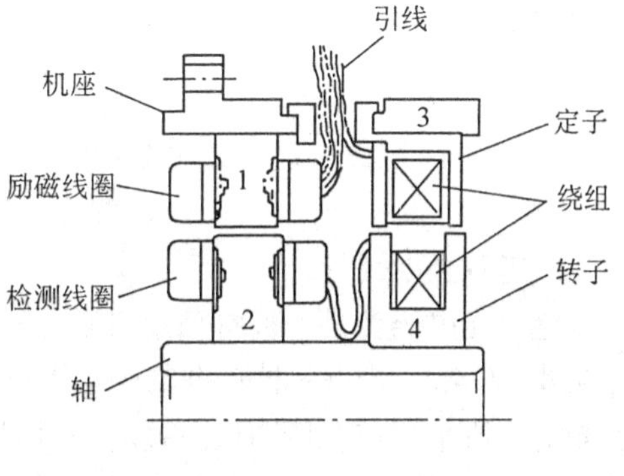

图 4.13　无刷旋转变压器示意图

1— 旋变定子 2— 旋变转子

3— 耦合变压器定子 4— 耦合变压器转子

设旋转变压器激磁频率与电机旋转频率之比为

$$Q = \Omega / \omega \tag{4.12}$$

当旋转变压器鉴幅测角时，Q 的大小将正比于谐波分量的幅值。图 4.14(a) 所示是旋转变压器一相输出信号，其中 Ω 是低频包络成分，ω 是激磁高频分量，数学表达为

$$u_1 = u_m \sin\theta \sin\omega t = u_m \sin\Omega t \sin\omega t \tag{4.13}$$

对 u_1 信号进行全波相敏检波后得到图 4.14(b) 所示波形，其数学表达式为

$$\begin{aligned} u'_1 &= u_m \sin\Omega t \mid \sin\omega t \mid = \\ & \frac{2}{\pi} u_m \sin\Omega t - \frac{4}{\pi} u_m \sum_{K=1}^{\infty} \frac{\cos 2K\omega t}{4K^2 - 1} \sin\Omega t \end{aligned} \tag{4.14}$$

其中，$\frac{2}{\pi} u_m \sin\Omega t = \frac{2}{\pi} u_m \sin\theta$ 就是所需要的正弦位置信号，即滤除式(4.14) 中谐波分量，可得图 4.14(c) 所示的正弦位置信号。谐波分量为

$$\begin{aligned} & \frac{4}{\pi} u_m \sum_{K=1}^{\infty} \frac{\cos 2K\omega t}{4K^2 - 1} \sin\Omega t = \\ & \frac{4}{\pi} u_m [\frac{1}{3}\cos\omega t + \frac{1}{7}\cos 4\omega t + \frac{1}{35}\cos\omega t + \frac{1}{63}\cos 8\omega t + \cdots] \sin\Omega t \end{aligned} \tag{4.15}$$

若只分析最低次谐波分量，并将 $q = \Omega / \omega$ 代入得

$$\begin{aligned} & \frac{4}{\pi} u_m \frac{1}{3} \cos 2\Omega t \sin\Omega t = \\ & \frac{2}{\pi} u_m \frac{1}{3} [\cos(2 - q)\omega t - \cos(2 + q)\omega t] \end{aligned} \tag{4.16}$$

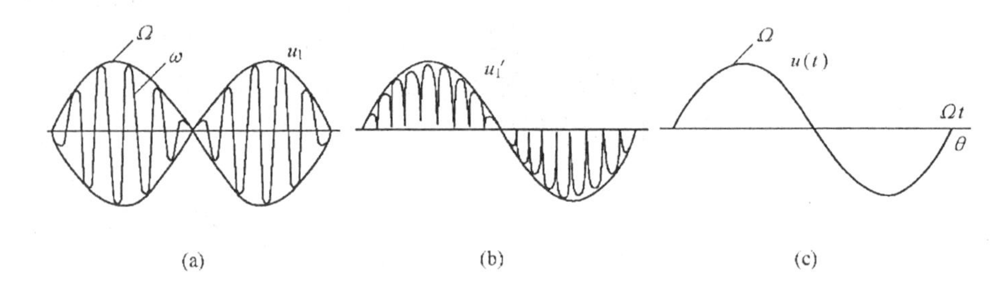

图 4.14 (a) 相输出信号 (b) 全波相敏检波 (c) 正弦位置信号

2.绝对光电码盘

绝对光电码盘是一种将轴角量 0° ~ 360° 变为数字量的一种装置，所以也称轴角数字变换器。图 4.15 给出一种二进制码盘图形(4 码道)，它以此图形来表示数码，以透光和不透光的区段来构成几何图形。另外，还可以制成正(余) 弦码盘图形，它能直接给出转换角的正、余弦函数值，所以此种码盘最适用于正弦波无刷伺服电动机使用。码盘的分辨能力取决于码盘图形的编码道数，编码道数越多，码盘的分辨能力越高，但码盘的结构也越复杂，且体积增大。

编码器的精度一般用分辨率

$$K_n = 360°/N = 360°/2^n \tag{4.17}$$

来表示，其中，N 是每一转（0 ~ 360° 机械角）低位码道的分段数，而且 $N = 2^n$，n 是输出数字的位数（即编码道数）。码盘的最大数字量化误差是 ± 360/N，即等于最小增量的。如果码盘制造得非常精确，它的总编码精度就等于数字量化误差。但由于编码器的机械尺寸总是有误差的，如轴的偏心、图形畸变等总会存在，因此一般可取误差为 $\pm\frac{1}{2}$ 的最低增量。绝对光电编码的图形复杂，分辨率不可能做得太高（与增量编码器相比）。若要提高分辨率，只能增大半径，或采用多片码盘串联，这样又增加了轴向尺寸，而且造价比较高，所以绝对增量码盘一般只在高精度位置伺服系统中使用。读者通过这一节介绍还体会到，磁极位置传感器从其结构和工作原理看，实际上乃是一种最低分辨率的绝对位置编码器。

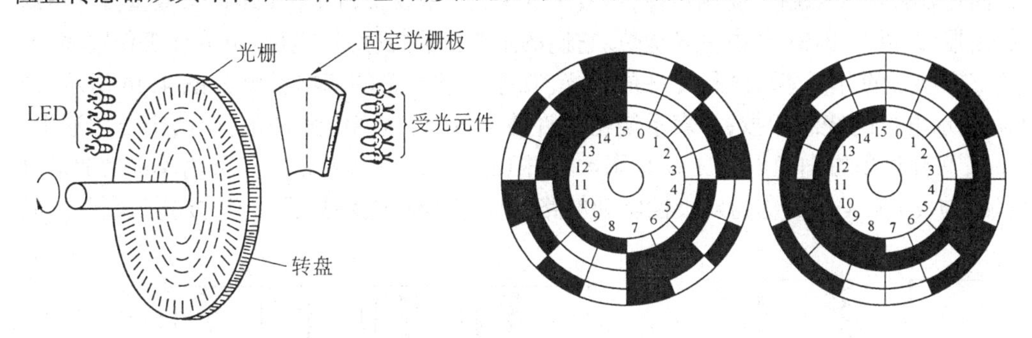

图 4.15　二进制码盘示意图（4 码道）

3. 增量式光电编码器

增量式光电编码器与绝对光电编码器相比较，结构大为简化，它只需要一个码道和一种均匀刻线图案。当转轴匀速度旋转时，编码器输出均匀的连续脉冲，所以，它实际是一个旋转脉冲发生器，转子或转轴的空间绝对位置为

$$\theta_n = \theta_0 + K_\theta X \tag{4.18}$$

式中　θ_n—— 转子绝对位置（机械角度）；

θ_0—— 转子在 $\Omega = 0$ 时的初始位置（机械角度）；

X—— 脉冲数；

$K_\theta = 360°/N$，为脉冲当量或称分辨率，其中 N 为每一转的脉冲数。

由式（4.18）看出增量式光电编码器有两个弱点：一是转角数字量是增量积累的，因此，存在积累误差；二是必须单独考虑转轴在速率为零（$\Omega = 0$）时的初始位置，才能确定转轴的绝对位置。

增量编码器的最大优点是结构简单，体积较小，生产成本低。

4. 混合编码器

单独使用增量码盘不能完全确定转轴空间位置，除非每次起动运行前进入绝对位置。这种运行方式在早期的机器人控制系统中有实际应用，对于需要任意零位的伺服系统则不能直接使用。

把一个低分辨率的绝对编码器与一个高分辨率的增量编码器结合起来代替一个高精

度的绝对编码器，即组成混合编码器。这种编码器有很高的产品意义。它在高精度的速率伺服系统中得到广泛的应用。

这种混合编码器的基本工作原理是，利用绝对编码器产生高位码，再用增量编码器产生低位码。

4.4 无刷直流伺服电动机的功率驱动电路

4.4.1 功率驱动电路的基本类型

无刷直流伺服电动机的容量一般在100kW以下。按目前功率器件的水平，这个容量段的商品化器件应该采用全控制器件，即GTO、GTR、功率MOSFET和IGBT。全控型器件也即自关断器件，并且IGBT已占主导地位。它们的主要性能指标是：电压、电流和工作频率。通过这三项参数的分析即可进行元件的选择。功率驱动电路的基本类型如图4.16所示。图中m表示电机的绕组相数；A表示绕组允许通电方向，当绕组允许正、反两个方向通电，$A=2$，只允许单方向通电时$A=1$。图4.16中(a)与(b)所示为$A=1$，称为单极性驱动电路；(c)与(d)为$A=2$，称为双极性驱动电路。单极性驱动电路只适用于"方波"运行原理，

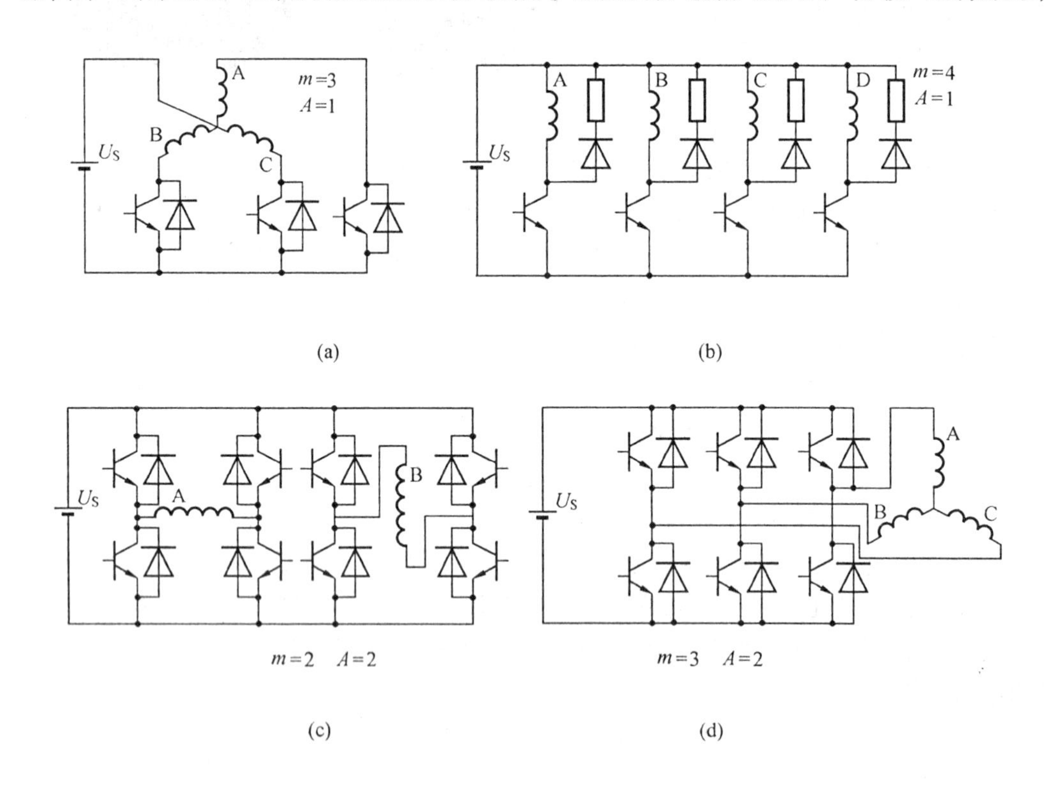

图4.16 功率驱动电路

双极性驱动电路则"方波"、"正弦波"两者兼容。图4.16(c)是双H桥结构，它使用的晶体管较多，但是它和有刷直流电动机驱动电路相当类似。图4.16中(a)、(b)、(c)三种绕组形式和驱动方式经常在微型无刷伺服电动机中使用。由于微型无刷伺服电动机使用较低直

流电压(几十伏左右),更由于无刷电动机采用径向磁路,绕组电感比有刷电动机小得多,所以(a)、(b)、(c) 三种驱动电路允许不加续流二极管。当电机工作电压较高,工作电流较大,则应附加如图4.16(c) 和(d) 所示的续流二极管,此时驱动容量可高达 100kW。功率无刷伺服电动机采用图 4.16(d) 所示的三相桥结构。

图 4.16 中的功率器件是以 GTR 为例绘制的。这主要是为了避免重复,读者应该理解允许采用其他全控型功率器件,例如 IGBT。

最后指出的是,图 4.16(a) ~ (d) 所示的各类驱动电路均已有集成的功率模块,为了提高产品的可靠性,建议使用功率模块。

4.4.2 功率驱动电路的功率器件选择

图 4.17(a) 给出的是器件的输出功率与工作频率的关系曲线,图(b) 给出的是器件电压与电流等级的关系曲线。

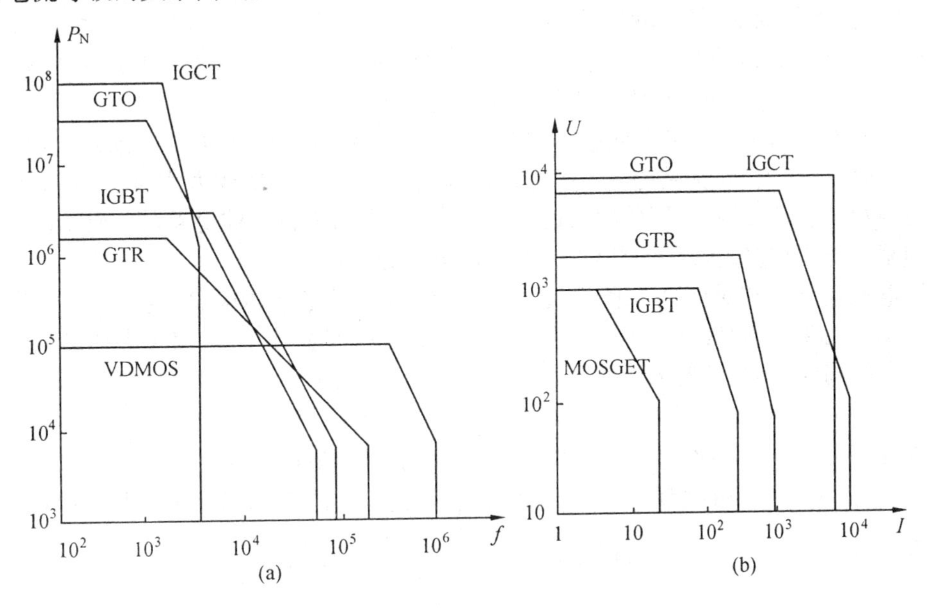

图 4.17 (a) 功率元件的 $P_N = f(f)$ (b) 功率元件的 $U = f(I)$

从功率容量看,GTR 介于 GTO 和功率 MOSFET 之间,GTR 的控制比 GTO 更方便,如GTR的工作频率较高,因而凡是能用GTR解决功率容量问题的场合尽量避免使用GTO。但是 GTR 的工作频率在大功率情况下只有 2kHz 左右,这对正弦电流型驱动器还显不足。

由于功率 MOSFET工作频率很高,容量有限,所以特别适用于 10kW 以下的电机驱动。它允许电路开关频率高,当开关频率达到 16kHz 以上,就能实现无开关噪声的所谓净化开关型功率驱动。又由于开关频率的提高有利于减小正弦波脉宽调制 SPWM 的函数误差,有利用减小力矩波动,所以 MOSFET 在 10kW 以下的驱动电路倍受青睐。

IGBT 的功率容量介于 GTR 与 MOSFET 之间,它的应用范围正在不断扩展。

从电压、电流等级看,GTR 与 MOSFET 的耐压提高已经很困难。IGBT 的电压和电流均有可能达到 GTR 水平,它避免了电流控制的缺点,可用电压信号进行驱动控制,使用起来更为方便。2000 年出现的 IGCT 已经根本改变了大功率驱动的面貌,预示着一场新的电力电子革命的到来。

对于微型无刷电机可采用功率集成电路(PIC)。所谓功率集成电路是指功率器件与驱动电路、控制电路以及保护电路集成,它是包含着至少一个功率器件和一个独立功能电路的单片集成电路,例如LM298等。PIC与功率器件模块有根本区别。目前PIC主要着眼于中上功率的应用,工作电压和工作电流分别在50 ~ 100V和1 ~ 100A,实际传送功率可达几千瓦。

4.5 无刷速率电动机控制系统

无刷直流伺服电动机可分为:无刷速率电动机和无刷力矩电动机两大类。本节首先将对无刷速率电动机的控制系统进行介绍。

4.5.1 脉冲电流换向函数

按4.3节图4.16所示,无刷速率电动机可采用 $m = 3, A = 1; m = 4, A = 1; m = 2, A = 2; m = 3, A = 2$ 四种绕组结构型式和驱动方式。

本章开始提出了电流换向函数 $K(\theta)$ 的概念,电流换向函数 $K(\theta)$ 与给定绕组、驱动方式相配合,即构成了电机控制系统。也即根据给定绕组结构、驱动方式,我们可以进行电流换向函数的设计、磁极位置传感器的选择和布置,进而进行具体电路的设计。由于绕组型式和驱动方式较多,所以下面给出一般性的分析方法。

设电动机有 m 相对称分布绕组,永磁转子具有 p 对永磁体磁极。当电动机永磁转子以角速度 $\omega = p\Omega$ 转动时,电动机定子的第 k 个相绕组中的感应电势(仅考虑切割电势)是时间变量的周期函数,可表示为

$$e_k = e[\omega t + \phi(k - 1)] \tag{4.19}$$

其中,$k = 1,2,3,\cdots,m$;ϕ 为相邻相绕组轴线间夹角(电角度)。

ϕ 的大小取决于相绕组的分布。m 个相绕组在空间的分布一般可取两种对称形式,按 2π 对称分布时,$\phi = \dfrac{2\pi}{m}$;按 π 对称分布时,$\phi = \dfrac{\pi}{m}$。统一表示为

$$\phi = \frac{2\pi}{Am} \tag{4.20}$$

按此分类,图4.16中的(a) ~ (b)四种电机电路的绕组分类将和图4.18中的(a) ~ (d)相对应。

根据机电能量转换原理,若要实现电动机运行,必须满足输入的电磁能量大于零,即

$$P_e = \frac{1}{2\pi}\int_0^{2\pi} i_k e_k \mathrm{d}\omega t > 0 \tag{4.21}$$

式中 i_k 为第 k 个相绕组的电流。

由于 e_k 是周期函数,故 i_k 应具有与 e_k 相同的周期(或频率)才能使式(4.21)持久地大于零。参照式(4.1),通过一些简单的变换可以得到与电磁转矩有关的表达式

$$\Omega T_e = P_m = \frac{1}{2\pi}\int_0^{2\pi} \sum_{k=1}^{m} RWli_k B_k[\omega t + \phi(k - 1)]\mathrm{d}\omega t$$

式中 B_k——第 k 相绕组的切割电势;

i_k——$i_k = K_k(\theta) I$。

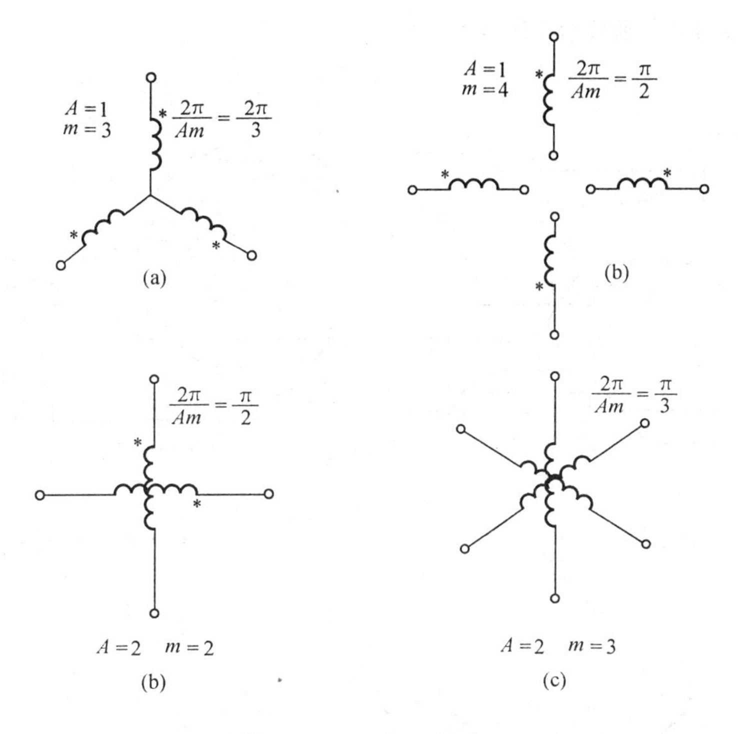

图 4.18 绕组类型

考虑到式(4.21)得到的结论：i_k 应具有与 B_k 相同的周期，所以电流换向函数也应与 B_k 具有相同的周期。为了减小瞬间力矩波动，更希望积分式中的瞬时力矩与时间无关。基于“方波”原理，则要求 B_k 具有 $\phi = \frac{2\pi}{Am}$ 平顶区，同时要求电流换向函数恰好能够控制第 k 个绕组在 B_k 平顶区给予通电。在此理想情况，电机系统将不产生力矩波动，这就是“方波”原理。按这一原则可求出电流换向函数为：

对于单极性驱动系统($A = 1$)，电流换向函数

$$K_1(\theta) = \begin{cases} 1 & \theta_c < \theta < \theta_c + \theta_{on} \\ 0 & \end{cases}$$

其余

$$K_k(\theta) = K[\theta \pm \phi(k-1)]$$

式中 θ_c——控制角，$\theta_c = (\pi - \theta_{on})/2$；

θ_{on}——导通角，$\theta_{on} = N\frac{2\pi}{Am} < \pi$($N$ 是同时导通的相数，$N = 1,2,\cdots,m-1$)。

对于双极性驱动系统($A = 2$)，电流换向函数

$$K_1(\theta) = \begin{cases} 1 & \theta_c < \theta < \theta_c < \theta_{on} \\ -1 & \pi + \theta_c < \theta < \pi + \theta_c + \theta_{on} \\ 0 & 其余 \end{cases}$$

$$K_k(\theta) = K[\theta \pm \phi(k-1)]$$

式中 $\theta_{on} = N\frac{2\pi}{2m} < \pi$；$\theta_c = (\pi - \theta_{on})/2$。

几种典型的换向函数示于图 4.19 中。

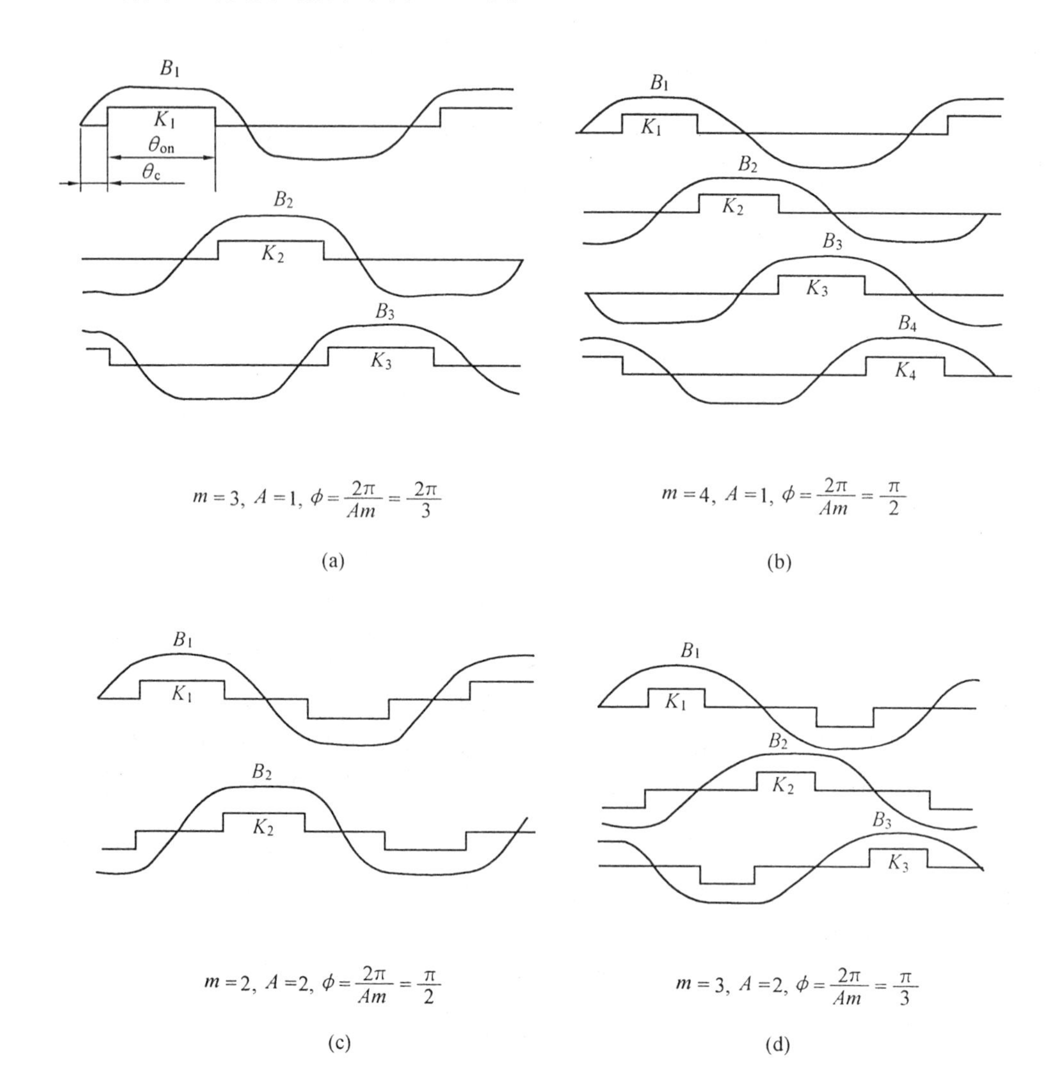

图 4.19 （$n=1$）典型的换向函数波形

从图 4.19 可看出，这四种驱动方式在任何时刻只有一相绕组通电（$N=1$），绕组利用不够充分。作为特例，图 4.19(d) 可以取二相同时导通的换向函数（$N=2$），因为，此时相应的换向函数如图 4.20 所示。

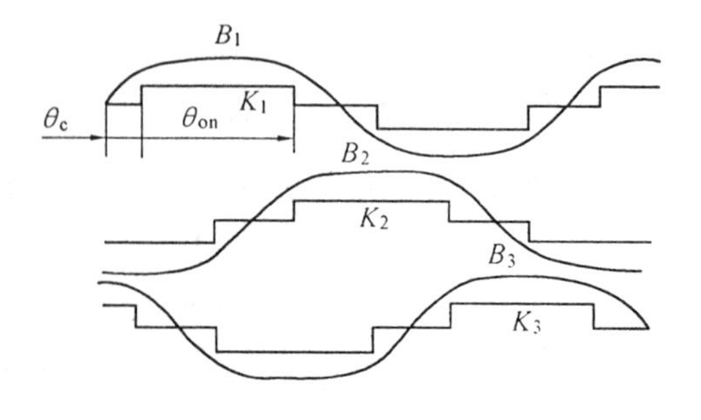

图 4.20　换向函数（$N=2$）

4.5.2　脉冲电流换向函数的电路形成

1. 传感器的数量、布置和要求

由于电流换向函数在 2π 电角度内的换向次数为 $2\pi/\phi = Am$，所以一般来说：(1) 为了得到前面所述的电流换向函数，需要 m 个独立布置的磁极位置传感器，而由于 m 个传感器独立布置在圆周上，所以每个传感器在转轴变化 2π 电角度范围内能产生 $2m$ 个特定位置信息；(2) 单极性驱动($A = 1$)，$Am/2m = \dfrac{1}{2}$，有$\dfrac{1}{2}$ 允余信息，所以它可以采用非对称输出的位置传感器，以便降低成本；(3) 双极性驱动($A = 2$)，$\dfrac{Am}{2m} = 1$，没有允余信息，所以它要求对称输出的位置传感器；(4) m 个传感器在空间以夹角 $\phi = \dfrac{2\pi}{Am}/p$ 分布，第 k 个传感器与第 k 相绕组轴线之间的夹角为 $(\pi/2 - \theta_c)/p$，也即由换向函数表达式中的控制角来确定。

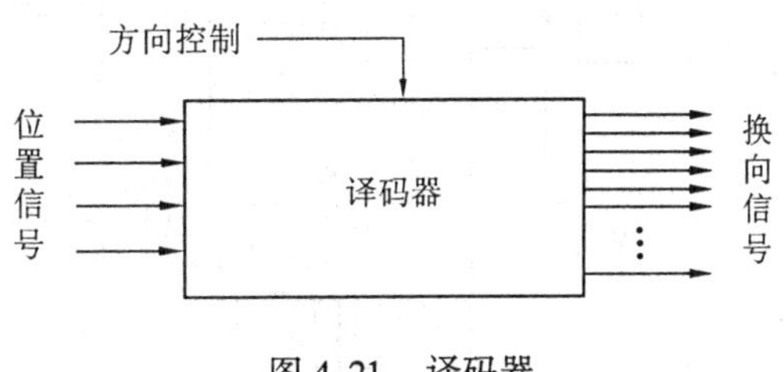

图 4.21　译码器

2. 换向控制电路

按上面提出的四条原则就可以设计符合实际电机(由 m、ϕ 决定的电机)要求的换向控制电路。对于不可逆伺服控制电机，换向控制电路比较简单，可用门电路(或门阵列)组合逻辑来实现。当需要对电机正、反向伺服控制时，换向控制电路就比较复杂，此时可采用更一般的方法，即利用图 4.21 所示的译码电路。下面分别举例说明。

(1) 不可逆的换向控制

当电机以单一旋转方向运动时，采用不可逆的换向控制。这种换向控制比较简单。以三相、单极性控制为例($m = 3, A = 1$)，三相绕组轴线之间的夹角为 $\phi = \dfrac{2\pi}{Am} = \dfrac{2\pi}{3}$。采用非对称位置传感器，$m = 3$ 个传感器，传感器输出信号如图 4.22 所示。图中，U、V、W 是三相位置信号，U′、V′、W′ 分别是 U、V、W 的逻辑组合信号。其中 $U' = U \cdot \overline{V}$；$V' = V \cdot \overline{W}$，$W' =$

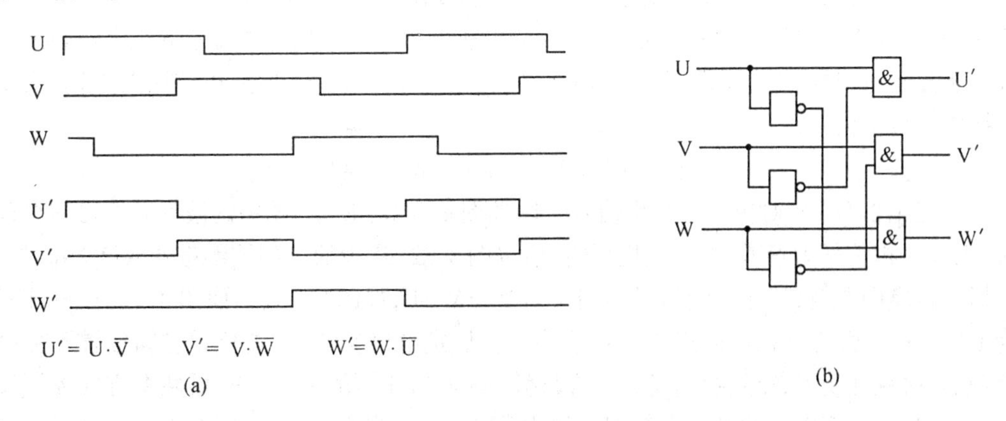

图 4.22　(a) 传感器输出及逻辑波形

(b) 逻辑组合电路

$W \cdot \overline{U}$,并且将图 4.22(a) 与图 4.19(a) 比较,显然 U′、V′、W′ 与所要求的电流换向函数相同。不难看出,单极性控制对位置传感器的对称性没有要求,电路实现也十分简单。由于单旋转方向无刷电动机电路结构简单,在此先给出一张可供实用的电路原理图,如图 4.23 所示。请读者自行分析其工作原理。图中所示的无刷电动机的转速控制可以简单地通过改变电源电压 U_S 的大小来实现,并且具有线性的调节特性。

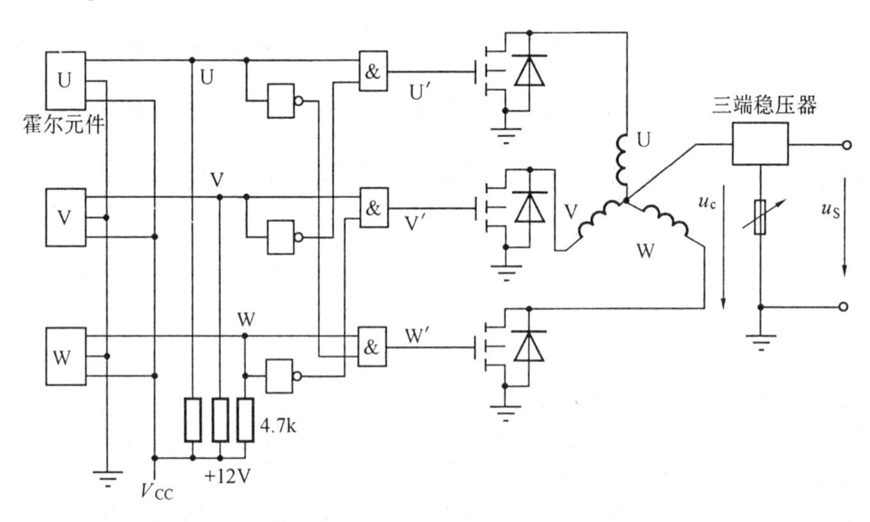

图 4.23　不可逆无刷伺服电动机

(2) 可逆换向控制

当电动机需要正、反向旋转时,采用可逆换向控制。可逆换向控制也称正、反转换向控制。

无刷电动机的正、反转换向控制与步进电动机的正反转换向控制在本质上是相同的。对于步进电动机只需改变分配输出脉冲的相序,即可实现电机的反转(这部分内容见第 3 章)。但是,对于无刷电动机不能简单地通过改变组合逻辑电路输出信号的相序来实现电机的反转控制,而应该同时通过改变三个位置传感器在空间分布的相序才能实现电机的反转控制。这样对实际应用极不方便。实际的电机电路大都采用与之等效的组合逻辑来实现反转控制。这种组合逻辑称为反转换向逻辑。若把图 4.22(b) 称为正转换向逻辑,则反转换向逻辑即为

$$U'' = \overline{U}V \quad V'' = \overline{V}W \quad W'' = \overline{W}U$$

与图 4.22(b) 相对应的各输出信号时序如图 4.24(a) 所示。图中的波形时序可这样理解,仍以 U 相信号为参考,由于电机反转,所以图 4.22(a) 中的 V 相波形将变成 W 相波形。根据反转换向逻辑,三相位置信号的相序为 W→V→U,如图4.24(a),而图 4.22(a) 的相序为 U→V→W。由于反相序的三相位置信号是在假定电机反转、位置传感空间位置不变时得到的,这就证明了,反转换向逻辑的准确性。图 4.24(b) 给出了可正、反两个方向控制换向的实用电路。图中使用了三个双刀双接点模拟开关,当方向信号为“1”时,上位开关接通,此时可等效为图 4.22(b);当方向信号为“0”时,下位开关接通,此时可等效为图 4.24(a) 的换向逻辑。

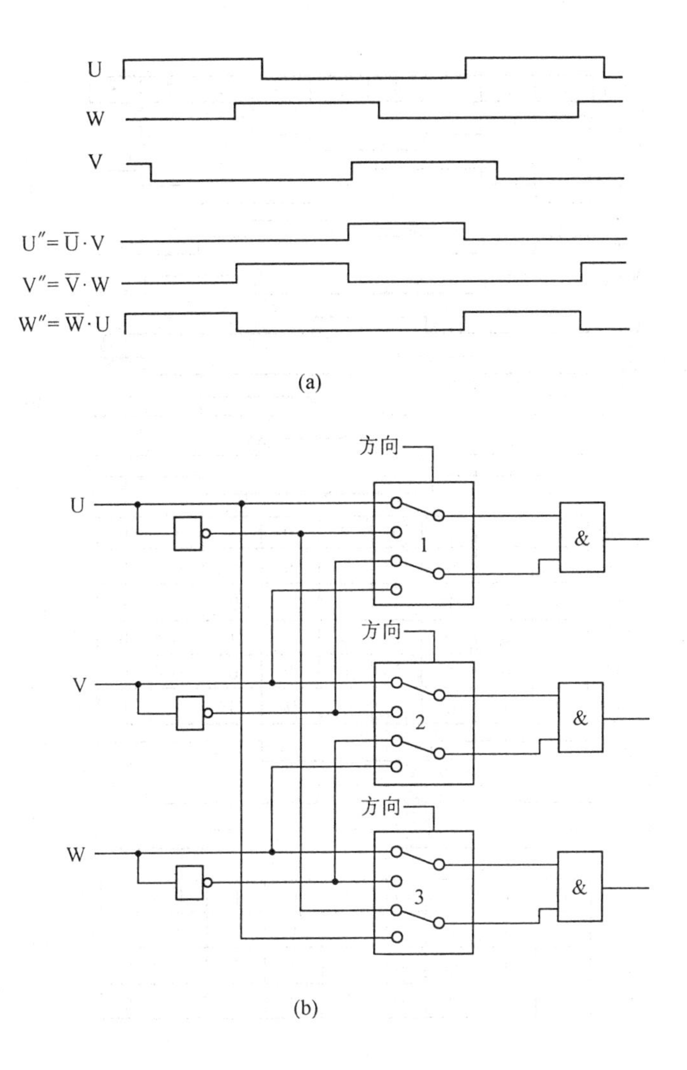

图 4.24　(a) 反转换向控制波形图

(b) 可逆换向控制逻辑组合电路

从上面的分析和实例，我们可以体会到无刷电机正、反转控制的实质，也即，在电机反转情况下要通过反相序的位置信号来进行逻辑变换，得到反相序的换向控制信号。正因为中间的逻辑变换是非线性环节，所以在正、反转情况下换向逻辑是不能通用的。

(3) 典型可逆换向控制电路

上面的电路没有典型性。可逆换向控制逻辑比较复杂，此时最好用专门的译码电路来实现，而使用 EPROM 来实现译码则具有很好的通用性。这里译码电路的输入就是位置信号和方向控制信号，它们连接到 EPROM 的地址输入端。译码电路的输出，也即 EPROM 的数据输出端给出换向信号。这样一个换向控制电路设计，实际上变成了对 EPROM 的编程。所以这样做硬件反而得到了简化。整个编程设计可以根据已知的输出信号和已知的输入信号进行设计。以三相电机为例，设计的具体过程简述如下：

首先从所要求的换向函数(如图 4.25(a)) 绘出所要求的六个换向控制信号 U_+、U_-、

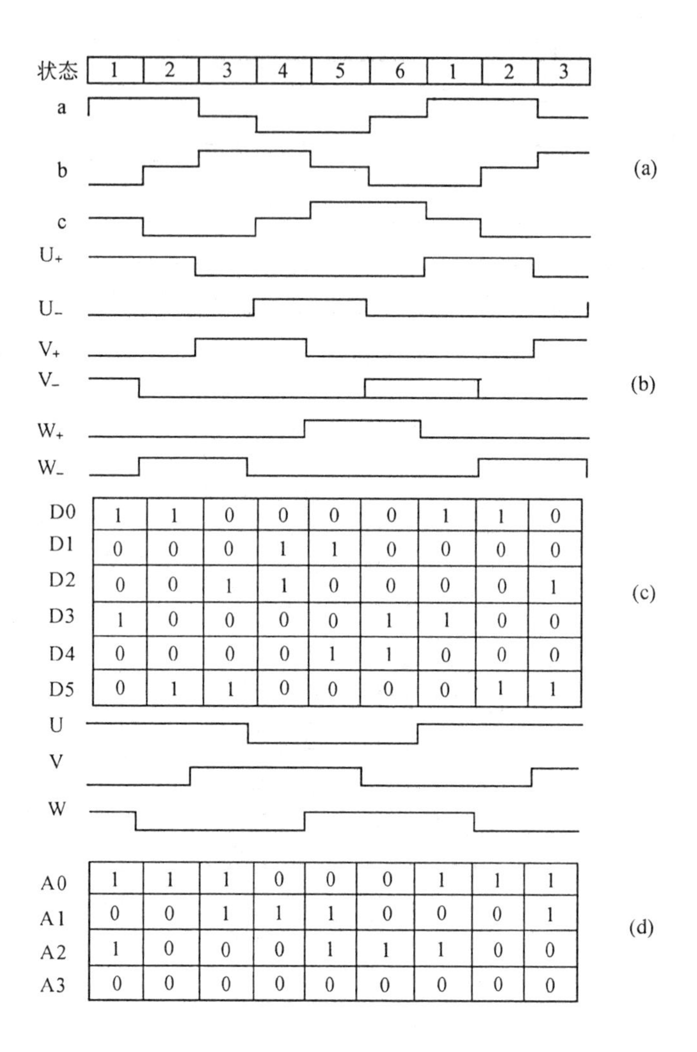

D0	1	1	0	0	0	0	1	1	0
D1	0	0	0	1	1	0	0	0	0
D2	0	0	1	1	0	0	0	0	1
D3	1	0	0	0	0	1	1	0	0
D4	0	0	0	0	1	1	0	0	0
D5	0	1	1	0	0	0	0	1	1

A0	1	1	1	0	0	0	1	1	1
A1	0	0	1	1	1	0	0	0	1
A2	1	0	0	0	1	1	1	0	0
A3	0	0	0	0	0	0	0	0	0

图 4.25　(a) 电流换向函数信号 (b)GTR 基极信号
(c) 译码器输出状态 (d) 译码器输入状态

V_+、V_-、W_+、W_-;如图 4.25(b) 每一个信号对应 EPROM 的一位数据输出(状态),例如 D0 ~ D5。由于换向函数每个周期取 6 种状态,这样就可以写出 D0 ~ D5 各位的 6 种状态。同理,采用对称位置传感器,其输出信号 U、V、W 分别接至 EPROM 的地址端 A0 ~ A2,并且很容易写出 A0 ~ A2 的输入状态。这样在地址 A0 ~ A2(101) 单元中写入数据 D_i = 00001001,在 A0 ~ A2(001) 单元中写入 D1 = 00100001,…,在 A0 ~ A2(100) 中写入 D_i = 00011000,其余地址一概清零,就完成了编程设计。

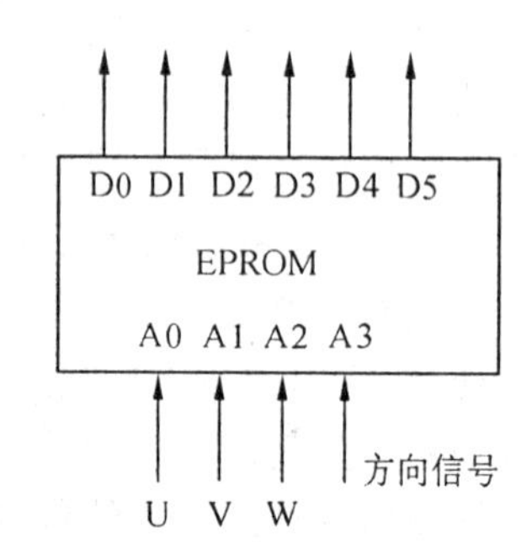

图 4.26　EPROM 可逆控制换向电路

方向控制可再占用一个地址,例如 A3。可设当 A3 = 0,

如图4.25为正转换向逻辑。当A3 = 1时，可再按上述方法进行编程和设计，其结果必然是相当于D0与D1、D_2与D3、D4与D5的状态互相替换。请读者自行推导和设计。硬件电路如图4.26所示。

4.5.3 无刷伺服电动机的静态调速特性

为分析简便起见，设：(1) 磁密按正弦分布；(2) 转速在一周内均匀；(3) 电枢绕组的电感略去不计；(4) 电枢反应略去不计；(5) 铁损不计。电机第 k 相绕组的电势为

$$e_k = E\sin[\omega t - \frac{2\pi}{Am}(k-1)] \tag{4.22}$$

$$E = 2\pi f\phi_\delta K_p W \times 10^{-6} = \omega K_E$$

式中 ϕ_δ—— 每极气隙磁通；

K_p—— 绕组系数；

W—— 每相匝数；

ω—— 角频率；

K_E—— 电势常数（$K_E = \phi_\delta K_p W \times 10^{-8}$）。

电机的电磁功率

$$P_e = \frac{m}{2\pi}\int_0^{2\pi} i_1 e_1 \mathrm{d}\omega t = \frac{Am}{2\pi r}\int_{\theta_c}^{\theta_c+\theta_{on}}(Ue_1 - e_1^2)\mathrm{d}\omega t =$$

$$\frac{AmUE}{2\pi r}\left\{2\sin(\theta_c + \frac{\theta_{on}}{2})\sin\frac{\theta_{on}}{2} - \frac{E}{2U}[\theta_{on} - \cos(2\theta_c + \theta_{on})\sin\theta_{on}]\right\} =$$

$$\frac{AmEU}{2\pi r}(2g_1 - \frac{1}{2}\frac{E}{U}g_2) \tag{4.23}$$

为简化书写，引入

$$g_1 = \sin(\theta_c + \frac{\theta_{on}}{2})\sin\frac{\theta_{on}}{2} \tag{4.24}$$

$$g_2 = \theta_{on} - \cos(2\theta_c + \theta_{on})\sin\theta_{on} \tag{4.25}$$

其中 U 是外加电压幅值。

电磁转矩

$$T_e = \frac{P_e}{\omega/p} \tag{4.26}$$

式中 p 为极对数。

机械特性可由式(4.23) 和式(4.26) 求出为

$$\omega = \frac{4}{g_2}[\frac{U}{K_E}g_1 - \frac{\pi r T_e}{AmPK_E^2}] \tag{4.27}$$

式(4.27) 在形式上与直流有刷电动机完全相同，即可称为静态机械特性，又可称为静态调节特性。它具有线性下降的机械特性，以及线性的调节特性。通过调节外加电压的幅值 U，就可以实现对电机的速度调节。为提高无刷伺服电动机调速系统的精度，则可引进闭环控制技术（请参考第2章中直流电动机闭环调速系统设计）。

4.6　正弦波无刷电动机及控制系统

正弦波无刷电动机使用跟踪型位置传感器,例如旋转变压器、绝对光电码盘。利用轴角变换电路形成正弦波电流换向函数。将给定信号与正弦波换向信号相乘后,再通过正弦的脉宽调制就可以形成三相正弦波调制信号,由三相功率开关驱动电动机。图 4.27 是正

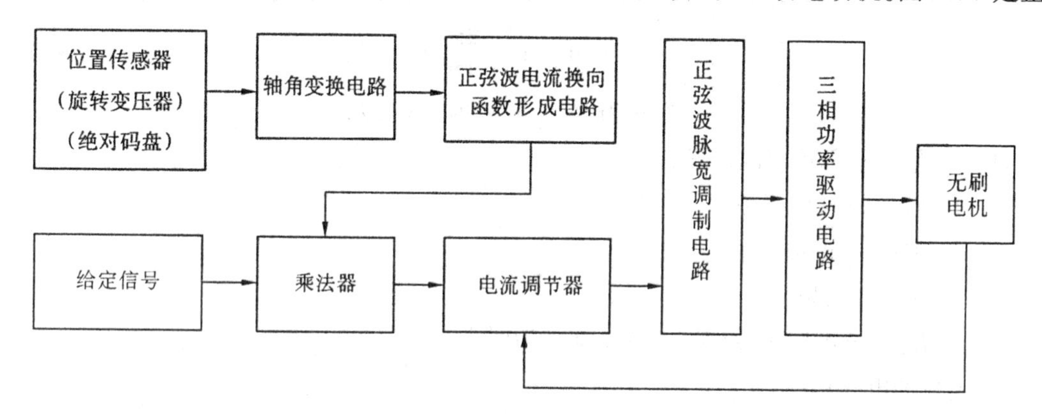

图 4.27　正弦波无刷电动机控制系统框图

弦波无刷电动机控制系统的框图。正弦波无刷电动机有时也称为交流伺服电动机,有时也称为自控式同步电动机。这类电机系统具有最优越的线性控制特性,但其电机本体采用永磁材料,成本比较高,且不容易做成特大容量(例如兆瓦以上)。

4.6.1　正弦波电流换向函数的形成

形成正弦波电流换向函数是正弦波无刷电动机控制的关键,具体方法很多。应根据精度要求和成本要求进行选择。

1.采用专用轴角变换器(RDC)构成正弦波换向函数

将旋转变压器或感应同步器输出的模拟量转换成数字量可以采用美国 AD 公司生产的专用轴角变换器 AD2S80、AD2S82 等系列变换器模块。这种器件,跟踪速度快,分辨率高,精度高,在高精度伺服系统中使用较广。本节将简要介绍其工作原理和应用特点。

(1)AD2S80 的工作原理

图 4.28 给出了 AD2S80A 的结构框图。首先,输入的正余弦位置信号与输出的数字信号经数字式正余弦乘法器处理成一个误差信号(AC ERROR),经过高通滤被后(见图 4.28),再进行相敏解调,然后对该信号进行积分便得到一个速度模拟信号输出量(Velocity),该信号反馈到芯片内部,用来控制压控振荡器(VCO),产生频率正比于积分输出的脉冲序列,同时其极性产生一方向信号来控制可逆计数器加减计数,其输出便是位置(旋转角度)的数字量,整个闭环系统中具有二次积分过程,是一个 Ⅱ 型伺服系统。

(2)AD2S80A 的特点

a.CMOS 工艺,单片结构,集合了 CMOS 逻辑电路和双极型高精度线性电路,集成度高,功耗小。

b.闭环跟踪方式,输出数字化角度信号只与输入的正弦和余弦信号的比值有关,而与

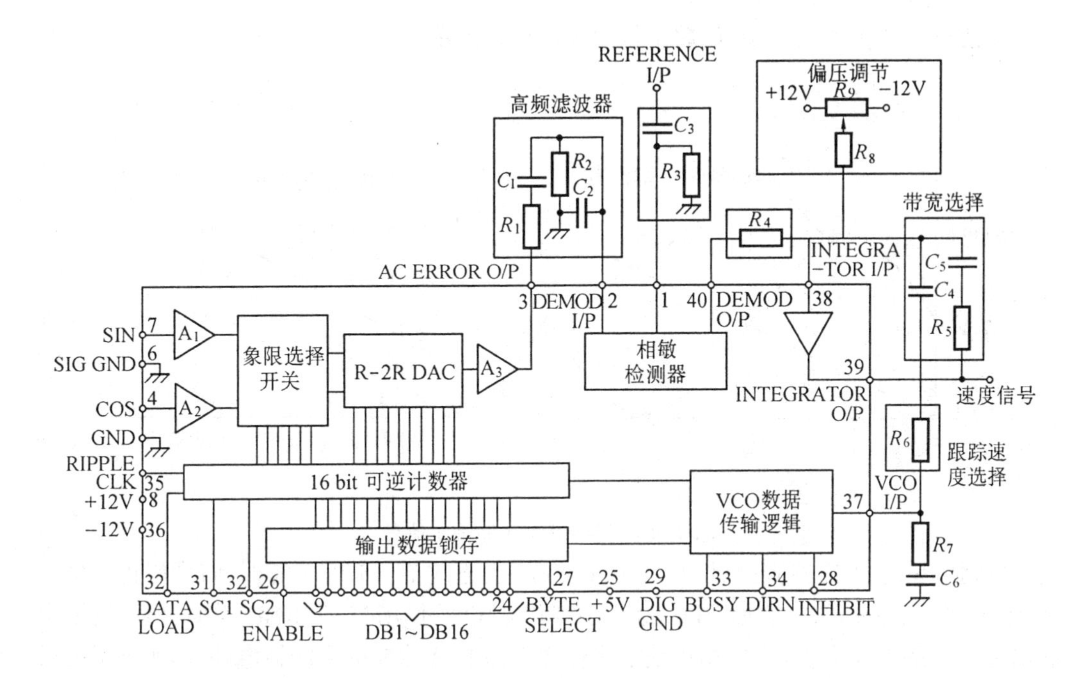

图 4.28　AD2S80A 的结构框图

它们的绝对值大小无关,因此具有很高的噪声抑制能力,减小了旋转变压器远离转换器电路的长线带来的误差。

c. 16 位数字输出具有三态数据锁存功能,可通过 SC1 和 SC2 选择 10、12、14、16bit 输出分辨率。

d. 模拟速度信号输出,可用来代替测速发电机。

(3) 三相正弦波电流换向函数形成

将 AD2S80 轴角变换器的输出送由 EPROM 构成的译码器进行数据转换,并形成正弦波位置信号。三相正弦波电流换向函数合成电路如图 4.29 所示。

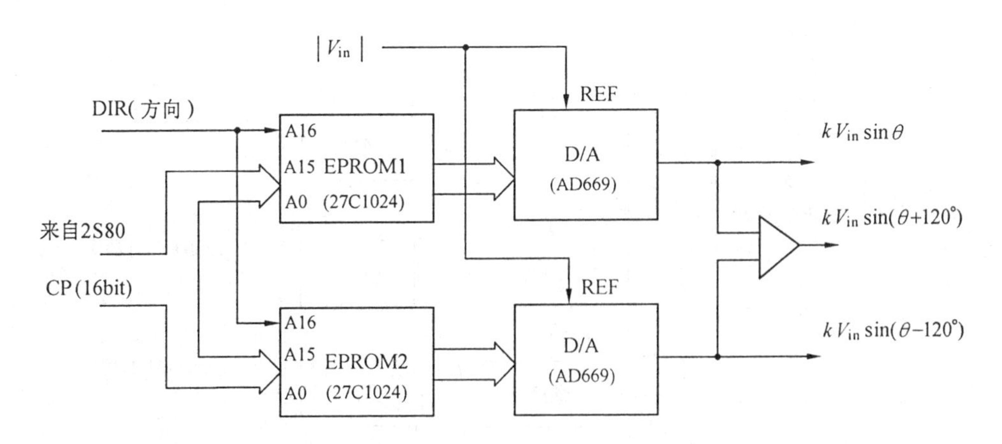

图 4.29　三相正弦波电流换向函数形成电路

其中 EPROM1 的作用是将由 16 位数字量表示的 0 ~ 2π 转角信号译码成正弦数字量。

当方向信号 DIR 为 1 时将 16 位数字量译码成正弦数字量。

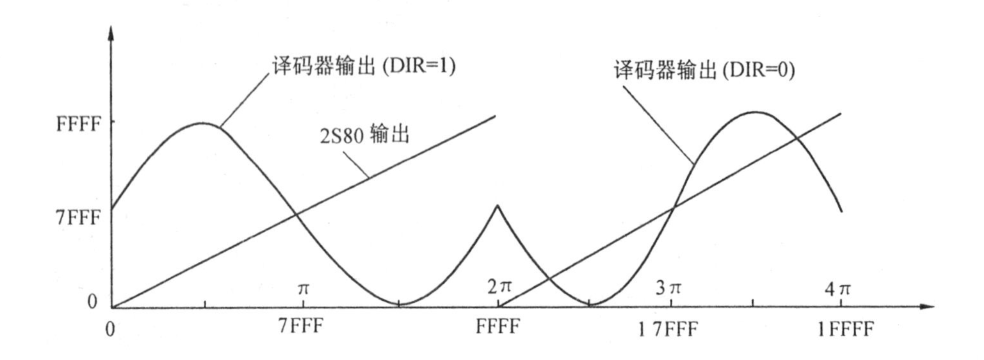

图 4.30 译码器输入和输出信号

7FFF + sin(πi/7FFF), i = 0,1,2,…,FFFFH。当方向信号 DIR 为零时，将译码正弦量反相为 7FFF - sin(πi/7FFF)，如图 4.30 所示。EPROM2 的作用与 EPROM1 类似，但译码输出将滞后一定的电角度。再将二相正弦数字量送至由 D/A 构成的乘法器电路，D/A 将正弦量与给定信号 V_{in} 相乘并将结果转换成模拟信号。最终输出的模拟信号是位置的正弦函数，其幅值取决于给定 V_{in}，方向取决于 DIR 方向控制信号，这就形成了二相正弦波电流换向函数。对于对称三相正弦量而言，已知其中二相，第三相可由两相求和后反向得到，即

$$\begin{cases} v_a = V_{in}\sin\theta \\ v_c = V_{in}\sin(\theta - 120°) \\ v_b = -(v_a + v_c) = V_{in}\sin(\theta + 120°) \end{cases} \tag{4.28}$$

2. 采用相敏解调电路构成正弦换向电路

如图 4.31 采用与电机相同磁极对数的三相旋转变压器，用旋转变压器励磁信号作参

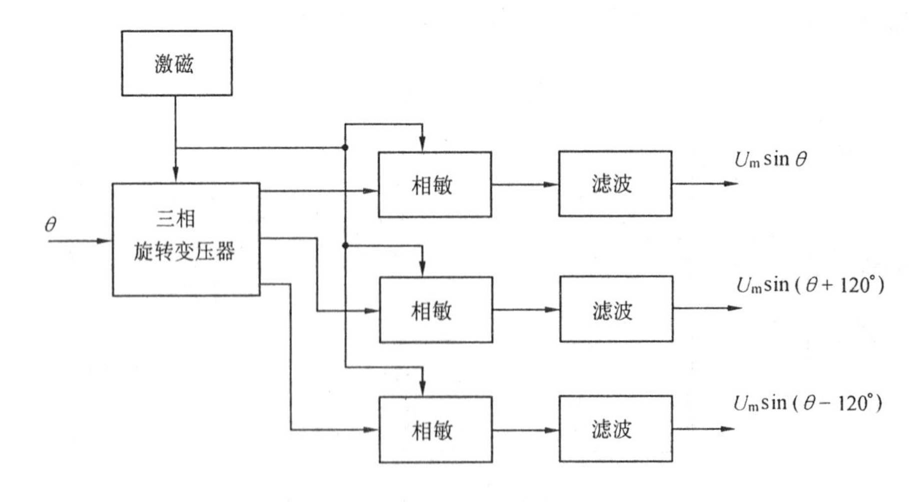

图 4.31 位置信号相敏解调电路

考信号，分别对三相旋转变压器输出进行相敏解调，然后再滤波就可得到三相位置信号。将三相位置信号与给定信号相乘可进一步获得三相正弦波电流换向函数，如图 4.32 所示。给定 V_{in} 信号经绝对值变换后，其幅值作为 A/D 输入并变换成数字量，V_{in} 的方向 DIR 用来改变位置信号相敏解调电路中参考信号的极性，从而控制其输出的正反相位。所以，V_{in} 的正负极性与位置信号相敏解调电路的三相输出的正负极性是同步变化的。再将此信

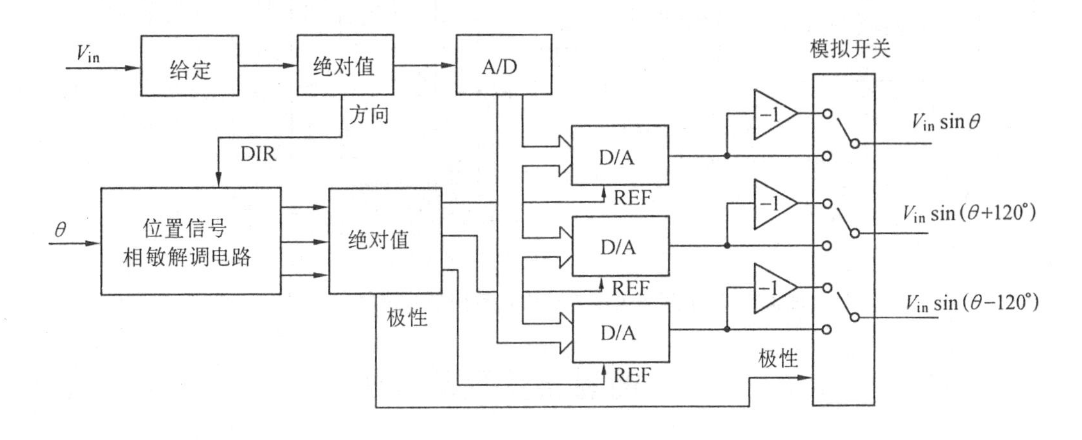

图 4.32　采用相敏解调电路的正弦波电流的流换向电路

号做绝对值处理后，作为 D/A 变换器的参考信号。参考信号与 D/A 数字输入相乘在 D/A 变换器的输出端输出。再用模拟开关和极性控制信号(相敏解调绝对值信号的极性) 经反绝对值变换，获得三相正弦波电流换向信号。该信号随位置 θ 按三相正弦规律变化，方向和幅值由 V_{in} 决定。

3. 其他产生正弦电流换向函数的方法

通过绝对位置编码器当然可以很方便地形成正弦波电流换向函数。因为绝对编码器的输出与轴角变换芯片 2S80 的输出信号类似，所以其三相正弦波电流换向函数形成电路与图 4.29 是类似的，这里不再详细描述。

其他(例如) 使用线性霍尔位置传感器也可以敏感转子磁极位置，这种方法在低成本正弦驱动中获得了大量应用。例如硬盘主轴驱动正弦波无刷电动机。

4.6.2　正弦波无刷电动机驱动控制系统

三相正弦波电流换向函数是正弦波无刷电动机驱动控制电路的核心。由于有了电流换向函数形成电路，就可以很方便地来构建完整的驱动控制系统了。我们可以使用不同形式的电流换向函数形成电路，这部分电路是系统的一个模块。图 4.33 是一个正弦波无刷电动机驱动控制系统原理框图。

图中 SPI 是速度调节器，U_g 是给定信号，U_g 与速度反馈信号 U_{nf} 求和产生速度偏差信号 V_{in}。三相正弦波电流换向函数形成电路，产生正弦换向信号 $V_{in}\sin(\theta-120°)$、V_{in}、$\sin\theta$、V_{in}、$\sin(\theta+120°)$ 分别与电流反馈信号 U_{ifa}、U_{ifb}、U_{ifc} 求和，产生电流(力矩) 给定信号，再利用三角波实现 SPWM 正弦脉宽调制。然后送功率接口电路，实现对永磁转子无刷电动机的驱动和控制。这是一个速率、电流双闭环调速控制系统。

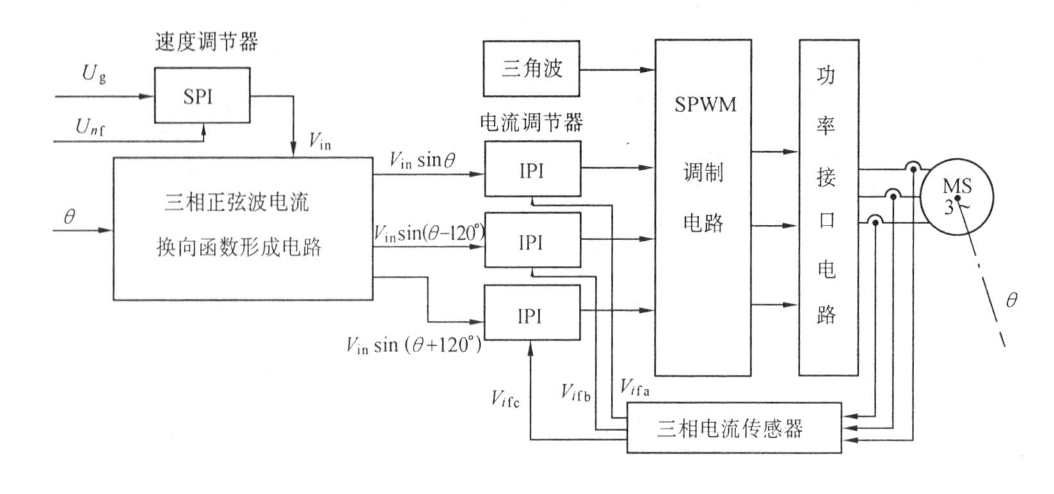

图 4.33　正弦波无刷电动机驱动控制系统原理框图

4.7　简易正弦驱动方法

无刷直流电动机的正弦驱动方法比方波驱动方法复杂很多,不利于普遍应用。目前,无刷直流电动机的一般应用场合,采用方波驱动的居多。方波驱动方法,简单,成本低,但噪声指标较差。正弦驱动的无刷直流电动机,力矩波动和定位力矩小,在噪声指标方面往往显示出明显优势。但是,目前的“白色家电”对其部件的价格非常敏感,同时又对其性能十分苛求,于是,低成本的简易正弦驱动方法显示出很大的市场需求。

4.7.1　使用线性霍尔位置传感器的简易正弦驱动

一般正弦波无刷直流电动机的气隙磁场波形是正弦波,或是正弦波注入谐波后的磁场波形。线性霍尔传感器能够敏感电动机的气隙磁场,当霍尔元件处于正弦波的气隙磁场中时,其霍尔传感器的输出电压

$$u_h = K_h I_h B_m \sin\theta \tag{4.29}$$

式中　K_h—— 霍尔元件的霍尔电势系数[V/(A · T)];

I_h—— 霍尔元件激励电流(A);

B_m—— 被敏感的气隙磁场的磁感应强度峰值(T);

θ—— $\theta = \omega t$,ω 为电机角速度(rad/s)。

当三个线性霍尔空间按 120° 电角度布置,电机在具有三次和五次谐波的气隙磁场中旋转时,可得到三相霍尔位置信号电压

$$\begin{cases} u_{h1} = k_1\sin\theta + k_3\sin3\theta + k_5\sin5\theta \\ u_{h2} = k_1\sin(\theta - 120°) + k_3\sin3(\theta - 120°) + k_5\sin5(\theta - 120°) \\ u_{h3} = k_1\sin(\theta + 120°) + k_3\sin3(\theta + 120°) + k_5\sin5(\theta + 120°) \end{cases} \tag{4.30}$$

式中,$k_1 = K_h I_h B_m$ 为基波霍尔电势幅值,k_3、k_5 为三次和五次谐波霍尔电势幅值。

将三个位置信号电压在乘法器中与输入控制指令信号 V_{in} 相乘,即可得到三相驱动

控制指令。该信号随位置按式(4.30)变化,其幅值则随给定信号 V_{in} 变化。三相驱动控制指令可表示为

$$\begin{cases} u_{c1} = V_{in}u_{h1} \\ u_{c2} = V_{in}u_{h2} \\ u_{c3} = V_{in}u_{h3} \end{cases} \tag{4.31}$$

将三相驱动控制信号与高频三角波调制,便可以得到三相 SPWM 调制信号,并对无刷直流电动机进行正弦驱动。由于三相驱动控制信号与气隙磁场一样注入了三次和五次谐波,此时产生的电磁转矩比正弦气隙磁场的电机采用正弦波驱动时产生的电磁转矩大。电磁转矩的表达式为

$$T_{em} = \frac{3}{2}K_E I_m[(1 + m_3 + m_5)^2\cos\alpha + m_3^2\cos3\alpha + m_5^2\cos5\alpha + \Delta T\cos(6\theta - 3\alpha)] \tag{4.32}$$

式中　m_3—— 三次谐波磁场幅值;

m_5—— 五次谐波磁场幅值;

ΔT—— 谐波磁场与电流基波相互作用所产生的波动力矩幅值;

I_m—— 三相驱动控制信号产生的驱动电流的幅值。

式中,T_{em} 与输入控制指令 V_{in} 成正比。图 4.34 是采用线性霍尔元件的一种无刷电动机简易正弦驱动器的控制原理图。实践证明,该方法简单、可靠,并充分体现出正弦驱动的优点。该方法的缺点是,当线性霍尔传感器的霍尔电势系数随环境温度变化时,电机控制电路的控制增益也将发生变化。这可通过增加适当的温度补偿电路来加以克服。

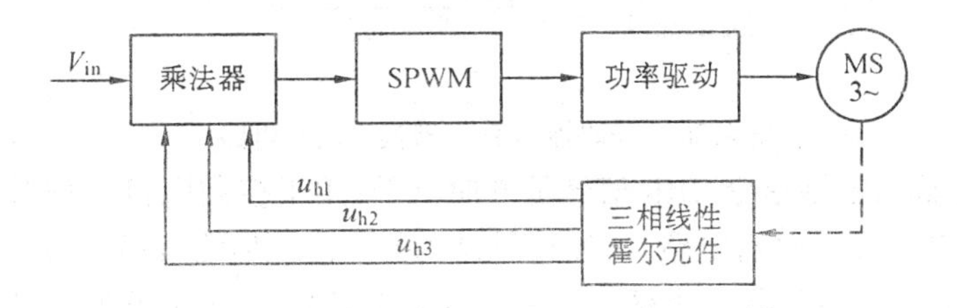

图 4.34　三相线性霍尔实现的无刷直流电动机简易正弦驱动器

4.7.2　使用线性霍尔元件轴角变换电路的简易正弦驱动

在电机气隙中布置两片线性霍尔元件,两霍尔元件空间相差 90° 电角度。若对线性霍尔元件进行交流激励,当电机旋转时,两霍尔元件的输出电压为

$$\begin{cases} u_{sh} = k_h I_h B_m \sin\omega_2 t \sin\omega_1 t = k_h I_h B_m \sin\omega_2 t \sin\theta \\ u_{ch} = k_h I_h B_m \sin\omega_2 t \cos\omega_1 t = k_h I_h B_m \sin\omega_2 t \cos\theta \end{cases} \tag{4.33}$$

式中　ω_1—— 电机旋转角频率;

ω_2—— 交流激励电流的角频率。

可以看出,上述输出电压与多极旋转变电压器的输出电压是相同的,但其成本和价格却低于旋转变压器。

将两霍尔元件输出电压送至轴角变换器，例如 AD2S82 轴角变换器，2S82 轴角变换器的输出数字表示转角信号。再将数字量送到由 EPROM 构成的译码器进行数据转换，并形成三相正弦波驱动控制信号。

图 4.35 是利用线性霍尔元件代替旋转变压器的简易正弦驱动控制器框图。图中，D/A 转换式乘法器电路如图 4.36 所示。

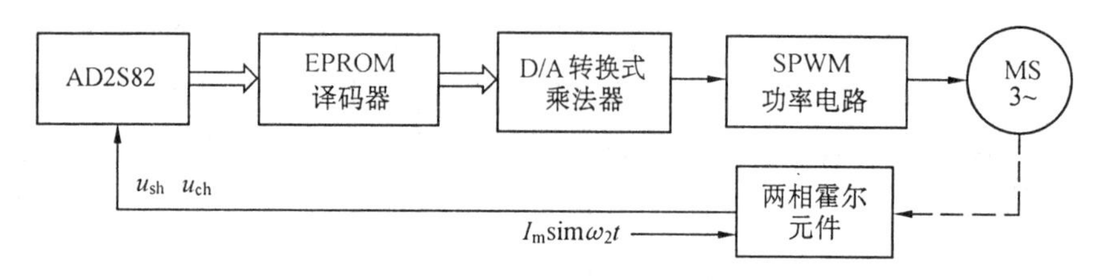

图 4.35 用线性霍尔元件轴角变换电路的简易正弦驱动控制器框图

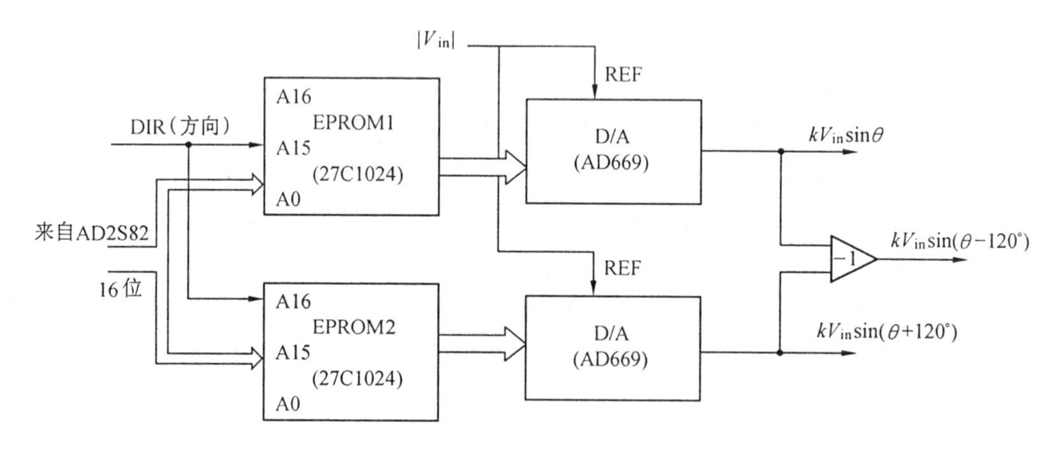

图 4.36 译码器和 D/A 转换乘法器电路

图中，V_{in} 是输入控制指令，DIR 信号是方向电平，用于控制电机的旋转方向。由于该电路中使用了 EPROM 译码器电路，所以通过译码器可注入所需要的谐波分量，也可以进行相位超前角的设定，使简易正弦驱动的适用性获得拓宽。由于电路原理的原因，线性霍尔元件输出电压随温度的变化对控制电路控制增益无影响。

4.7.3 采用开关霍尔元件实现简易正弦驱动

开关霍尔元件只能敏感气隙磁场的极性变化，所以又称磁极位置传感器。可以对磁极位置脉冲进行锁相倍频，例如倍频 256 倍（8 位数字量）或更多。然后将数字信号（例如 8 位）作为 EPROM 的地址，进行查表译码获得正弦位置信号（8 位数字量）。这种方法称为硬件正弦译码方法。图 4.37 是硬件正弦译码电路。

图中，CD4046 是压控振荡器，CD4040 是计数器。U_1、U_2 是开关霍尔元件敏感的磁极位置信号。稳定状态时，4046 频率输出端 V_{out} 信号的频率是 U_1 的 256 倍。4046 的 A_{IN} 输入信号 U_1 与 B_{IN} 输入信号的频率相同。4013 用于电机转向判别，当 U_1 超前 U_2 时，4013 的 Q 端输出高电平，27C256 的 A8 高电平，27C256 将按正弦译码输出；当 U_2 超前 U_1 时，4013 的 Q 端输出低电平，27C256 的 A8 低电平，27C256 将进行滞后 180° 的正弦译码输出，以便改变电机的

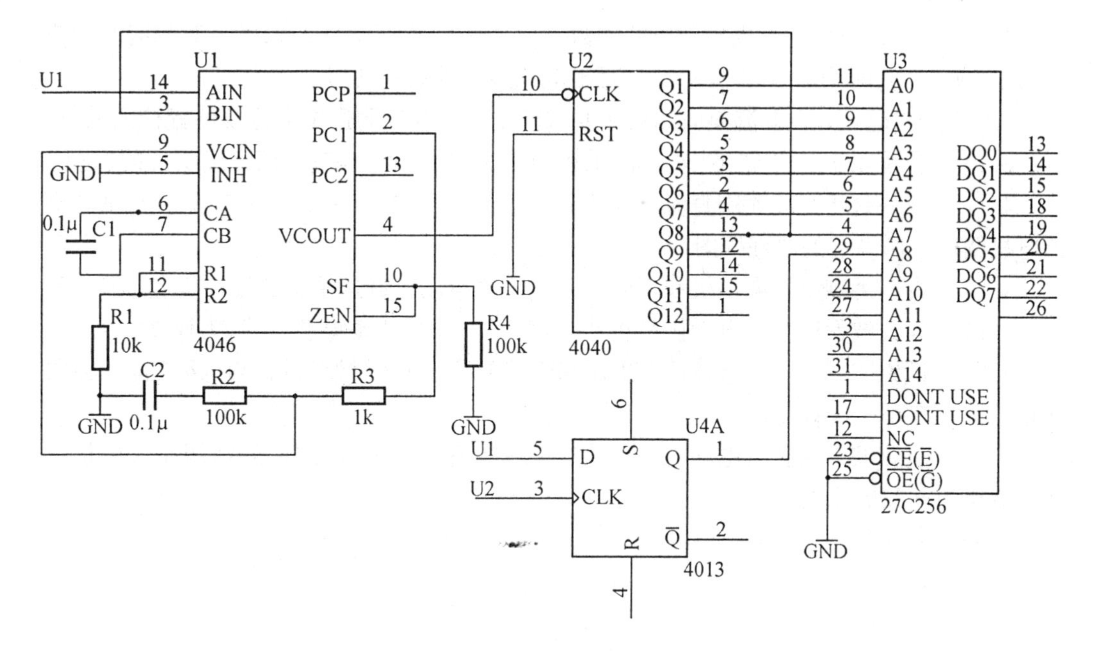

图 4.37　开关霍尔元件锁相倍频硬件正弦译码电路

旋转方向。图 4.38 是采用开关霍尔元件锁相倍频硬件译码方法实现的简易正弦驱动电路的原理框图。该电路在正反转切换和低速控制方面存在平顺性差的现象，这是由于锁相倍频过渡过程造成的。该电路的最低平稳转速为 8Hz 左右，难满足频繁改变电机转向的场合。图 4.38 中的每个框内的具体电路可根据前述章节画出。

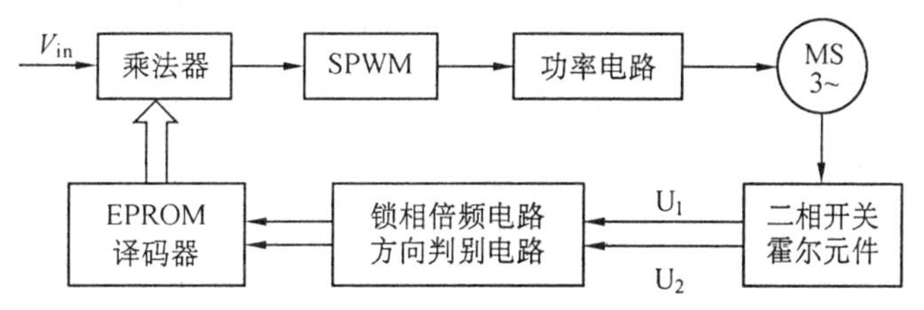

图 4.38　开关霍尔元件实现的简易正弦驱动电路

习题与思考题

4.1　无刷直流电动机与有刷直流电动机比较，有哪些不同点和相同点。

4.2　无刷直流电动机的“方波”运行原理和“正弦波”运行原理是如何定义的。

4.3　试写出 4.2 题中两种运行状态下电流换向函数。

4.4　设无刷直流电动机的极对数 $p = 3$，试分别画出永磁转子采用切向和径向磁路图。

4.5　无刷直流电动机对位置传感器的设计有何要求。

4.6　如何在工程设计中实现无刷直流电动机的反转运行。

4.7　试画出图 4.16 功率驱动电路中某一续流时刻的瞬态电路图。

4.8　一台方波无刷直流电动机的相数 $m = 4$，双极性驱动 $A = 2$，每一时刻有两相绕组通电（$N = 2$），转子极对数 $p = 2$。试画出电流换向函数的波形。

4.9　给出题4.8中电流换向函数所要求的主电路和控制逻辑电路及位置检测电路。

4.10　若题4.9中的控制逻辑电路采用通用芯片 EPROM 实现，请完成实现的过程。

4.11　设一台正弦波无刷直流电动机的参数为 $m = 2, A = 2, N = 2, p = 1$，试画出该电机调速控制系统的原理框图。

4.12　方波无刷直流电动机和正弦波无刷直流电动机调速系统的设计要点是什么。

4.13　问方波无刷直流电动机是否能采用 $N = m$ 的驱动电路方式，为什么？

4.14　试说明题4.4中永磁转子采用高性能的稀土永磁材料，切向磁路结构和径向磁路结构各有哪些优缺点。

4.15　正弦波无刷直流电动机的电流换向函数有几种形成方法，分别简述形成正弦波电流换向函数的原理。

第5章　同步电动机的控制

5.1　同步电动机变频调速的控制方式和特点

根据同步电机的运行原理,当电机的极对数确定以后,电机的转速 n 严格等于由供电电源频率所决定的旋转磁场的同步转速,即

$$n = n_1 = \frac{60f_1}{p} \tag{5.1}$$

因此,只要控制供电电源的频率 f_1,就可以方便地控制同步电动机的转速。根据对频率的控制方式不同,同步电动机变频调速系统可分为它控式和自控式两种。它控式是从外部控制变频器频率的办法来准确地控制转速,是一种频率的开环控制方式。这种控制方式简单,但有失步和振荡问题,对急剧升速、降速控制必须加以适当限制。

自控式则是频率的闭环控制,采用转子位置传感器随时检测定、转子磁极相对位置和转子的转速,由位置传感器(检测器)发出的位置信号去控制变频器中主开关元件的导通顺序和频率。因此电机的转速在任何时候都同变频器的供电频率保持严格的同步,故不存在失步和振荡现象,由于变频器的频率是由电机自身的转速控制的,故称为自控式。事实上,自控式同步电动机控制系统就是前章所述的无刷电动机控制系统。这种系统由于不存在失步和振荡现象,故适合于快速运行和负载变化剧烈的场合。

5.2　变频调速同步电动机的工作特性

同步电动机的功角特性和转矩 - 转速特性是同步电机变频运行的两条重要的工作特性。

5.2.1　变频运行时的功角特性

同步电动机进入稳态运行后,最重要的工作特性是功角特性,即电磁转矩同功率角之间的关系。对于凸极同步电机,电磁转矩为

$$T_e = \frac{mp}{2\pi f_1}\frac{UE}{X_d}\sin\delta + \frac{mp}{2\pi f_1}U^2\left(\frac{X_d - X_q}{2X_dX_q}\right)\sin2\delta \tag{5.2}$$

式中　U—— 电枢相电压;

E—— 激磁电势;

m—— 电机的相数;

f_1—— 电源频率;

p—— 电机的极对数;

X_d—— 电机直轴(d 轴) 同步电抗;

X_q—— 电机交轴(q 轴) 同步电抗;

δ—— 功率角,端电压 U 与 E 的夹角。

根据式(5.2) 绘出凸极同步电机功角特性如图 5.1 中曲线(1) 所示,它可以看作是转子激磁产生的同步转矩曲线(2) 和凸极效应产生的反应转矩曲线(3) 二部分的合成。同步转矩(3) 按功角 δ 两倍频率正弦变化。

对于隐极同步电机来说,d、q 轴同步电机电抗相等,即 $X_d = X_q = X_a$,故反应转矩消失,电磁转矩公式变为

$$T_e = \frac{mp}{2\pi f_1}\frac{UE}{X_a}\sin\delta \tag{5.3}$$

相应的功角特性如图(5.1) 中曲线(2) 所示。

为了简单起见,下面以隐极同步电机为例进一步分析其功角特性。

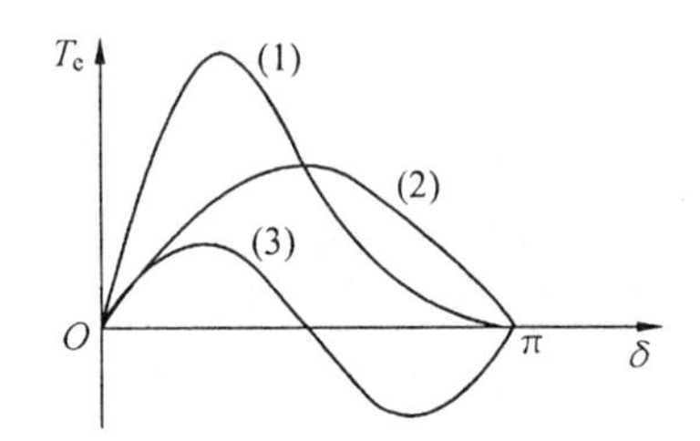

图 5.1　凸极同步电机的功角特性

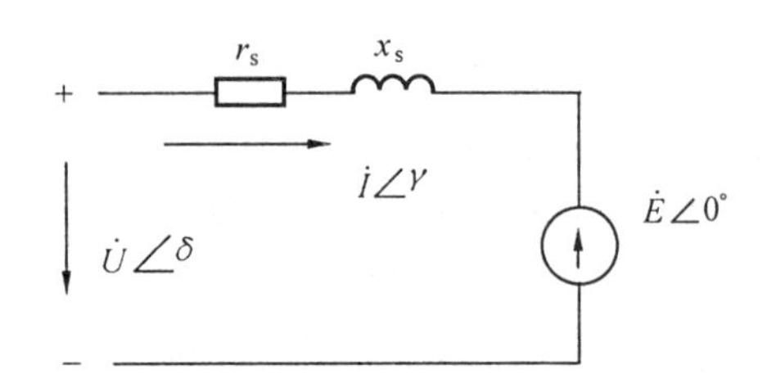

图 5.2　隐极同步电机等值电路

用图 5.2表示一台隐极同步电动机在额定频率 f_{1N}、额定电压 U_N 下的等值电路。相应相量图如图 5.3 所示。

根据电动机惯例,图 5.3 中的功角为正,内功率因数角为负。

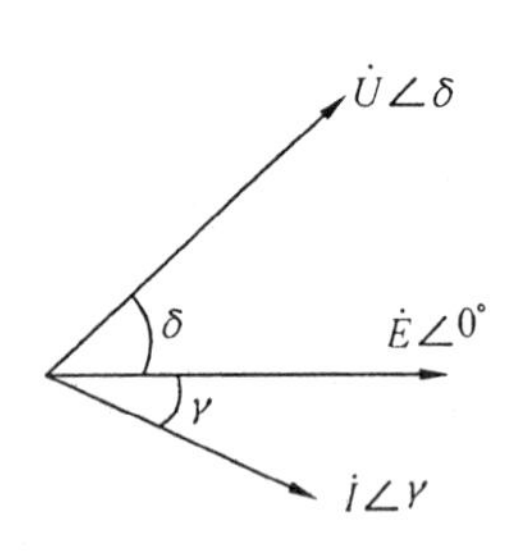

图 5.3　隐极同步电机相量图

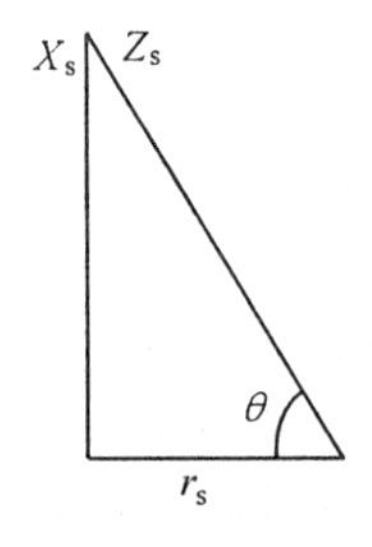

图 5.4　隐极同步电机阻抗三角形

电机的电磁功率

$$P_e = mEI\cos\gamma \tag{5.4}$$

根据等值电路,同步阻抗 Z_s 为

$$r_s + \mathrm{j}\,X_s = Z_s\angle\theta \tag{5.5}$$

则电流

$$\dot{I}\angle-\gamma=\frac{\dot{U}\angle\delta-\dot{E}\angle 0}{Z_s\angle\theta}=\frac{\dot{U}}{Z_s}\angle(\delta-\theta)-\frac{\dot{E}}{Z_s}\angle-\theta$$

根据图 5.4,阻抗三角形与 E 同相分量的关系为

$$I\cos\gamma=\frac{U}{Z_s}\cos(\delta-\theta)-\frac{E}{Z_s}\cos\theta$$

$$\cos\theta=\frac{r_s}{Z_s}$$

则

$$I\cos\gamma=\frac{U}{Z_s}\cos(\delta-\theta)-\frac{Er_s}{Z_s^2}$$

令 $\alpha=90-\theta$,则

$$I\cos\gamma=\frac{U}{Z_s}\sin(\delta+\alpha)-\frac{Er_s}{Z_s^2} \tag{5.6}$$

将式(5.6)代入式(5.4)得

$$P_e=\frac{mUE}{Z_s}\sin(\delta+\alpha)-\frac{mE^2r_s}{Z_s^2} \tag{5.7}$$

电磁转矩

$$T_e=\frac{P_e}{\Omega_1}=\frac{mpUE}{2\pi f_1 Z_s}\sin(\delta+\alpha)-\frac{mpE^2r_s}{2\pi f_1 Z_s^2} \tag{5.8}$$

相应于式(5.7)、(5.8)的功角特性如图 5.5 的曲线(1)所示。

在一般运行频率下 $X_s\gg r_s$,若令 $r_s=0$,相应 $\alpha=0$,则电磁转矩表达式为

$$T_e=\frac{mpUE}{2\pi f_1 X_s}\sin\delta \tag{5.9}$$

相应功角特性如图 5.5 曲线(2)所示。

$r_s\neq 0$ 时的功角特性曲线相当于 $r_s=0$ 时的功角特性曲线向左移了 α 角,在纵轴方向向下平移了$\frac{mpE^2r_s}{2\pi f_1 Z_s^2}$一段距离。$r_s$ 的存在使电动机运行时最大转矩数值减小,出现最大转矩时的功角也趋减小。

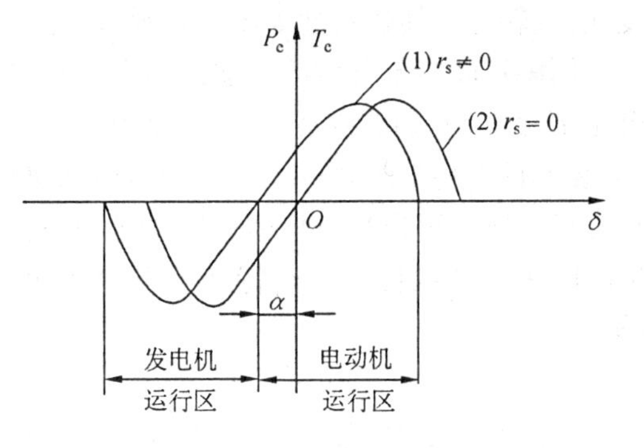

图 5.5　隐极同步电机功角特性

当电机变频运行时,激磁电势可表示为

$$E=2\pi f'_1 L_{af} I_f \tag{5.10}$$

式中,f'_1 为电动机的运行频率,L_{af} 为激磁绕组与电枢绕组间的互感,I_f 为激磁电流。同步电抗为

$$X_s=2\pi f'_1 L_s \tag{5.11}$$

将(5.10)、(5.11)二式代入式(5.9),电磁转矩可表示为

$$T_e=\frac{mp}{2\pi}\left(\frac{U'}{f'_1}\right)\left(\frac{L_{af}}{L_s}\right)I_f\sin\delta \tag{5.12}$$

当电机确定之后，L_{af}、L_a 均为常数，则

$$T_e \propto \frac{U'}{f'_1}$$

这个关系说明，同步电动机的电磁转矩是运行时的电压／频率比$\frac{U'}{f'_1}$和激磁电流 I_f 的线性函数，在变频运行时只要维持恒定电压／频率比，电磁转矩表达式和功角特性曲线 $T_e = f(\delta)$ 就与额定频率运行时完全相同，即电机端电压和供电频率仍可用 U 和f_1 表示。

同感应电机一样，当 f'_1 较低时，r_s 的作用加大，若继续维持恒电压／频率比运行，最大电磁转矩势必减小，如图 5.5 曲线(1) 所示。要保持最大转矩不变就要适当提高端电压，增大电压／频率比。

5.2.2 变频运行时转矩 - 转速特性

1. $r_s = 0$

当忽略电枢电阻时，电磁转矩可表示为

$$T_e = \frac{mpUE}{2\pi f_1 X_s}\sin\delta = T_{em}\sin\delta \tag{5.13}$$

式中

$$T_{em} = \frac{mpUE}{2\pi f_1 X_s} = \frac{mp}{2\pi}\frac{U}{f_1}\frac{L_{af}}{L_s}I_f \tag{5.14}$$

T_{em} 为 $\delta = 90°$ 时的最大电磁转矩。

当电机激磁电流不变，作恒定电压／频率比变频运行时，最大电磁转矩 T_{em} 将不发生变化。其转矩 - 转速特性如图 5.6 所示，为一系列垂直线。

图中正转矩部分对应电动机运行状态，负转矩部分对应发电机运行状态。由图可以看出，在不计电枢电阻时($r_s = 0$)，同步电动机可以在任何频率下作恒转矩运行，但实际上 $r_s \neq 0$，所以在低频运行时运行特性会产生重大影响。

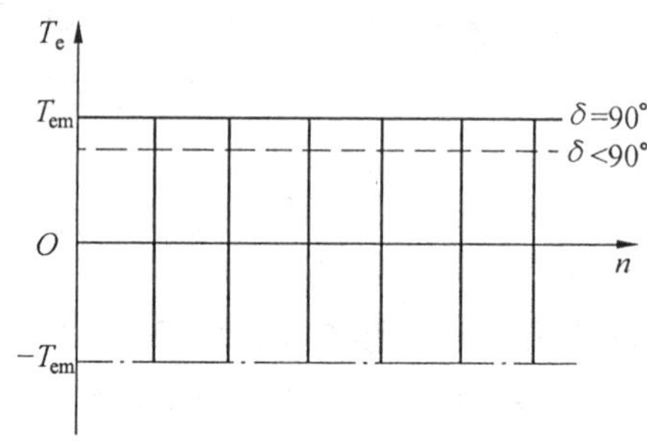

图 5.6　$r_s = 0$ 时同步电机的转矩 - 转速特性

2. $r_s \neq 0$

若忽略集肤效应，则 r_s = 常数，而同步电机 X_s 随运行频率线性变化($X_s = 2\pi f_1 L_s$)，在频率很低时，$X_s \gg r_s$ 的条件不再成立，此时必须考虑 r_s 的作用。

当 $r_s \neq 0$ 时，电磁转矩公式如式(5.8) 所示。为了更清楚表示在低速时 r_s 对转矩 - 转速特性的影响，对上式作归一化处理，则有

$$T_e = \frac{mpUE}{2\pi f_1 Z_s}\sin(\delta + \alpha) - \frac{mpE^2 r_s}{2\pi f_1 Z_s^2} =$$

$$\frac{mpUE}{2\pi f_1 X_s}\frac{X_s}{Z_s}\sin(\delta + \alpha) - \frac{mpE^2}{2\pi f_1 X_s}\frac{E}{U}\frac{X_s r_s}{Z_s^2} =$$

$$T_{em}\frac{X_s}{Z_s}\sin(\delta + \alpha) - T_{em}\left(\frac{Z}{U}\right)\frac{r_s X_s}{Z_s^2}$$

将 $Z_s = \sqrt{r_s^2 + X_s^2}$ 代入上式，整理后可得

$$T_e = \frac{T_{em}}{\sqrt{1+(\frac{r_s}{X_s})^2}}\sin(\delta+\alpha) - T_{em}(\frac{U}{E})\frac{\frac{r_s}{X_s}}{1+(\frac{r_s}{X_s})^2} \qquad (5.15)$$

以 T_e 为纵坐标,以$\frac{r_s}{X_s}$或$\frac{X_s}{r_s}$为横坐标,以$\frac{E}{U}$为参变量,可以画出计及 r_s 时同步电机的转矩-转速特性,如图5.7所示。其中$\frac{X_s}{r_s} = 2\pi f_1\frac{L_s}{r_s} \propto f_1$,所以,以$\frac{X_s}{r_s}$为横坐标,反映了运行频率,从而也反映了电机的转速。

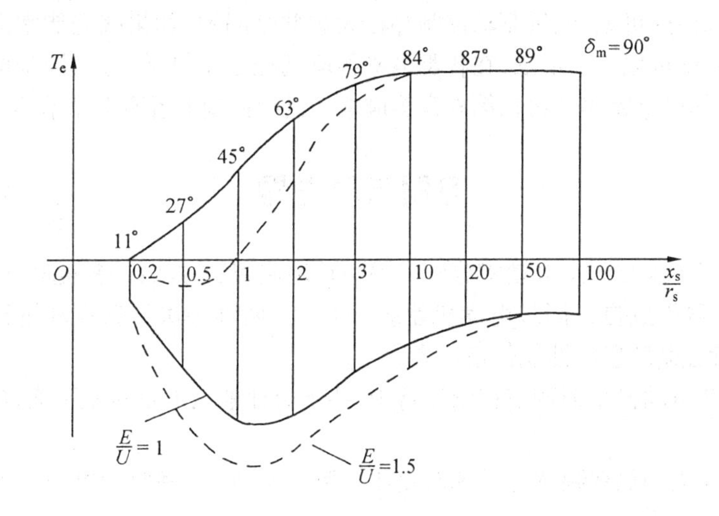

图 5.7　$r_s \neq 0$ 时同步电机的转矩-转速特性

从图5.7可以看出,不同$\frac{E}{U}$比例,最大转矩 T_{em} 和出现最大转矩的功角 δ_m 随着运行频率的降低有不同的减小,所以低频时不再保持恒转矩运行,为了补偿低频时电阻 r_s 的影响,在低频时采取电压补偿的办法,即适当提高电压/频率比。

5.3　同步电动机变频调速控制

根据同步电动机运行原理,电机的励磁频率 $\omega_1 = 2\pi f_1$,改变同步频率 f_1 可以严格地控制电机的转速,即 $n = n_1 = \frac{60f_1}{p}$。为了获得恒转矩特性,可以在改变 ω_1 的同时,令 U/f_1 保持常数。按前面的分析,由于 $T_e = \frac{mp}{2\pi}(\frac{U}{f_1})(\frac{L_{af}}{L_s})I_f\sin\delta = T_{em}\sin\delta$,从图5.8可以看出同步电动机变频调速控制的思路是:通过改变激磁频率的大小来控制转速,同时保持 U/f_1 比恒定,这种控制方法叫电压-频率协调控制,或称恒压频比控制。这种控制方法同样适用于感应电动机变频控制。由图5.8不难想到,在控制过程中还可以通过改变 I_f 来调节转矩的大小,调节功率因数和过载能力。

同时可看出同步电动机变频调速控制系统比较复杂,它是多变量、多输入、多输出控

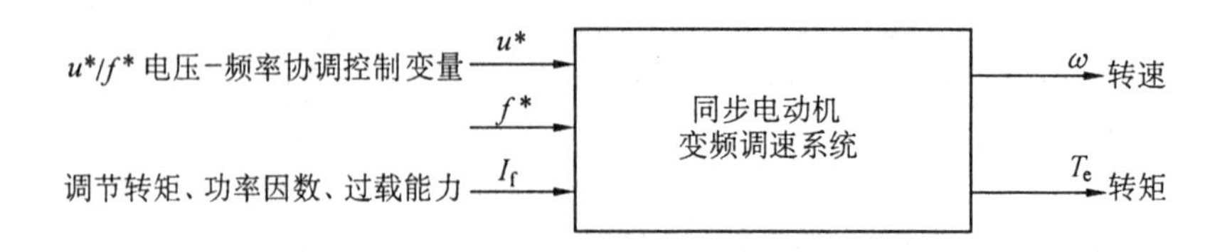

图 5.8　同步电动机变频调速系统简单框图

制系统。实际的同步电动机系统还要考虑低频时的补偿,解决起动问题,等等。

同步电动机还可以采用位置传感器,实现自控方式,此时的电机系统就演变成正弦波无刷电动机了。由此可见,电机驱动控制存在大量共性问题,如果我们能掌握好这一类电机的驱动控制,就可以举一反三,在各类电机的驱动控制中灵活运用。同步电动机变频调速系统的更具体的电路实现将在第 6 章感应电动机的控制的各有关章节给予详细介绍。

习题与思考题

5.1　同一台永磁同步电动机分别采用两种调速控制方法:一是变频变压调速;二是采用位置传感器构成自控同步电动机系统。问:(1) 两种方法下获得的运行特性是否相同;(2) 哪一种控制装置的性能价格比大。

5.2　同步电动机变频调速控制运行中,要求保证最大电磁转矩不变,应采取何种控制策略。

5.3　同步电动机变频调速系统对变压变频(VVVF) 功率驱动电源的设计有何特殊要求。

第 6 章　感应电动机的控制

6.1　感应电动机调速系统的发展

交流电动机(主要指感应电动机和同步电动机两大类)传动占电气传动总容量的80%左右,是一种最重要的动力基础。交流电气传动与直流电气传动均诞生于19世纪,但长期以来交流电动机只能作为不变速传动动力来使用。虽然交流调速早有多种方法问世,并获得一些实际应用,但其性能却始终无法与直流电气传动系统相比拟。直到20世纪70年代,世界范围的石油危机迫使全世界的有关技术力量的巨大投入,历经十年之久才解决了交流电动机调速系统的理论和方法问题,并使其正在逐步取代直流传动成为高性能电气传动的主流和基础。

交流调速系统的发展方向和应用前景:

(1) 一般性能的节能调速

过去大量使用的不变速交流传动,例如:风机、水泵等机械,其总容量约占工业电气传动总容量的50%。这些应用并不是不需要调速,而是因为使用交流电动机无法调速,不得不依靠阀门、挡板来调节风量和流量,造成大量电能损耗。这类电机采用变压变频(VVVF)交流调速控制后,一般可节能20%左右,就世界范围看节能效果非常巨大。简单变压变频调速控制技术的发展,归功于电力电子技术的发展,并且已经在世界范围内获得广泛应用。

(2) 高性能交流调速系统

模仿直流电动机直接转矩控制的思路,采用交流电动机矢量控制技术(或称磁场定向控制技术),通过坐标变换,把交流电机的定子电流分解成激磁分量和转矩分量,并通过对磁通和转矩的独立控制,获得了类似直流电动机的控制特性,从而使交流电动机调速控制有了突破性的进展。以后,又陆续提出直接转矩控制、解耦控制等方法,逐步形成一系列在性能上、价格上可以和直流调速系统媲美的高性能交流调速系统。大功率的交流主轴驱动系统甚至在性能上已经超过了正弦波无刷电动机。

(3) 特大容量极高转速的交流调速

直流电动机的换向器限制了它的容量和转速,其极限容量与转速的乘积约为10^6 kW · r/min。交流电机则不受此限制,所以,特大容量的传动,如起动机、矿井卷扬机、高速磨头、离心机等,都可以采用交流调速系统。特别是IGCT的出现,交流调速系统的容量已经可以突破几十兆瓦。

(4) 精密驱动系统

无论大容量还是小容量驱动系统,采用交流电动机,其电机本身具有最简单的结构。

由于电子线路的发展，驱动系统的总成本将越来越取决于电机本体的成本。使用基于DSP(数字信号处理器）的电机控制系统，目前已经能够实现矢量控制、直接转矩控制，以及智能控制来构成各类容量的精密驱动系统。

6.2　感应电动机的调速方法

感应电动机的转速公式为

$$n = \frac{60f_1(1-s)}{p} \tag{6.1}$$

式中　f_1—— 供电频率(Hz)；

p—— 极对数；

s—— 转差率。

从上式可看出，有三种方法可以改变感应电动机的转速：(1) 改变极对数；(2) 控制电源频率；(3) 使电动机的转差率发生变化(例如改变定子电压、转子电阻、转子电压等等)。

若从感应电动机的基本原理出发来分析调速方法会得到更有益的启发。电动机的电磁功率 P_e 可看成由两部分组成：一部分是有效功率，即 $P_2 = (1-s)P_e$ 用于拖动负载；另一部分是转差功率 $P_s = sP_e$，其大小与 s 成正比。它是感应电动机实现机电能量转换的媒介。从能量转换的角度看，在调速过程(s 发生变化) 中，如何对待转差功率 P_s，是消耗还是回馈，决定了调速方法的效率高低。按此观点感应电动机的调速方法可分成以下三类：

(1) 转差功率消耗型调速系统

其全部转差功率都转换成发热被浪费掉。例如，降电压调速，电磁、转差离合器调速和绕线转子感应电动机转子回路串电阻调速。这些方法效率低，而且转速调得越低，效率越低。由于这些方法的简单性，所以在小功率调速中尚有一定应用。

(2) 转差功率回馈型调速系统

这种方法消耗一部分转差功率，将大部分转差功率通过变流装置回馈给电网或者转化为机械能加以利用。转速越低，回收的功率部分比例越少。串级调速就属于这种方法。这种方法曾经有过一定时期的应用，但由于效率偏低，体积较大，目前应用已不多。

(3) 转差功率不变型调速系统

转差功率中转子铜损部分的消耗是不可避免的，在这种方法中，无论转速高低，转差功率基本不变。也即调速过程中，保证转差率 s 基本不变，从而保证了高效率运行。例如：变极对数调速，但只能有级调速，应用场合有限。另一种就是变压变频调速，由于它可以实现高效率高动态性能交流调速，所以已经成为应用最广泛的调速系统。

6.3　感应电动机变压变频调速原理

在感应电动机各类调速方法中，变压变频方法效率最高，性能最佳。用这种方法调速控制中，同步控制定子电源的电压和频率，保证了转差功率不变。这种电压频率协调控制的方法在控制时能获得基本上平行移动的机械特性，具有较好的控制特性，并在世界范围内获得了广泛应用。

长期以来，变压变频的优良特性早已为人所知，但因当时无法获得大功率电力电子器件，主要靠旋转变频发电机作为调制电源，体积大，有附加能量损耗，因此未获得广泛应用。直到电力电子技术发展，大功率开关元件问世以后，各种静止变压变频装置才得以迅速发展，并使之成为大功率调速系统的主流。

6.3.1　变压变频调速的基本控制原理

衡量感应电动机工作状态的量是其电磁负荷，即气隙磁密和电流密度的乘积。感应电动机的气隙磁密 B_δ 与电机中每极磁通量 Φ_m 成正比（不计饱和）。电机运行中希望保持磁通 Φ_m 不变，如果磁通过小，电机铁心没有充分利用形成浪费；如果磁通过大，又会使铁心饱和，从而使励磁电流聚增，严重时会因绕组过热而损坏电机。对于直流电动机、无刷电动机，励磁系统是独立的或是由永磁材料产生的，保持 Φ_m 不变很容易。而感应电动机的磁通是定子和转子磁势合成产生的，如何保持磁通恒定，于是产生了各种不同的控制方法。

我们都知道，三相感应电动机的定子相电势的有效值为

$$E_1 = 4.44 f_1 N_1 K_{w1} \Phi_m \tag{6.2}$$

式中　E_1—— 相电势有效值（V）；

f_1—— 定子电源电压频率（Hz）；

N_1—— 定子每相总匝数；

k_{w1}—— 绕组系数；

Φ_m—— 每极磁通（Wb）。

由式6.2可知，只要控制好 E_1 和 f_1，也即在改变频率的同时协调地改变 E_1，就能使恒等式中的 Φ_m 不变。但由于感应电动机需考虑其额定频率（基频）和额定电压的制约，因而需要以基频为界加以分析和区别。

1. 基频以下调速控制

由式（6.2）可知，要保持 Φ_m 不变，当频率 f_1 从额定值 f_{1N} 向下调节时，必须同时降低 E_1，使

$$\frac{E_1}{f_1} = 常值 \tag{6.3}$$

即采用恒定的电动势/频率比的控制方式。

然而，绕组中的感应电动势是难以直接控制的，当电动势值较高时，可以忽略定子绕组的漏磁阻抗压降，而认为定子相电压 $U_1 \approx E_1$，则得

$$\frac{U_1}{f_1} = 常值 \tag{6.4}$$

这是恒压频比的控制方式。

低频时，U_1 和 E_1 都较小，定子阻抗压降所占的分量就比较显著，不能再忽略。这时，可以人为地把电压 U_1 抬高一些，以便近似地补偿定子压降。带定子压降补偿的恒压频比控制特性如图6.1（b）所示，无补偿的控制特性则为图6.1（a）。

2. 基频以上调速

在基频以上调速时，频率可以从 f_{1N} 往上增高，但电压 U_1 却不能超过额定电压 U_{1N}，最多只能保持 $U_1 = U_{1N}$。由式(6.2) 可知，这将迫使磁通与频率成反比地降低，相当于直流电机弱磁升速的情况。

把基频以下和基频以上两种情况结合起来，可得图 6.2 所示的变压变频调速控制特性。这样，在基频以下，由于磁通恒定转矩也恒定，属于“恒转矩调速” 性质；而在基频以上，转速升高时转矩降低，基本上属于“恒功率调速。”

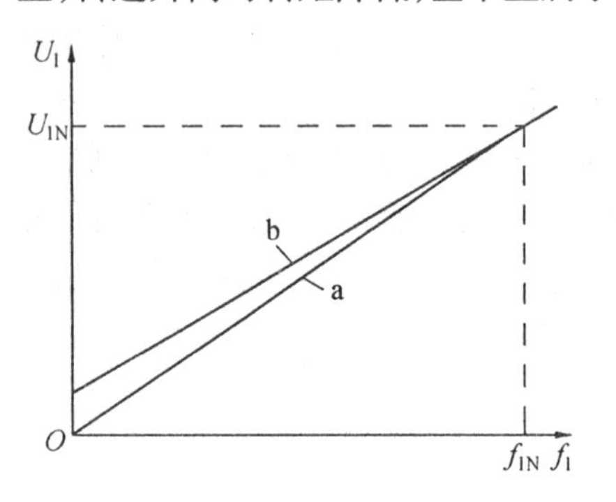

图 6.1 恒压频比控制特性

a— 无补偿 b— 带定子压降补偿

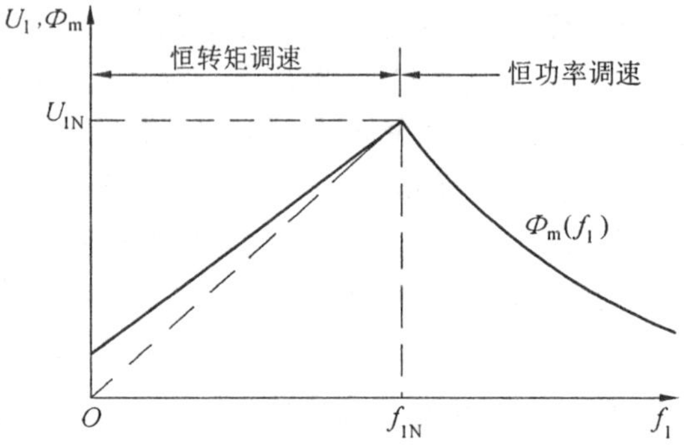

图 6.2 感应电动机变压变频调速控制特性

6.3.2 感应电动机电压 - 频率协调控制时的机械特性

1. 正弦波恒压恒频供电时感应电动机的机械特性

感应电动机在正弦波恒压恒频供电下的机械特性方程式为 $T_e = f(s)$，其中定子电压为 U_1，电源角频率为 ω_1，当 U_1、ω_1 都为恒定值时，可以改写成

$$T_e = 3p\left(\frac{U_1}{\omega_1}\right)^2 \frac{s\omega_1 R_2'}{(sR_1 + R_2')^2 + s^2\omega_1^2(L_{l1} + L_{l2}')^2} \tag{6.5}$$

当 s 很小时，可忽略上式分母中含 s 的各项，则

$$T_e \approx 3p\left(\frac{U_1}{\omega_1}\right)^2 \frac{s\omega_1}{R_2'} \propto s \tag{6.6}$$

即 s 很小时，转矩近似与 s 成正比，机械特性 $T_e = f(s)$ 是一段直线，如图 6.3 所示。

当 s 接近于 1 时，可忽略式(6.5) 分母中的 R_2'，则

$$T_e \approx 3p\left(\frac{U_1}{\omega_1}\right)^2 \frac{\omega_1 R_2'}{s[R_1^2 + \omega_1^2(L_{l1} + L'_{l2})^2]} \propto \frac{1}{s} \tag{6.7}$$

即 s 接近于 1 时，转矩近似与 s 成反比，这时 $T_e = f(s)$ 是一段双曲线。

当 s 为以上两段的中间数值时，机械特性从直线段逐渐过渡到双曲线段，如图 6.3 所示。

2. 基频以下电压 - 频率协调控制时的机械特性

由式(6.5) 的机械特性方程式可以看出，对于同一组转矩 T_e 和转速 n(或转差率 s) 的要求，电压 U_1 和频率 ω_1 可以有多种配合。因此，可以有不同方式的电压 - 频率协调控制。

(1) 恒压频比控制(U_1/ω_1 = 恒值)

在6.1节中已经指出,为了近似地保持气隙磁通 Φ_m 不变,以便充分利用电机铁心,发挥电机产生转矩的能力,在基频以下须采用恒压频比控制。这时,同步转速自然要随频率变化,即

$$n_0 = \frac{60\omega_1}{2\pi p} \tag{6.8}$$

式中 n_0 为同步转速(r/min)。

因此,带负载时的转速降落

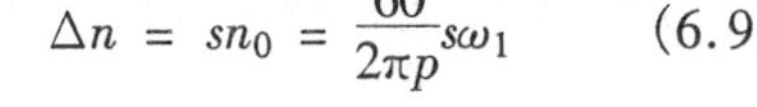

$$\Delta n = sn_0 = \frac{60}{2\pi p}s\omega_1 \tag{6.9}$$

式中 Δn 为转速降落(r/min)。

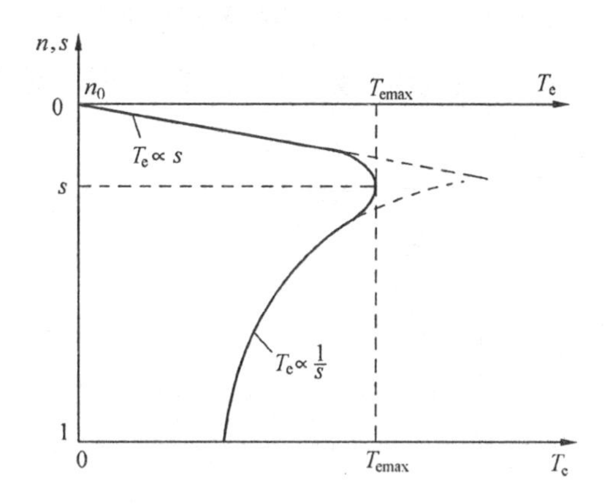

图6.3　恒压恒频时感应电动机的机械特性

在式(6.6)所表示的机械特性的近似直线段上,可以导出

$$s\omega_1 \approx \frac{R'_2 T_e}{3p\left(\frac{U_1}{\omega_1}\right)^2} \tag{6.10}$$

由此可见,当 U_1/ω_1 为恒值时,对于同一转矩 T_e,$s\omega_1$ 是基本不变的,因而 Δn 也是基本不变的(见式(6.9))。这就是说,在恒压频比条件下改变频率时,机械特性基本上是平行下移的,如图6.4所示。它们和他励直流电机变压调速时特性的变化情况相似,所不同的是,当转矩大到最大值以后,转速再降低,特性就折回来了。而且频率越低时最大转矩变小,这可以从观察电动机最大转矩表达式得到证明。

将电机最大转矩表达式稍加整理便可看出,U_1/ω_1 = 恒值时,最大转矩 T_{eamx} 随角频率 ω_1 的变化关系为

$$T_{emax} = \frac{3}{2}p\left(\frac{U_1}{\omega_1}\right)^2 \frac{1}{\frac{R_1}{\omega_1} + \sqrt{\left(\frac{R_1}{\omega_1}\right)^2 + (L_{l1} + L'_{l2})^2}} \tag{6.11}$$

若 ω_1 很小,式(6.11)中 $L_{l1} + L'_{l2}$ 可略去,T_{emax} 就与 ω_1 成正比。可见 T_{emax} 是随着 ω_1 的降低而减小的。频率很低时,T_{emax} 太小,将限制调速系统的带载能力。采用定子压降补偿,适当地提高电压 U_1,可以增强带载能力,见图6.4。

(2) 恒 E_1/ω_1 控制

图6.5再次绘出感应电动机的稳态等效电路,图中几处感应电动势的意义如下:

E_1—— 气隙(或互感)磁通在定子每相绕组中的感应电动势;

E_s—— 定子全磁通的感应电动势;

E_r—— 转子全磁通的感应电动势(折合到定子边)。

如果在电压 - 频率协调控制中,恰当地提高电压 U_1 的份量,使它在克服定子阻抗压

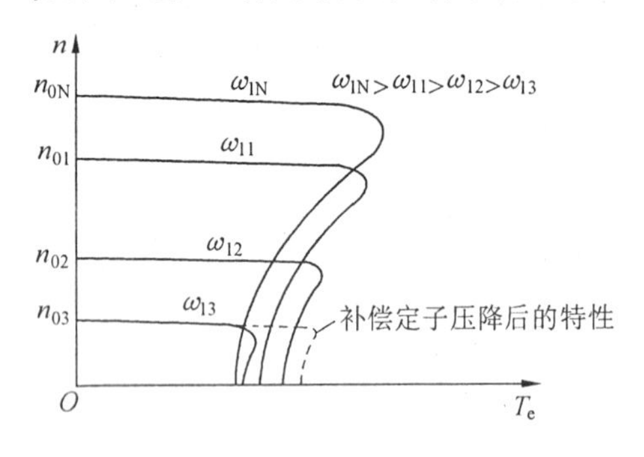

图 6.4 恒压频比控制时变频调速的机械特性

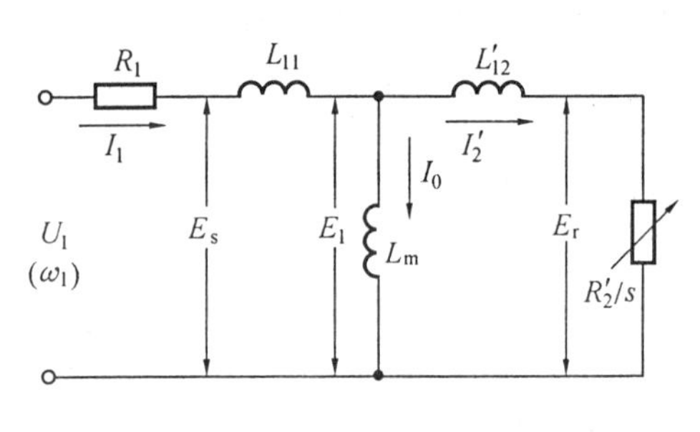

图 6.5 感应电动机稳态等效电路和感应电动势

降以后,能维持 E_1/ω_1 为恒值(基频以下),则由式(6.2)可知,无论频率高低,每极磁通 Φ_m 均为常值,且由图 6.5 等效电路可以得到

$$I'_2 = \frac{E_1}{\sqrt{\left(\frac{R'_2}{s}\right)^2 + \omega_1^2 L'^2_{12}}} \tag{6.12}$$

将它代入电磁转矩基本关系式,得

$$T_e = \frac{3p}{\omega_1} \frac{E_1^2 R'_2/s}{\left(\frac{R'_2}{s}\right)^2 + \omega_1^2 L'^2_{12}} = 3p\left(\frac{E_1}{\omega_1}\right)^2 \frac{s\omega_1 R'_2}{R'^2_2 + s^2\omega_1^2 L'^2_{12}} \tag{6.13}$$

这就是恒 E_1/ω_1 时的机械特性方程式。

利用与前相似的分析方法,当 s 很小时,可忽略式(6.13)分母中含 s^2 项,则

$$T_e \approx 3p\left(\frac{E_1}{\omega_1}\right)^2 \frac{s\omega_1}{R'_2} \propto s \tag{6.14}$$

这表明机械特性的这一段近似为一条直线。当 s 接近 1 时,可忽略式(6.13)分母中的 R'^2_2 项,则

$$T_e \approx 3p\left(\frac{E_1}{\omega_1}\right)^2 \frac{R'_2}{s\omega_1 L'^2_{12}} \propto \frac{1}{s} \tag{6.15}$$

这是一段双曲线。s 值为上述两段中间值时,机械特性在直线和双曲线之间逐渐过渡,整条特性与恒压频比特性相似。但是,对比式(6.5)和式(6.13)可以看出,恒 E_1/ω_1 特性分母中含项的参数要小于恒 U_1/ω_1 特性中的同

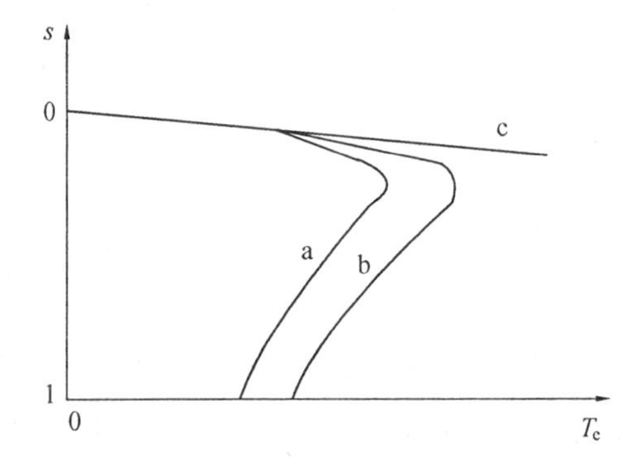

图 6.6 不同电压 - 频率协调控制方式时的机械特性

a— 恒 U_1/ω_1 控制 b— 恒 E_1/ω_1 控制

c— 恒 E_r/ω_1 控制

类项，也就是说，s 值要更大一些才能使该项占有显著的份量，从而不被忽略，因此恒 E_1/ω_1 特性的线性段范围更宽。图 6.6 中绘出了不同控制方式时的机械特性。

将式(6.13) 对 s 求导，并令 $\mathrm{d}T_e/\mathrm{d}s = 0$，可得恒 E_1/ω_1 控制特性在最大转矩时的转差率

$$s_m = \frac{R_2'}{\omega_1 L'_{12}} \tag{6.16}$$

和最大转矩

$$T_{emax} = \frac{3}{2}p\left(\frac{E_1}{\omega_1}\right)\frac{1}{L'_{12}} \tag{6.17}$$

值得注意的是，在式(6.17) 中，当 E_1/ω_1 为恒值时，T_{emax} 恒定不变。可见恒 E_r/ω_1 控制的稳态性能是优于恒 U_1/ω_1 控制的，这正是恒 U_1/ω_1 控制中补偿定子压降所追求的目标。

(3) 恒 E_r/ω_1 控制

如果把电压 - 频率协调控制中的电压 U_1 进一步再提高一些，把转子漏抗(见图 6.5) 上的压降也抵消掉，便得到恒 E_r/ω_1 控制，那么，机械特性会怎样呢？由图 6.5 可写出

$$I'_2 = \frac{E_r}{R'_2/s} \tag{6.18}$$

代入电磁转矩基本关系式，得

$$T_e = \frac{3p}{\omega_1}\frac{E_r^2}{\left(\frac{R'_2}{s}\right)^2}\frac{R'_2}{s} = 3p\left(\frac{E_r}{\omega_1}\right)^2\frac{s\omega_1}{R'_2} \tag{6.19}$$

不必再作任何近似就可知道，这时的机械特性 $T_e = f(s)$ 完全是一条直线，也把它画在图 6.6 上。显然，恒 E_r/ω_1 控制的稳态性能最好，可以获得和直流电机一样的线性机械特性，这正是高性能交流变频调速所要求的性能。

问题是，怎样控制变频装置的电压和频率才能获得恒定的 E_r/ω_1 呢？按照电动势和磁通的关系[见式(6.2)]，当频率恒定时，电动势与磁通成正比。在式(6.2) 中，气隙磁通的感应电动势 E_1 对应于气隙磁通幅值 Φ_m，那么，转子全磁通的感应电动势 E_r 就应该对应于转子全磁通幅值 Φ_{rm}，即

$$E_r = 4.44 f_1 N_1 k_{w1} \Phi_{rm} \tag{6.20}$$

由此可见，只要能够按照转子全磁通幅值 Φ_{rm} = 恒值进行控制，就可以获得恒 E_r/ω_1 控制。这正是矢量控制系统所遵循的原则，这将在第 8 章中详细讨论。

(4) 小结

综上所述，在正弦波供电时，按不同规律实现电压 - 频率协调控制可得到不同类型的机械特性。

恒压频比(U_1/ω_1 = 恒值)控制最容易实现,它的变频机械特性基本上是平行下移的,硬度也较好,能够满足一般的调速要求,但低速带载能力有些差,须对定子压降实行补偿。

恒 E_1/ω_1 控制是通常对恒压频比控制实行电压补偿的目标,在稳态时可以达到Φ_m = 恒值,从而改善低速性能。但是,它的机械特性还是非线性的,产生转矩的能力仍受限制。

恒 E_r/ω_1 控制可以得到和他励直流电动机一样的线性机械特性,按照转子全磁通 Φ_{rm} 恒定进行控制,即得 E_r/ω_1 恒值,在稳态和动态都能保持 Φ_{rm} 恒定是矢量控制系统的目标,当然实现起来是比较复杂的。

6.3.3 基频以上变频调速时的机械特性

在基频 f_{1N} 以上变频调速时,由于电压 $U_1 = U_{1N}$ 不变,式(6.5)的机械特性方程式可写成

$$T_e = 3pU_{1N}^2 \frac{sR'_2}{\omega_1[sR_1 + R'_2 + s^2\omega_1^2(L_{11} + L'_{12})^2]} \tag{6.21}$$

而式(6.11)的最大转矩表达式可改写成

$$T_{emax} = \frac{3}{2}pU_{1N}^2 \frac{1}{\omega_1[R_1 + \sqrt{R_1^2 + \omega_1^2(L_{11} + L'_{12})^2}]} \tag{6.22}$$

同步转速的表达式仍和式(6.8)一样。由此可见,当角频率 ω_1 提高时,同步转速随之提高,最大转矩减少,机械特性上移,其形状基本相似,如图6.7所示。

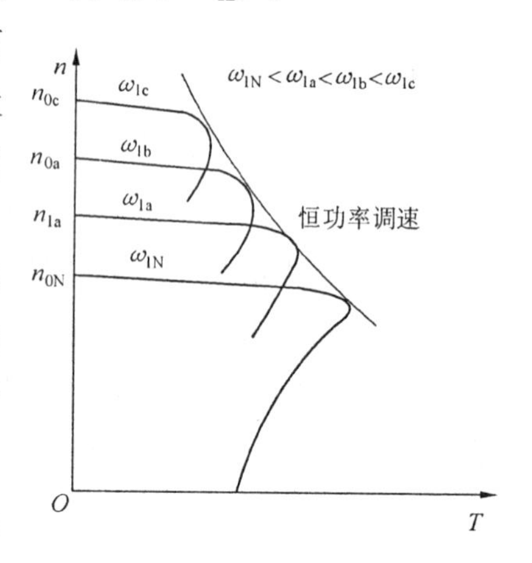

图 6.7 基频以上变频调速的机械特性

由于频率提高而电压不变,气隙磁动势势必减弱,导致转矩的减小,但转速升高了,可以认为输出功率基本不变。所以,基频以上变频调速属于弱磁恒功率调速。

最后应该指出,以上所分析的机械特性都是在正弦波电压供电下的情况。如果电压源含有谐波,将使机械特性受到扭曲,并增加电机中的损耗。因此,在设计变频装置时,应尽量减少输出电压中的谐波。

6.3.4 正弦波恒流供电时的机械特性

在变频调速时,保持感应电动机定子电流 I_1 的幅值恒定,叫做恒流控制。电流幅值恒定是通过带 PI 调节器的电流闭环控制实现的,这种系统不仅安全可靠,而且具有良好的动静态性能。恒流供电时的机械特性是与上面分析的恒压供电时的机械特性不同的。设电流波形仍为正弦波,忽略谐波,由图6.5所示的等效电路在恒流供电情况下,可得

$$I'_2 = I_1 \frac{\dfrac{1}{R'_2/s + \mathrm{j}\omega_1 L'_{12}}}{\dfrac{1}{\dfrac{R'_2}{s} + \mathrm{j}\omega_1 L'_{12}} + \dfrac{1}{\mathrm{j}\omega_1 L_m}}$$

电流幅值为

$$I'_2 = \frac{\omega_1 L_m I_1}{\sqrt{\left(\dfrac{R'_2}{s}\right)^2 + \omega_1^2 (L_m + L'_{12})^2}} \tag{6.23}$$

将式(6.23)代入电磁转矩表达式得

$$T_e = \frac{3p}{\omega_1} I_2'^2 \frac{R'_2}{s} = \frac{3p}{\omega_1} \omega_1 L_m^2 I_1^2 \frac{R'_2/s}{(R'_2/s)^2 + \omega_1^2 (L_m + L'_{12})^2} =$$

$$3p\omega_1 L_m^2 I_1^2 \frac{R'_2 s}{R_2'^2 + s^2 \omega_1^2 (L_m + L'_{12})^2} \tag{6.24}$$

取 $\mathrm{d}T_e/\mathrm{d}s = 0$,可求出恒流机械特性的最大转矩值

$$T_{\mathrm{emax}} \big|_{I_1 = \mathrm{const}} = \frac{3p I_1^2 L_m^2}{2(L_m + L'_{12})} \tag{6.25}$$

产生最大转矩时的转差率为

$$s_{\mathrm{m}} \big|_{I_1 = \mathrm{const}} = \frac{R'_2}{\omega_1 (L_m + L'_{12})} \tag{6.26}$$

在电机学中恒压机械特性的最大转矩

$$T_{\mathrm{emax}} \big|_{U_1 = \mathrm{const}} = \frac{3pU_1^2}{2\omega_1 [R_1 + \sqrt{R_1^2 + \omega_1^2 (L_{11} + L'_{12})^2}]} \tag{6.27}$$

此时的转差率为

$$s_{\mathrm{m}} \big|_{U_1 = \mathrm{const}} = \frac{R_2'}{\sqrt{R_1^2 + \omega_1^2 (L_{11} + L'_{12})^2}} \tag{6.28}$$

按式(6.24)、(6.26)绘出不同电流、不同频率下的恒流机械特性如图6.8所示。

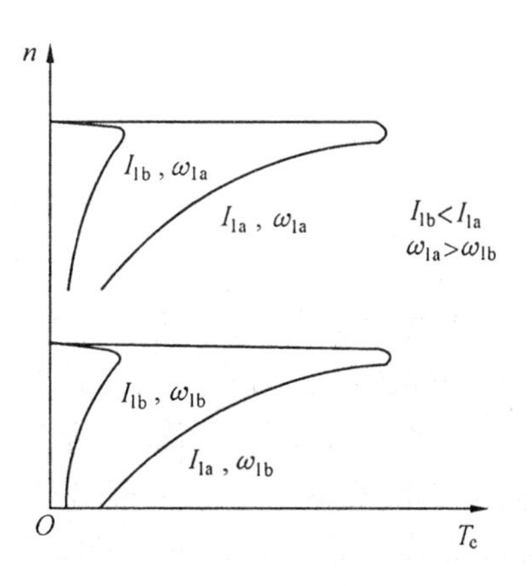

图 6.8　恒流供电时感应电动机的机械特性

由上述表达式和曲线可以得出以下的结论:

(1) 恒流机械特性与恒压机械特性的形状是相似的,都有理想空载转速点 $s = 0$ 和最大转矩点 $T_e = T_{\mathrm{emax}}$。

(2) 恒流机械特性的最大转矩值与频率 ω_1 无关[见式(6.25)]。恒流变频时最大转矩不变,但改变定子电流时,最大转矩与电流的二次方成正比。

(3) 比较式(6.26) 和式(6.28)，由于 $L_{11} \ll L_m$，所以 $s_m|_{I_1=\text{const}} \ll s_m|_{U_1=\text{const}}$。因此，恒流机械特性的线性段比较平，而最大转矩处形状很尖。

(4) 由于恒流控制限制了 I_1，而恒压供电时随着转速的降低电流 I_1 会不断增大，所以在额定电流时的 $T_{emax}|_{I_1=\text{const}}$ 要比额定电压时的 $T_{emax}|_{U_1=\text{const}}$ 小得多，用同一台电机的参数代入式(6.25) 和式(6.27) 可以说明这个结论。但这并不影响恒流控制系统承担短时过载的能力，因为过载时可以加大定子电流，以产生更大的转矩，见图 6.8。

6.4 电力变压变频装置

感应电动机的变压变频调速的核心是如何协调改变电压和频率。然而工业用电是恒压、恒频电源。必须配备电力变压变频装置，即 VVVF 装置。这里 VVVF 是英文 Variable Voltage Variable Frequency 的缩写。

6.4.1 间接变压变频装置

间接变压变频装置的特点是，先将 50Hz 工频电源整流成直流电流或电压，然后再通过逆变器转换成频率可控的交流电。图 6.9 是三种不同结构形式的间接变压变频装置。

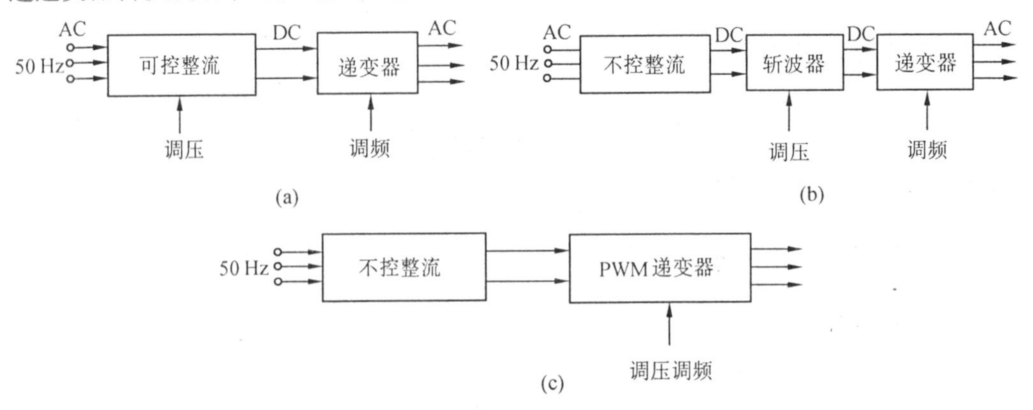

图 6.9 三种不同结构的间接变压变频装置
(a) 可控整流调压，六拍逆变器调频
(b) 三相桥整流，斩波调压，六拍逆变器调频
(c) 三相桥整流，PWM 逆变器调压调频

1. 可控整流调压，逆变器调频方式

图 6.9(a) 所示是利用可控整流调压，利用逆变器调频，其结构简单，控制方便，但是，由于可控整流采用晶闸管，当电压调低时，电网端功率因数较低，而且对电网的开关污染比较严重。而输出逆变器一般采用六拍逆变方式。逆变器由六个晶闸管构成，如图 6.10，每个晶闸管导通 120°，间隔 60°，而各相之间相位差 120°，这种导通方式与第 4 章中方波无刷电动机类似。图 6.11 则是 120° 导通逆变器的开关状态及输出电压波形。图中(a) 是晶闸管功率开关的开关状态，高电平表示导通，低电平关断与第四章中 120° 导通的方波无刷电动机相同。由于上下桥臂导通有 60° 时间间隔，不会发生桥臂“直通” 现象，并为晶闸管

(SCR) 提供了换流所需的时间。其逆变器还可以采用 180° 导通方式，为了防止上下桥臂“直通”，提供换流时间，需要 12 个开关状态，而逆变器输出电压波形仍是六拍。由于拍数有限，合成磁场矢量按每周六拍跳变，低频旋转时电机轴将出现蠕动或步进现象。这种方案并不理想。

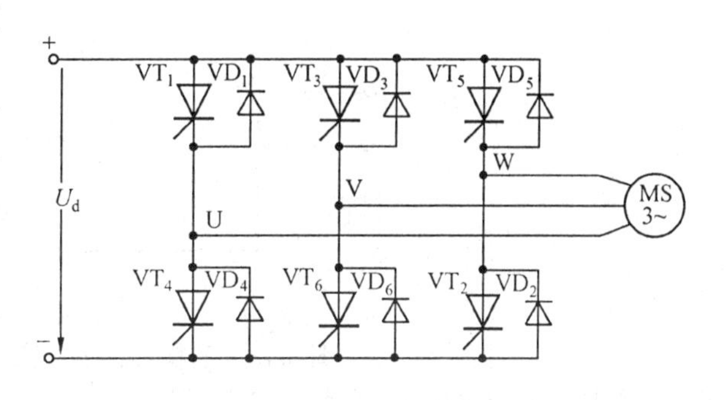

图 6.10　由六个晶闸管构成的三相逆变器

2. 用全桥全波整流，斩波器调压，再用逆变器调频

如图 6.9(b)。这种方法与上面的相比多了一个环节，但由于全波整流，斩被器调压时输入功率因数不变。逆变器部分未变，仍有谐波脉动大的问题。

3. 用全桥全波整流，脉宽调制（PWM）逆变器同时调压和调频

如图 6.9(c)。这种方法又前进一步，通过使用电力电子器件 IGBT，使开关频率提高到 18kHz 以上，其逆变器输出已非常接近正弦波。所以这种逆变器又称为正弦波脉宽调制（Sine PWM—SPWM）逆变器。这种逆变器已经获得广泛应用，本章将给出详细分析和介绍。

6.4.2　直接变压变频装置

直接变压变频装置的结构如图 6.12 所示。它只用一个变换环节，就可以把恒压恒频（CVCF）的交流电源变换成 VVVF 电源，因此，称之为“直接”变压变频装置或交 - 交变压变频装置。有时为了表现其功能，又称周波变换器（Cycle Converter）。

常用的交 - 交变压变频装置输出的每一相都采用一个两组晶闸管整流装置反并联的可逆线路（见图 6.13(a)）。正、反向两组按一定周期相互切换，在负载上就获得交变的输出电压 u_o，它的幅值决定于各组整流装置的控制角 α，u_o 的频率决定于两组整流装置的切换频率。如果控制角 α 一直不变，则输出平均电压是方波，如图 6.13(b) 所示。要得到正弦波输出，就必须在每一组整流器导通期间不断改变其控制角，例如，在正向组导通的半个周期中，使控制角 α 由 $\pi/2$（对应于平均电压 $u_o = 0$）逐渐减小

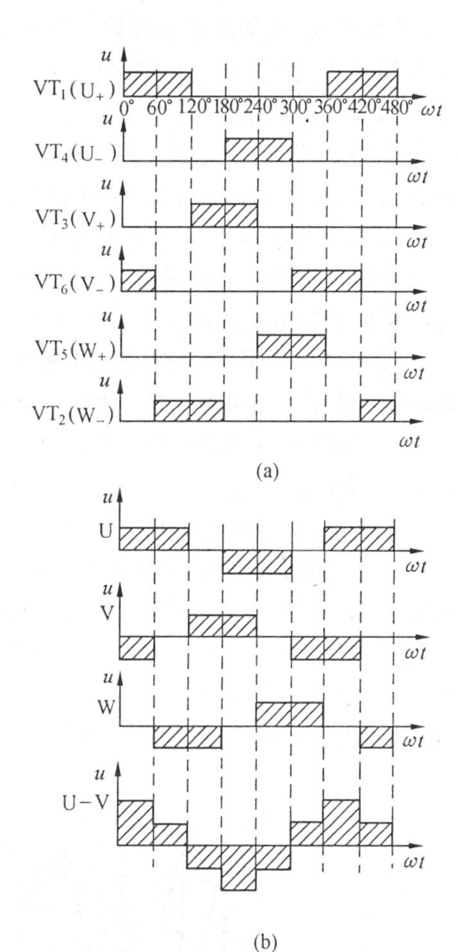

图 6.11　120° 导通型开关状态及输出电压波形

(a) 开关状态　(b) 输出电压波形

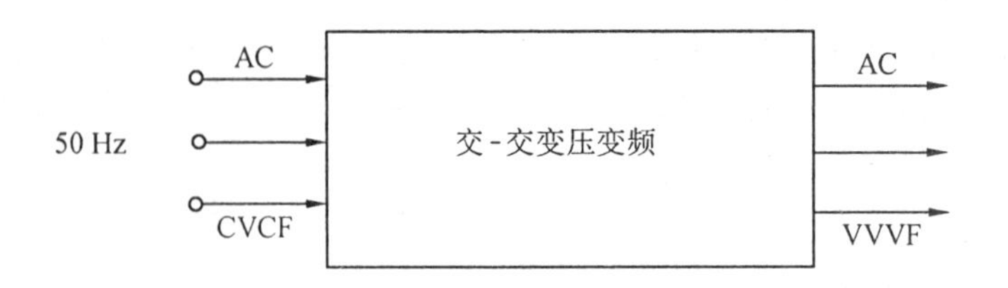

图 6.12　直接(交 - 交)变压变频装置

到 0(对应于平均电压 u_o 最大),然后再逐渐增加到π/2,也就是使 α 角在π/2 ~ 0 ~ π/2 之间变化,则整流的平均输出电压 u_o 就由零变到最大值再变到零,呈正弦规律变化,如图 6.14 所示。图中,在 A 点,$\alpha = 0$,平均整流电压最大,然后在 B、C、D、E 点,α 逐渐增大,平均电压减小,直到 F 点,$\alpha = \pi/2$,平均电压为零,半周中平均输出电压为图中虚线所示的正弦波。对反向组负半周的控制也是这样。

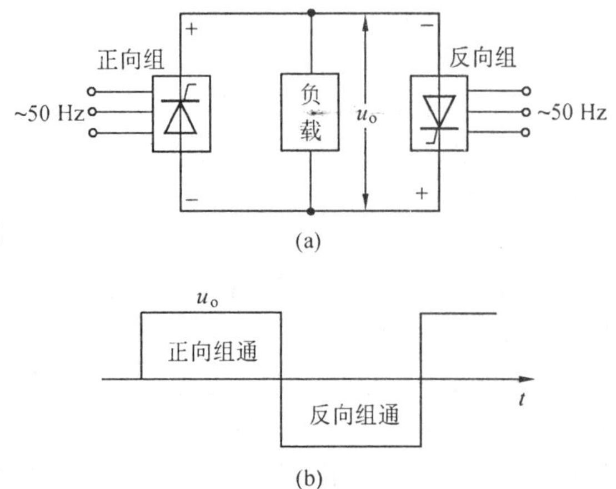

图 6.13　交 - 交变压变频装置单相电路及方波电压波形
(a) 电路原理图
(b) 方波平均输出电压波形

以上只分析了交 - 交变压变频的单相输出,对于三相负载,其他两相也各用一套反并联的可逆线路,输出平均电压相位依次相差 120°。这样,如果每个整流器都有桥式电路,三相变压变频装置共用三套反并联线路,共需 36 个晶闸管(当每一桥臂只用一个时),若采用零式电路,也需要 18 个晶闸管。因此,交 - 交变压变频装置虽然在结构上只有一个变换环节,省去了中间直流环节,但所用器件的数量更多,总设备相当庞大。但这些设备都是直流调速系统中常用的可逆整流装置,在电源电压过零时自然换相,技术上已很成熟,对器件没有什么特殊要求。

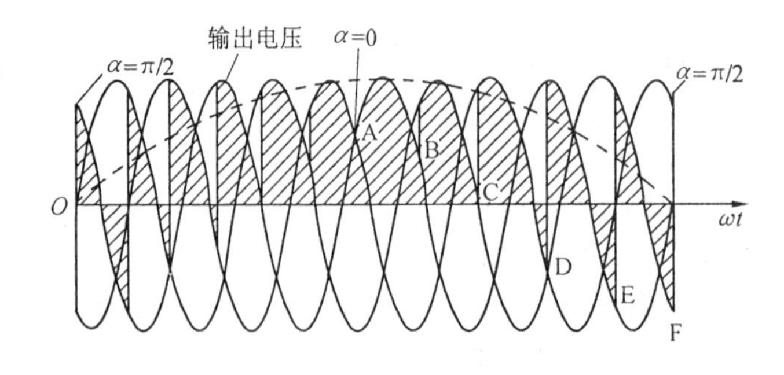

图 6.14　正弦波交 - 交变压变频装置的单相输出电压波形

由图 6.14 还可看出，电压反向时最快也只能沿着 50Hz 电源电压的正弦波形变化。受到输出谐波电流以及脉动转矩的限制，交 - 交变压变频装置的最高输出频率不超过电网频率的 1/3 ~ 1/2。鉴于这类装置的器件数量多而输出频率低，一般只用于低转速、大容量的调速系统，如轧钢机、球磨机、水泥回转窑等。这类机械采用交 - 交变压变频装置供电的低速电机直接传动，可以省去庞大的齿轮减速箱。这种大容量设备如果采用其他类型的变压变频装置，常需晶闸管并联才能满足输出功率的要求，器件的数量也不会少。而采用交 - 交变压变 频时，容量分别由三相可逆整流装置承担，在每个整流桥臂中可能无需并联器件了。随着 IGCT 功率器件的出现，相信交 - 交变压变频装置会被使用 IGCT 的 SPWM 方法所代替。

6.5 正弦波脉宽调制原理和方法

6.5.1 SPWM 的调制方式

如图 6.15 所示，在一个调制信号周期内所包含的三角载波的个数称为载波频率比。在变频过程中，即调制信号周期变化过程中，载波个数不变的调制称为同步调制，载波个数相应变化的调制称为异步调制。

1. 同步调制

在改变信号周期的同时成比例地改变载波周期，使载波频率与信号频率的比值保持不变。这种调制的优点是，在开关频率较低时可以保证输出波形的对称性。对于三相系统，为了保证三相之间对称，每相互差 120° 相位角，且通常取载波频率比为 3 的整数倍。为了保证双极性调制时每相波形的正、负半波对称，上述倍数必须是奇数，这样在信号波的 180° 处，载波的正、负半周恰好分布在 180° 处的左右两侧。由于波形的左右对称，就不会出现偶次谐波问题。但是这种调制，在信号频率较低时，载波的数量显得稀疏，电流波形脉动大，谐波分量剧增，电动机的谐波损耗及脉动转矩也相应增大。此时，载波的边频带（载波与基波的差频）靠近信号基波，容易干扰基波频域。另外，这种调制由于载波周期随信号周期连续变化而变化，利用微处理机进行数字化控制时，难以实现。

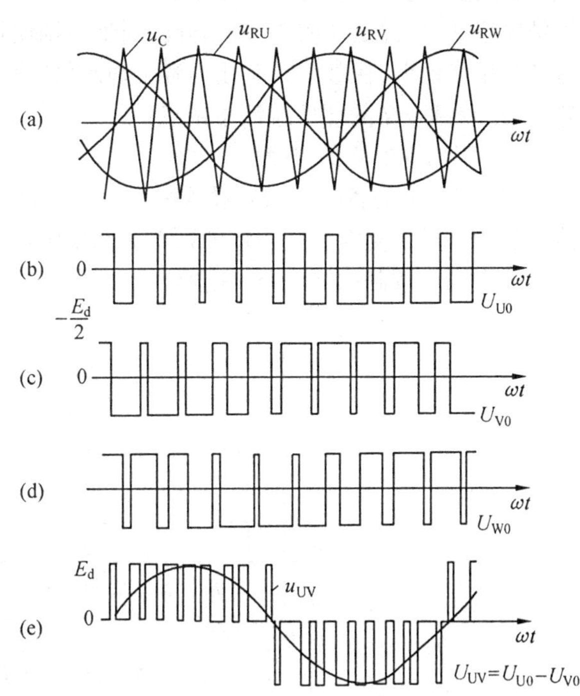

图 6.15 双极性调制的三相 SPWM 波形

随着高速半导体功率器件，比如 IGBT 的开发和普及应用，功率器件的开关频率可以做得很高，比如 10 ~ 100kHz。当然在变频器中通常很少用在 18kHz 以上，否则开关损耗和输出电流的交越失真将变得相当严重。在这样高的载波频率下，多一个或少一个载波对输出电流对称性的影响微之甚微，以致可以忽略不计。因此，在载波频率较高时同步调制几乎失去了应用的价值。

2. 异步调制

在调制信号周期变化的同时，载波周期仍保持不变，因此，载波频率与信号频率之比随之变化。这种调制的缺点恰好是同步调制的优点，即如果载波频率较低，将会出现输出电流波形正、负半周不对称、相位漂移及偶次谐波等问题。但是，在 IGBT 等高速功率开关器件的情况下，由于载波频率可以做得很高，上述缺点实际上已小到完全可以忽略的程度。反之，正由于是异步，在低频输出时，一个信号周期内，载波个数成数量级增多，这对抑制谐波电流、减轻电动机的谐波损耗及转矩脉动大有好处。而且，由于此时载波频率比很大，载波的边频带远离信号基波频率，因此不存在载波边频带与基波之间的相互干扰问题。另外，由于载波频率是固定的，也利于微处理机进行数字化控制。

3. 分段同步调制

对于 GTR 和 GTO 之类开关频率不很高的功率器件，单使用同步调制或异步调制都有失偏颇，此时多采用分段同步调制。即在恒转矩区，低速段采用异步调制，高速段采用同步调制；而在恒功率区索性使用方波，以期获得较高的输出电压，如图 6.16 所示。图中 N 为载波频率比，且都是 3 的奇数倍。分段同步调制使得开关频率限制在一定的范围内，而且载波频率变低后，在载波频率比为各个确定值的范围内，可以克服异步调制的缺点，保证输出波形对称。N 的切换应注意两点：

(1) 不出现电压的突变。

(2) 在切换的各临界点处设置一个滞环区，以免在输出频率恰落在切换点附近时造成载波频率反反复复变换不定的所谓振荡现象。

分段同步调制的缺点是，在值切换时可能出现电压突变甚至振荡。

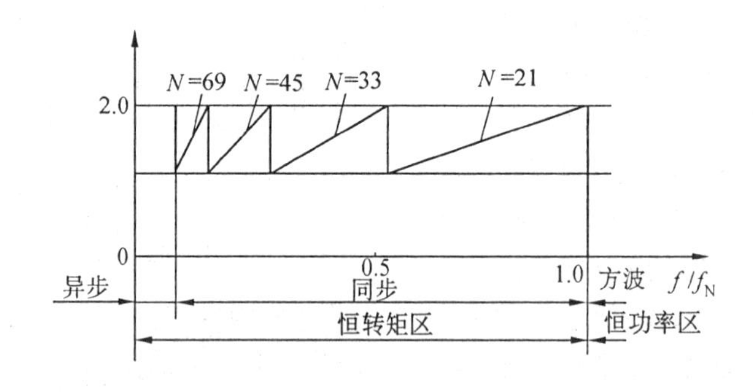

图 6.16　分段同步调制方法

6.5.2　脉宽调制(PWM)

脉宽调制(PWM—Pulse Width Modulation) 是利用相当于基波分量的信号波对三角载波进行调制，达到调节输出脉冲宽度的一种方法，如图 6.17。图中(a) 为 U、V、W 三相正弦调制波分别被三角载波进行调制；(b)、(c)、(d) 为电机输入端 U、V、W 对直流电源中点 0

的电位；(e) 为电机三相绕组中心点N对直流电源中点0的电位；(f)、(g)、(h) 为三相输出线电压；(i) 为 U 相输出端对三相绕组中心点的相电压。这里所谓相当于基波分量的信号波并不一定指正弦波，在 PWM 优化模式控制中可以是预畸变的信号波。正弦信号波是一种最通俗的调制信号，但决不是最优信号。而三角载波也只是为了形象说明调制原理而借用或用模拟电路产生 PWM 脉冲时必须采用的波形。在用数字化控制技术产生 PWM 脉冲时，三角载波实际上并不存在，而被软件代替了，这既可减少硬件投资又能提高系统可靠性。

不同信号波调制后生成的PWM脉宽对变频效果，比如输出基波电压幅值、基波转矩、脉动转矩、谐波电流损耗、功率半导体开关器件的开关损耗等的影响差异很大。

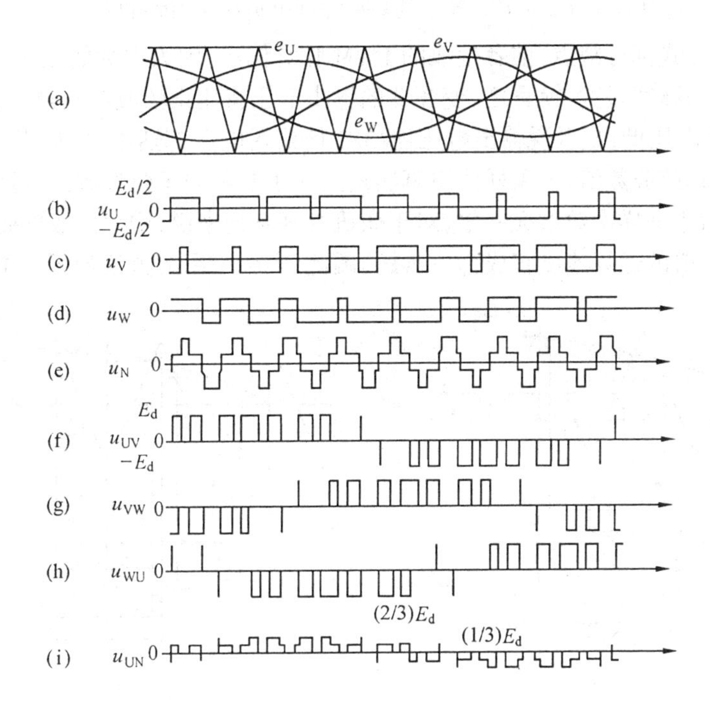

图 6.17　三相 PWM 调制波形

1. 正弦波 PWM(SPWM)

正弦波 PWM 的信号波为正弦波，如图 6.17 所示，其脉冲宽度是由正弦波和三角载波自然相交生成的，故称之为自然采样。根据采样规则的不同，又可分为对称规则采样和不对称规则采样两种。为便于分析，把图 6.17(a) 的一个载波周期波形进行放大，如图 6.18(a)、(b) 所示。设 α 为调制深度，则由图 6.18(a) 得

$$\begin{cases} t_{off} = \dfrac{T_s}{4}(1 - \alpha\sin\omega_1 t_1) \\ t_{on} = \dfrac{T_s}{4}(1 + \alpha\sin\omega_1 t_1) \end{cases} \tag{6.29}$$

脉冲宽度

$$t_{pw} = 2t_{on} = \frac{T_s}{2}(1 + \alpha\sin\omega_1 t_1) = \frac{T_t}{2}(1 + \alpha\sin\omega_1 t_1) \tag{6.30}$$

由图 6.18(b) 得

$$t_{off} = \frac{T_s}{4}(1 - \alpha\sin\omega_1 t_1)$$

$$t_{on} = \frac{T_s}{4}(1 + \alpha\sin\omega_1 t_1)$$

$$t'_{on} = \frac{T_s}{4}(1 + \alpha\sin\omega_1 t_2)$$

$$t'_{off} = \frac{T_s}{4}(1 - \alpha\sin\omega_1 t_2)$$

脉冲宽度 $$t_{pw} = t_{on} + t'_{on} = \frac{T_t}{2}\left[1 + \frac{\alpha}{2}(\sin\omega_1 t_1 + \sin\omega_1 t_2)\right] \tag{6.31}$$

上述两种方式都有缺点。前者生成的 PWM 脉宽偏小,因为实际的正弦波与三角载波的交点所确定的脉宽要宽。换言之,变频器的输出电压将比正弦波与三角波直接比较生成 PWM 时输出的电压低,或者说输出电压连$\sqrt{3}/2$倍输入电压都达不到。后者在一个载波周期里采样两次正弦波数值,该采样值更真实地反映了实际的正弦波数值,显然其输出电压高于前者。但由于采样次数增大一倍,对于微机处理系统来说,增大了数据处理量。当载波频率较高时,微机的运算速度将成为一难题。因此,实际采用的方法如图 6.18(c) 所示,此

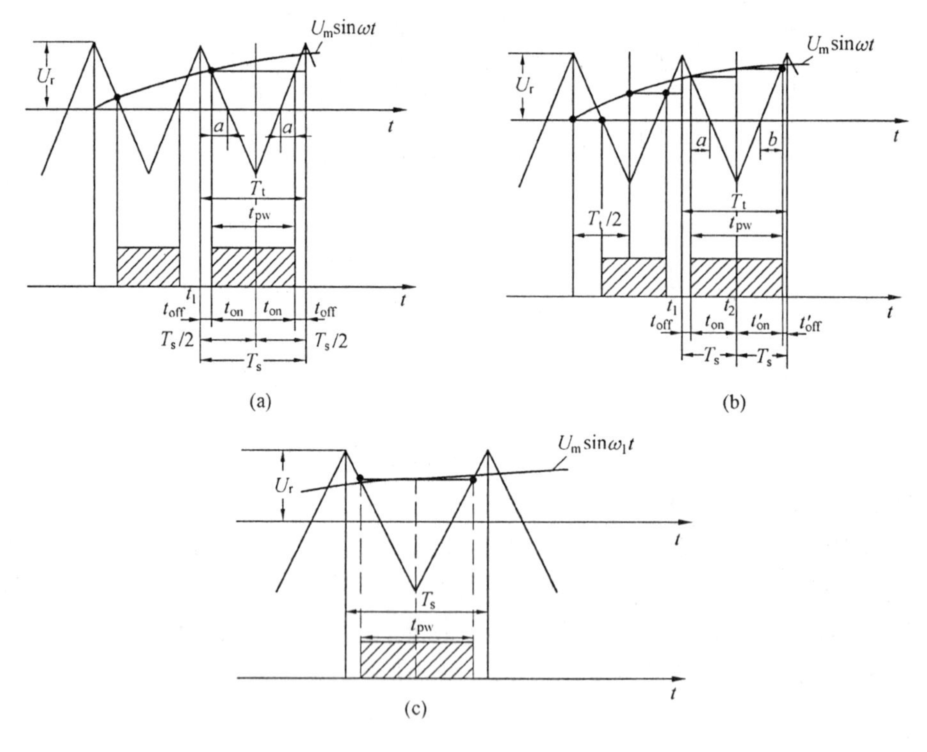

图 6.18 规则采样 PWM

(a) 对称 (b) 不对称 (c) 平均对称规则采样

称之为平均对称规则采样。采样时刻设在三角载波的谷点处。以此刻的正弦波数值为中心,引一水平线与两侧的三角载波相交,确定 PWM 脉冲的前后沿。虽然此时后沿仍较窄,

但前沿却较宽，平均起来考虑，与正弦波和三角波直接比较的基本相当。此时的脉冲宽度

$$t_{pw} = T_s(1 + \alpha\sin\omega_1 t)/2 \tag{6.32}$$

平均对称规则采样使输出电压较图 6.18(a)、(b) 两种方式高，且每个采样周期只采样一次正弦调制波，微机处理时的工作量相对也减少了。因此本方式被广泛采用。

2. 正弦波 PWM 的谐波特性

图 6.19 为单相全桥式变频器的主回路。当 V_1 和 V_4 导通时，输出电压 U_{UV} 为 $+E_d$，而 V_2 和 V_3 导通时输出电压 U_{UV} 为 $-E_d$。当 V_1、V_3 或 V_2、V_4 导通时，$U_{UV} = 0$。调节上述输出电压 $+E_d$ 和 $-E_d$ 的宽度比，可以获得所期望的输出电压波形，如图 6.20 所示。

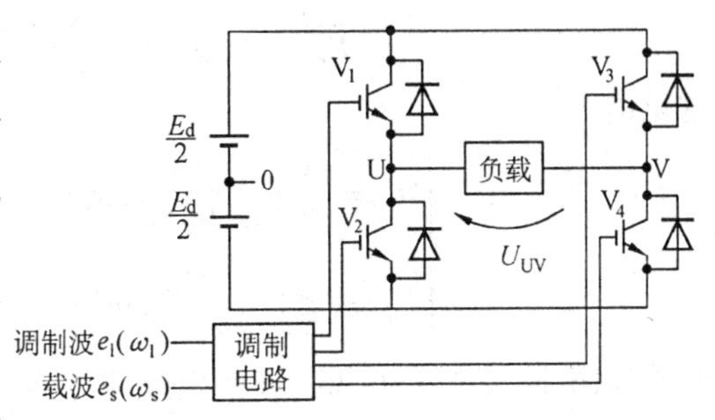

图 6.19　单相 PWM 变频器的基本回路

图 6.20 示出了正弦波平均对称规则采样的调制原理（参阅图 6.18(c)），图 6.21 为图 6.20 的局部放大示意图，T_s 为采样周期。由图知道，输出脉冲的宽度 t_{Pw} 取决于在该脉冲的中心点 $\omega_s t = 0$（ω_s 为采样角频率）时刻所采样到的调制波 $e_1 = \alpha\sin\omega_1 t$ 的数值，且该脉冲宽度总是以采样点 0 为中心左右对称。当调制度 $\alpha = 0$ 时，调制波 e_1 的高度为 0，变频器的输出电压为一系列通电率为 50% 的方波。即 $\alpha = 0$ 时，$\theta_1 = -\pi/2$，$\theta_2 = \pi/2$；当 $\alpha > 0$ 时，θ_1 和 θ_2 分别为

$$\begin{cases} \theta_1 = -\dfrac{\pi}{2} - \dfrac{1}{2}\alpha\pi\sin\omega_1 t \\ \theta_2 = \dfrac{\pi}{2} + \dfrac{1}{2}\alpha\pi\sin\omega_1 t \end{cases} \tag{6.33}$$

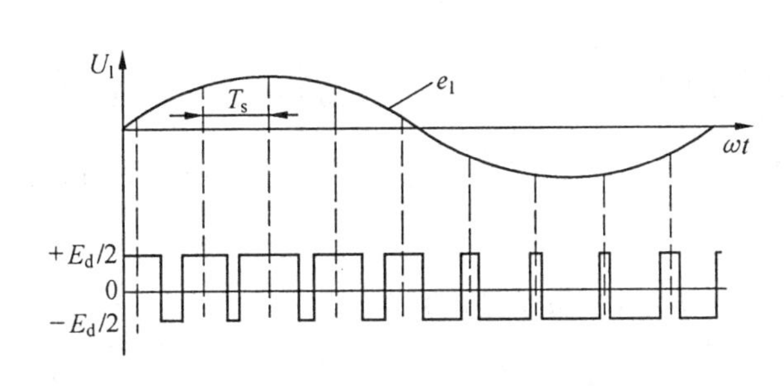

图 6.20　正弦波平均对称规则采样

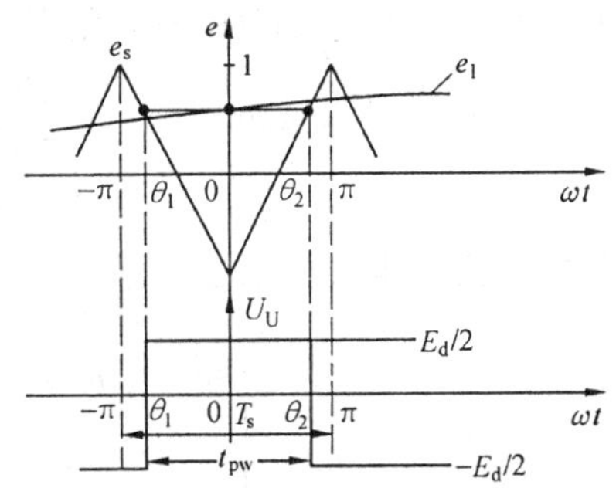

图 6.21　对称规则采样的局部放大

(1) 单相变频器输出电压的谐波分析

先考虑 U 点相对于直流侧电压中点 0 的电位 U_U。当 V_1 导通 V_2 截止时，$U_U = E_d/2$；反之，当 V_1 截止 V_2 导通时，$U_U = -E_d/2$。

在异步式 PWM 调制时，各个调制波周期内所含的脉冲模式不具备重复性，因此，无法以调制波的角频率 ω_1 为基准，对谐波分量进行傅里叶展开分析。这种情况下，不加以载波的角频率 ω_s 为基准来考察载波的边频带更为合理。在规则采样情况下，由图 6.21 显然可

以得到

$$\begin{cases} U_U = -E_d/2 & \omega_s t \leqslant \theta_1 \quad or \quad \omega_s t \geqslant \theta_2 \\ U_U = E_d/2 & \theta_1 < \omega_s t < \theta_2 \end{cases} \tag{6.34}$$

对$\dfrac{U_U}{E_d/2}$进行傅里叶展开,可以得到

$$\frac{U_U}{E_d/2} = \frac{1}{2}a_0 + \sum_{n=1}^{\infty}(a_n \cos n\omega_s t + b_n \sin\omega_s t) \tag{6.35}$$

这里由于

$$\begin{cases} a_n = \dfrac{1}{\pi}\displaystyle\int_{-\pi}^{\pi}\frac{U_U}{E_d/2}\cos(n\omega_s t)\mathrm{d}(\omega_s t) & n = 0,1,2,\cdots \\ b_n = \dfrac{1}{\pi}\displaystyle\int_{-\pi}^{\pi}\frac{U_U}{E_d/2}\sin(n\omega_s t)\mathrm{d}(\omega_s t) & n = 1,2,\cdots \end{cases} \tag{6.36}$$

兼顾式(6.34),对式(6.36)进行积分,可以得到

$$\begin{cases} a_0 = -\dfrac{2}{\pi}(\pi + \theta_1 - \theta_2) \\ a_n = \dfrac{2}{n\pi}[\sin(n\theta_2) - \sin(n\theta_1)] & n = 1,2,\cdots \\ b_n = \dfrac{2}{n\pi}[\cos(n\theta_2) - \cos(n\theta_1)] & n = 1,2,\cdots \end{cases} \tag{6.37}$$

把式(6.33)代入式(6.37),可以得到

$$\begin{cases} a_0 = 2\alpha\sin(\omega_1 t) \\ a_n = \dfrac{4}{n\pi}\sin\left[\dfrac{n\pi}{2} + \dfrac{\alpha n\pi}{2}\sin(\omega_1 t)\right] & n = 1,2,\cdots \\ b_n = 0 \end{cases} \tag{6.38}$$

进而把式(6.38)代入式(6.35),则有

$$\frac{U_U}{E_d/2} = \alpha\sin(\omega_1 t) + \sum_{n=1}^{\infty}\left(\frac{4}{n\pi}\right)\sin\left[\frac{\alpha n\pi}{2}\sin(\omega_1 t) + \frac{n\pi}{2}\right]\cos(n\omega_s t) \tag{6.39}$$

上式第一项是角频率为 ω_1 的基波成分,可知基波的振幅为 $\alpha E_d/2$;第二项为谐波成分,把它记为 A,并根据贝塞尔公式有

$$\begin{cases} \sin(x\sin\theta) = 2\displaystyle\sum_{l=1}^{\infty}J_{2l-1}(x)\sin(2l-1)\theta \\ \cos(x\sin\theta) = J_0(x) + 2\displaystyle\sum_{l=1}^{\infty}J_{2l}(x)\cos 2l\theta \end{cases}$$

将其展开,可以得到式(6.40),这里 J_{2l} 为 n 次的贝塞尔函数:

$$\begin{aligned} A = & \sum_{n=1}^{\infty}\left(\frac{4}{n\pi}\right)\sin\left\{\left(\frac{n\pi}{2}\right)[\alpha\sin(\omega_1 t) + 1]\right\}\cos(n\omega_s t) = \\ & \sum_{n=1}^{\infty}\left(\frac{4}{n\pi}\right)\left\{\sin\left[\frac{\alpha n\pi}{2}\sin(\omega_1 t)\right]\cos\frac{\alpha n\pi}{2} + \cos\left[\frac{\alpha n\pi}{2}\sin(\omega_1 t)\right]\sin\frac{n\pi}{2}\right\}\cos(n\omega_s t) = \\ & \sum_{n=1}^{\infty}\left(\frac{4}{n\pi}\right)\left\{2\sum_{l=1}^{\infty}J_{2l-1}\left(\frac{\alpha n\pi}{2}\right)\sin[(2l-1)(\omega_1 t)]\cos\frac{n\pi}{2} + \right. \end{aligned}$$

$$\left[J_0\left(\frac{\alpha n\pi}{2}\right)+2\sum_{l=1}^{\infty}J_{2l}\left(\frac{\alpha n\pi}{2}\right)\cos(2l)(\omega_1 t)\right]\sin\frac{n\pi}{2}\Big\}\cos(n\omega_s t) \tag{6.40}$$

下面就 n 为奇数和 n 为偶数两种情况，对上式进一步进行分析。

(1) $n = 1,3,5,\cdots$ 时，$\cos(n\pi/2) = 0$，则式(6.40)为

$$A = \sum_{n=1}^{\infty}(-1)^{(n-1)/2}\left(\frac{4}{n\pi}\right)\left[J_0\left(\frac{\alpha n\pi}{2}\right)+2\sum_{l=1}^{\infty}J_{2l}\left(\frac{\alpha n\pi}{2}\right)\cos(2l)(\omega_1 t)\right]\cos(n\omega_s t)$$

令 $k = 2l, l = 1,2,\cdots$，则

$$A = \sum_{n=1}^{\infty}(-1)^{(n-1)/2}\left(\frac{4}{n\pi}\right)\Big\{J_0\left(\frac{\alpha n\pi}{2}\right)\cos(n\omega_s t) + \sum_{k=2}^{\infty}J_k\left(\frac{\alpha n\pi}{2}\right)\left[\cos(k\omega_1 + n\omega_s)t + \cos(k\omega_1 - n\omega_s)t\right]\Big\} \tag{6.41}$$

联系到式(6.39)可以看出，角频率$(k\omega_1 \pm n\omega_s)$的谐波振幅为$\frac{E_d}{2}\frac{4}{n\pi}J_k\left(\frac{\alpha n\pi}{2}\right)$，这里 $n = 1,3,5,\cdots, k = 0,2,4,\cdots$。

(2) $n = 2,4,6,\cdots$ 时，$\sin(n\pi/2) = 0$，则式(6.40)为

$$A = \sum_{n=2}^{\infty}(-1)^{n/2}\left(\frac{4}{n\pi}\right)\Big\{2\sum_{l=1}^{\infty}J_{2l-1}\left(\frac{\alpha n\pi}{2}\right)\sin[(2l-1)(\omega_1 t)]\Big\}\cos(n\omega_s t)$$

令 $k = 2l - 1, l = 1,2,\cdots$，则

$$A = \sum_{n=2}^{\infty}(-1)^{n/2}\left(\frac{4}{n\pi}\right)\sum_{k=1}^{\infty}J_k\left(\frac{\alpha n\pi}{2}\right)\left[\sin(k\omega_1 + n\omega_s)t + \sin(k\omega_1 - n\omega_s)t\right] \tag{6.42}$$

同样可以看出，角频率为$(k\omega_1 \pm n\omega_s)$的谐波振幅为$\frac{E_d}{2}\frac{4}{n\pi}J_k\left(\frac{\alpha n\pi}{2}\right)$，式中，$n = 2,4,6,\cdots, k = 1,3,5,\cdots$。

以上情况可归纳如下：

对于图 6.19 的单相电路，如果 IGBT 导通，则必然是 V_1 与 V_4，或 V_2 与 V_3 同时导通，即 V 相的电位 U_V 总是与 U_U 反相的，$U_V = -U_U$。因此，输出电压 $U_{UV} = U_U - U_V = 2U_U$，基波分量和谐波分量的振幅将是式(6.39)、(6.41)、(6.42)所示振幅的 2 倍。在调制波为正弦波的情况下，采用平均对称规则采样方法所得到的单相变频器相电压的基波和谐波的振幅为：

① 基波成分(ω_1)的振幅 $= \alpha E_d$。

② 谐波成分$(n\omega_s \pm k\omega_1)$的振幅 $= \frac{4E_d}{n\pi} \times J_k\left(\frac{\alpha n\pi}{2}\right)$。

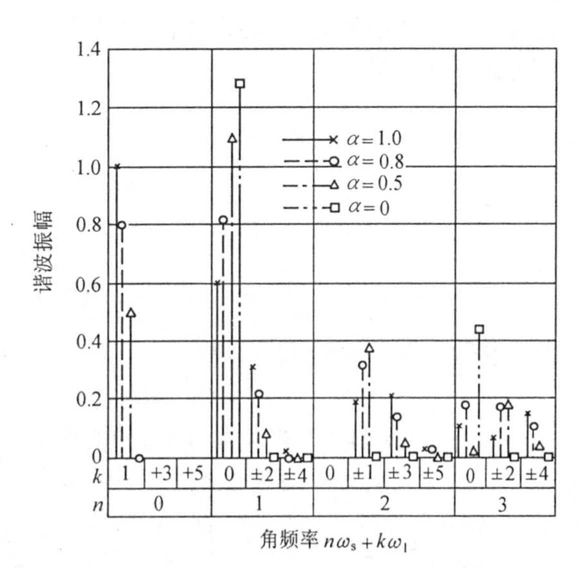

图 6.22　单相 PWM 输出相电压频谱

这里 $n = 1,3,5,\cdots$ 时，$k = 0,2,4,\cdots$；$n = 2,4,6,\cdots$ 时，$k = 1,3,5\cdots$。

图 6.22 示出了单相 PWM 变频器输出相电压的频谱，图 6.23 为实测频谱。

可以看出，在基波频域（$n = 0$），除了基波分量（$k = 1$）外，其余分量（$|k| > 1$）幅值都为 0，这与式(6.39)完全符合；当 $n = 1,3,\cdots$ 时，差频波只在 $k = 0, \pm 2, \pm 4,\cdots$ 处出现，这与式(6.41)也完全符合；当 $n = 2,4,\cdots$ 时，差频波只在 $k = \pm 1, \pm 3,\cdots$ 处出现，这与式(6.42)也完全符合。

对于图 6.19 的单相电路，如果把正弦波调制信号 e_1（见图 6.20）改为直流可变电压，则成为直流电机调压调速的一种控制方式，常用于伺服驱动，也是异步调制单相 PWM 变频器的特殊形式。

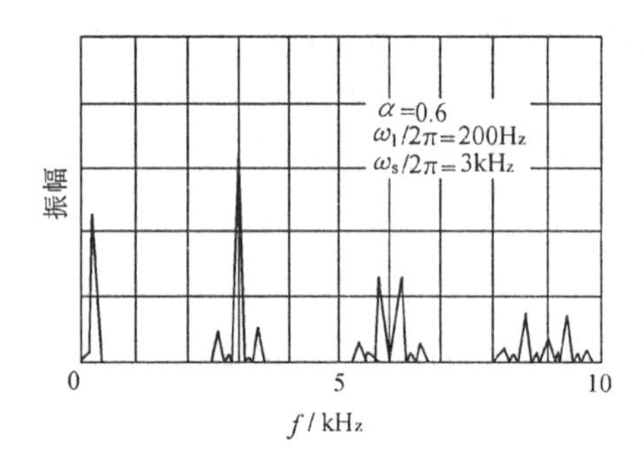

图 6.23　实测例的频谱

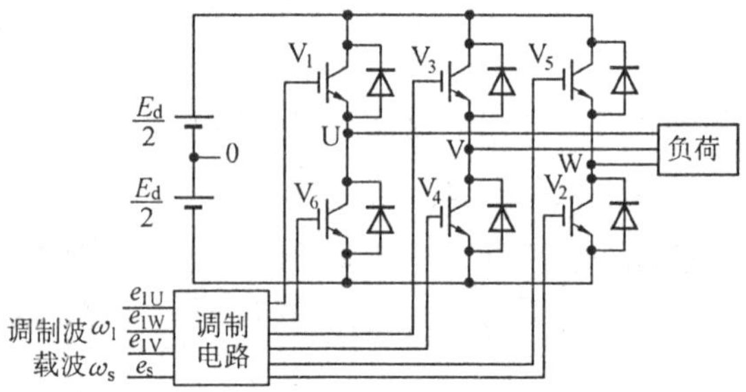

图 6.24　三相 PWM 变频器的基本电路

(2) 三相变频器输出电压的谐波分析

图6.24示出了三相PWM变频器的基本电路。在三相桥的情况，根据晶体管 $V_1 \sim V_6$ 的导通和截止的不同组合，三相输出端 U、V、W 相对于直流回路的中心点 0 的电位分别为 $E_d/2$ 或 $-E_d/2$，而输出线电压为 $+E_d$、$-E_d$、0 三种数值。现在仍然假定信号波为正弦波，而且三相采样时间是同步的，根据式(6.39)，U 相的输出电压 U_U 为式(6.43)，而输出线电压见式(6.44)。即

$$U_U = \frac{E_d}{2}\left\{\alpha\sin\omega_1 t + \sum_{n=1}^{\infty}\left(\frac{4}{n\pi}\right)\sin\left[\frac{\alpha n\pi}{2}\sin(\omega_1 t) + \frac{n\pi}{2}\right]\cos(n\omega_s t)\right\} \tag{6.43}$$

$$U_{UV} = U_U - U_V \tag{6.44}$$

再由式(6.43)、(6.44)可以得到线电压的基波成分为

$$U_{1(UV)} = \frac{E_d}{2}\left[\alpha\sin(\omega_1 t) - \alpha\sin\left(\omega_1 t - \frac{2\pi}{3}\right)\right] = \frac{\sqrt{3}}{2}\alpha E_d\sin\left(\omega_1 t + \frac{\pi}{6}\right) \tag{6.45}$$

输出线电压基波成分的振幅为

$$U_{1(UV)} = (\sqrt{3}/2)\alpha E_d \tag{6.46}$$

下面再来考察一下谐波成分 U_h 的情况。

当 $n = 1,3,5,\cdots$，$k = 2,4,6,\cdots$ 时，由式(6.41)、(6.44)可以得到

$$\frac{U_{h(UV)}}{E_d/2} = \sum_{n=1}^{\infty}(-1)^{(n+1)/2}\left(\frac{4}{n\pi}\right)\sum_{k=2}^{\infty}J_k\left(\frac{\alpha n\pi}{2}\right)2\sin\left(\frac{1}{3}k\pi\right)\times$$
$$\left\{\sin\left[(k\omega_1 + n\omega_s)t - \frac{k\pi}{3}\right] + \sin\left[(k\omega_1 - n\omega_s)t - \frac{k\pi}{3}\right]\right\} \tag{6.47}$$

角频率为$(k\omega_1 \pm n\omega_s)$的谐波成分的振幅为

$$U_{h(UV)} = \frac{\sqrt{3}}{2}\left(\frac{4}{n\pi}\right) J_k\left(\frac{\alpha n\pi}{2}\right) E_d \tag{6.48}$$

式中,$n = 2,4,6,\cdots,k = 3(2m-1) \pm 1, m = 1,2,3,\cdots$。

当$n = 2,4,6,\cdots,k = 1,3,5,\cdots$时,由式(6.42)、(6.44)可得到

$$\frac{U_{h(UV)}}{E_d/2} = \sum_{n=2}^{\infty}(-1)^{n/2}\left(\frac{4}{n\pi}\right)\sum_{k=1}^{\infty} J_k\left(\frac{\alpha n\pi}{2}\right) \times 2\sin\left(\frac{1}{3}k\pi\right) \times \left\{\cos\left[(k\omega_1 + n\omega_s)t - \frac{k\pi}{3}\right] + \cos\left[(k\omega_1 - n\omega_2)t - \frac{k\pi}{3}\right]\right\} \tag{6.49}$$

角频率为$(k\omega_1 \pm n\omega_s)$的谐波成分的振幅为

$$U_{h(UV)} = \frac{\sqrt{3}}{2}\left(\frac{4}{n\pi}\right) J_k\left(\frac{\alpha n\pi}{2}\right) E_d \tag{6.50}$$

这里$n = 2,4,6,\cdots,k = \begin{cases} 6m+1, m = 0,1,\cdots \\ 6m-1, m = 1,2,\cdots \end{cases}$。

以上情况可以归纳如下:

在调制波为正弦波的情况下,采用平均对称规则采样调制方法所得到的三相变频器输出线电压的基波和谐波的振幅为:

(1) 基波成分(ω_1)的振幅$= \sqrt{3}\alpha E_d/2$。

(2) 谐波成分$(n\omega_s \pm k_1)$的振幅$= \frac{\sqrt{3}}{2}\frac{4E_d}{n\pi}J_k\left(\frac{\alpha n\pi}{2}\right)$,这里时$n = 1,3,5,\cdots$时,$k = 3(2m-1) \pm 1, m = 1,2,\cdots$;$n = 2,4,6,\cdots$时,$k = \begin{cases} 6m+1, m = 0,1,\cdots \\ 6m-1, m = 1,2,\cdots \end{cases}$。

图6.25示出了三相变频器输出线电压的频谱,图6.26为实测的频谱。与图6.22相比可以明显地发现,图6.22中在采样角频率ω_s的整数倍(即$n = 1,3,\cdots,k = 0$)处高次谐波在图6.25中全部消失了。这是由于在由式(6.41)、(6.44)推导式(6.48)时,式(6.41)右边U相的$J_0\left(\frac{\alpha n\pi}{2}\right)\cos(n\omega_s t)$项与V相的$J_0\left(\frac{\alpha n\pi}{2}\right)\cos(n\omega_s t)$项相抵消的缘故;而在$n = 2,4,\cdots$,时,$k \neq 0$,所以图6.25和图6.22一样,在$k = 0$处没有高次谐波。此外,边频带中3的倍数次谐波也由于同相位相抵消而从线电压里消失了(见图6.25中$n = 2, k = \pm 3$)。这是因为,在式(6.47)、式(6.44)中,当为3的整数倍时,$\sin(k\pi/2) = 0$。以上情况从图6.26(与图6.24比较)中也同样能反映出来。即对于所有n,在处$k = 0$,都不存在谐波。

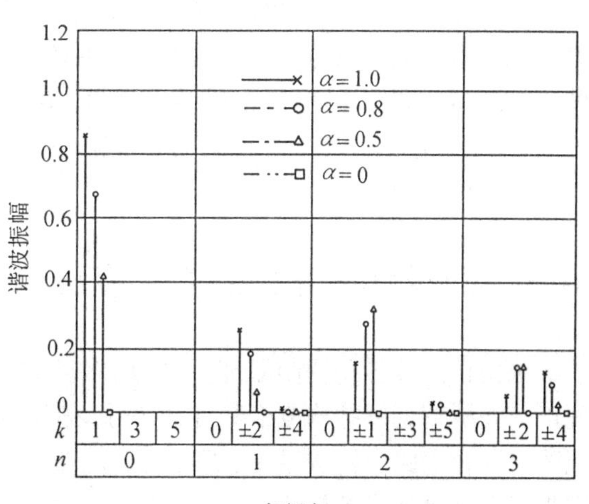

图6.25 三相PWM输出线电压频谱

正弦波 PWM 是最通俗易懂的一种调制方式，但它尚存在一定的缺点，即输出电压不够高，最大线性输出线电压幅值仅为输入电压的$\sqrt{3}/2$倍。本方法亦称相电压控制法。

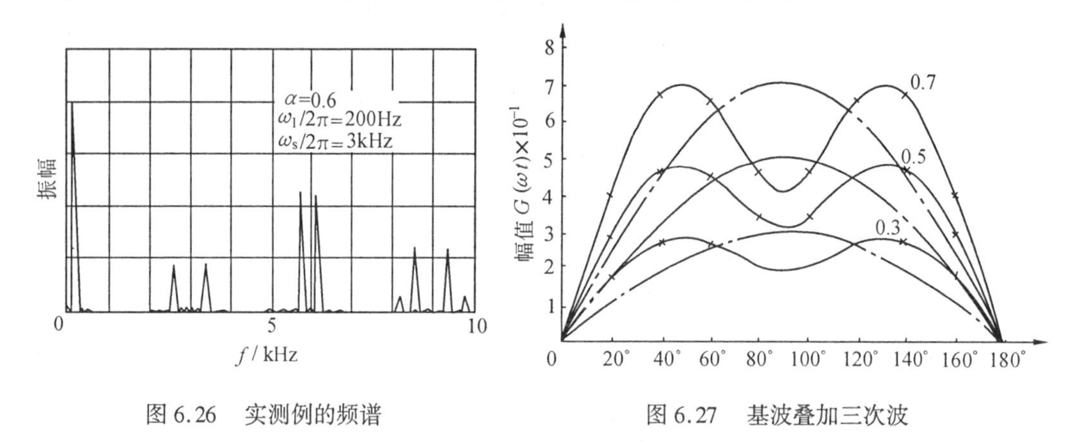

图 6.26　实测例的频谱　　　　图 6.27　基波叠加三次波

3. 准最优 PWM

准最优 PWM 与正弦波 PWM 的不同仅在于调制信号，它是在正弦波信号上叠加一个三次波，使之成为鞍形波，如图 6.27 所示。设 $G(t)$ 为调制信号，研究结论有两个，设其分别为 $G_1(t)$ 和 $G_2(t)$，即

$$\begin{cases} G_1(t) = a\left(\sin\omega_1 t + \dfrac{1}{6}\sin 3\omega_1 t\right) \\ G_2(t) = a\left(\sin\omega_1 t + \dfrac{1}{4}\sin 3\omega_1 t\right) \end{cases} \tag{6.51}$$

式中 ω_1 为基波角频率。

由 $G_1(t)$ 或 $G_2(t)$ 调制生成的 PWM 脉冲可以提高变频器线性输出电压幅值约 15%，并大大改善谐波电流损耗和转矩特性。分析结果表明，$G_1(t)$ 的效果略优于 $G_2(t)$。该方法已在工业中得到广泛应用。由于分析比较复杂在此从略。

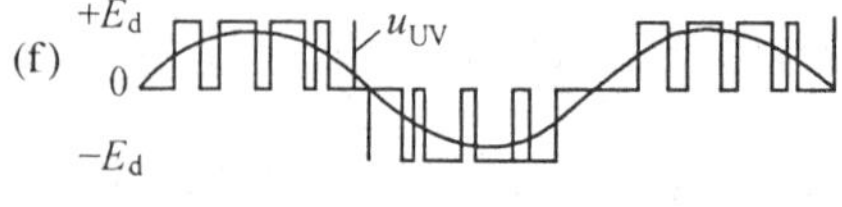

图 6.28　开关损耗最小的 PWM 模式

6.6　正弦波脉宽调制变频变压电路

根据正弦波脉宽调制原理，可以用多种方法实现正弦波脉宽调制并构成变频变压系统。既可由模拟数字混合电路来构成系统，更可以利用众多的专用集成电路来构成系统。

6.6.1　由模拟数字混合电路实现的变频变压系统

如图 6.29 所示的系统中，使用频率固定的三角波(一般采用 18kHz) 与正弦波发生器输出的可变频率和幅值的正弦波相比较来产生 SPWM 脉冲。

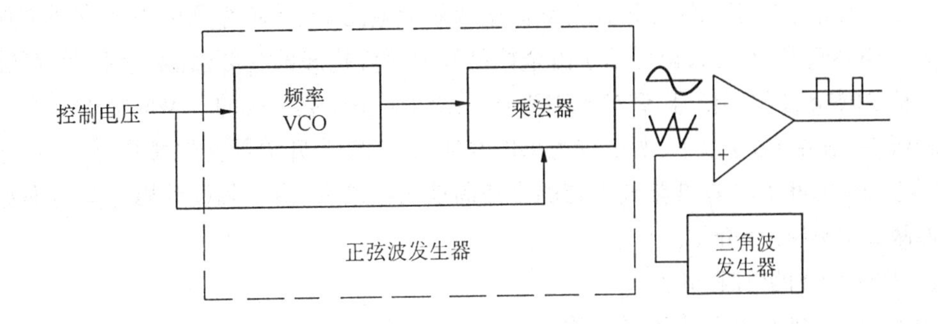

图 6.29　模拟数字混合电路 SPWM 生成电路

其中正弦波发生器是由一个频率控制压控振荡器和乘法器组成。外部控制电压控制 VCO 产生不同的频率，同时与频率信号相乘，达到改变其幅值的目的。正弦波发生器内部电路是由模拟电路和数字电路组成的，电路结构比较复杂。图 6.30 是变频变压系统原理框图。VCO 输出的频率信号经锁相倍频 256 倍，然后经串行 - 并行电路转换成 8 位并行数据，两片 EPROM 将 8 位数据译码成二相正弦数据，再送 D/A 转换器，变换成二相正弦信号。

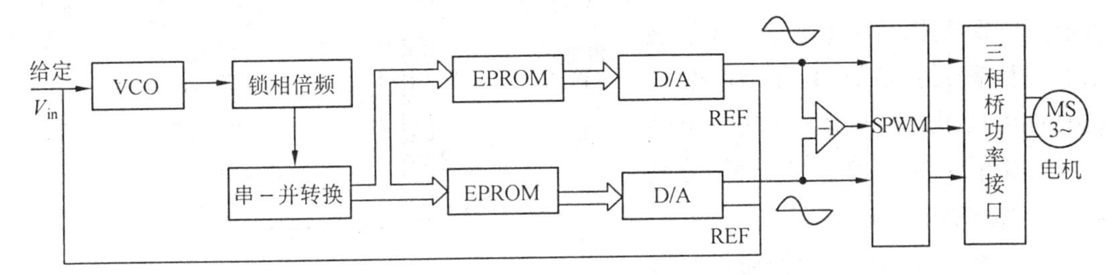

图 6.30　模拟数字混合变频变压系统原理框图

这里 D/A 转换器还兼作乘法器作用，使得二相正弦输出信号的幅值能随给定 V_{in} 变化，从而实现恒压频比变频变压控制。模拟正弦调制(SPWM) 和三相桥功率驱动接口与第 4 章正弦波无刷电动机中介绍的电路是一样的，所以模拟数字混合变频变压系统可以理解成，由正弦波发生器模块电路、SPWM 脉宽调制模块电路和三相桥功率驱动接口模块电路三部分组成的。该方法原理简单而且直观，但也存在一些缺点：

(1) 硬件电路复杂，元器件多。

(2) 电源电压波动或噪声干扰会引起 PWM 脉宽、频率等量的变化。

(3) 电路成本比较高。

该方法也有一些优点：

(1) 通过 EPROM 可注入三次谐波从而实现准最优 SPWM 调制。

(2) 通过提高锁相倍频的倍频数，提高 EPROM、D/A 的位数，即可提高控制精度。

(3) 该电路的响应快，纯硬件电路可靠性比较高。

6.6.2　由专用集成电路实现的变频变压控制系统

1. HEF4752 实现变频变压控制

HEF4752是全数字化的三相SPWM波生成集成电路。这种芯片既可用于有强迫换流电路的三相晶闸管变频器，也可用于由全控型开关器件构成的变频器。对于后者，可输出三相对称SPWM波控制信号，调频范围为0 ~ 200Hz。由于它生成的SPWM波的最大开关频比较低，一般在1kHz以下，所以较适于以GTR或GTO为开关器件的变频器，而不适于IGBT变频器，因此HEF4752集成电路的生命周期已经结束。由于其设计思想具有典型示范的原故，本书仍给予介绍。

(1)HEF4752的管脚功能

HEF4752为28脚双列直插式芯片，如图6.31所示。它有12个变频器驱动输出端，3个控制输出端，7个控制输入端，4个电源端。分别说明如下。

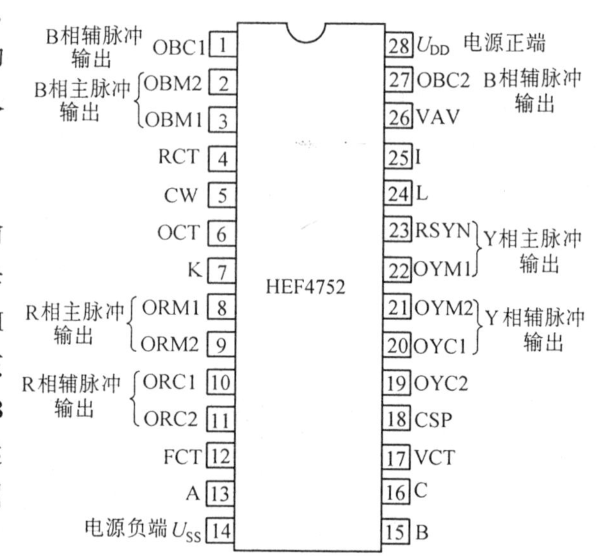

图6.31　HEF4752的管脚图

a.12个驱动输出端

① 三相变频器主开关器件驱动输出端R相的ORM1、ORM2(第一个字母表示输出口，第二个字母表示相序，M表示主开关器件，数字1、2分别表示该相上下桥臂)；Y相的OYM1、OYM2；B相的OBM1、OBM2(表示方法均与上述类同)。这里用R、Y、B区别三相，分别对应于前面所用的U、V、W。

② 三相变频器换流电路辅助开关管的驱动输出端R相的ORC1、ORC2(C表示换流输出)；Y相的OYC1、OYC2；B相的OBC1、OBC2。

b.4个时钟输入端

①FCT为频率控制时钟输入端，用以控制SPWM波的基波频率f(即变频器输出频率)。输入时钟频率f_{FCT}(Hz)与所要求的变频器输出频率f(Hz)之间关系为

$$f_{FCT} = 3360 \times f \tag{6.52}$$

显然，f_{FCT}应是可调的，其精度决定了输出频率f的精度。

②VCT为电压控制时钟输入端，用以控制变频器输出的SPWM基波电压有效值U(以下简称为变频器输出电压)。当输入的时钟频率f_{VCT}为某一确定值时，变频器输出电压U与输出频率f之间有一确定的线性关系，如图6.31所示。输入时钟频率f_{VCT}为

$$f_{VCT} = 6720 f_M \tag{6.53}$$

式中，f_M为100%调制(详见后述)时的输出频率(Hz)。使用由式(6.53)确定的f_{VCT}作为时钟频率时，在$f < f_M$的范围内，输出电压U与输出频率f可保持线性关系；而当$f > f_M$时，则SPWM波逐渐向方波转变，U与f也渐呈非线性关系。由式(6.52)、(6.53)可得

$$f_{FCT}/f_{VCT} = \frac{3\ 360f}{6\ 720f_M} = 0.5f/f_M$$

可见,当 $f = f_M$ 时,$f_{FCT} = 0.5f_{VCT}$。换言之,$f_{FCT} = 0.5f_{VCT}$ 时出现 100% 调制。输出频率再提高,U 与 f 不再呈线性关系,如图 6.32 所示。

由上述可知,f_{VCT} 的值一经确定,U/f 比也随之确定。若要得到不同的 U/f 比值,f_{VCT} 应是可调的。此外,由图 6.32 可知,在 f 的低频区,转矩的提升可以通过减小 f_{VCT} 以提高电压 U 来实现。

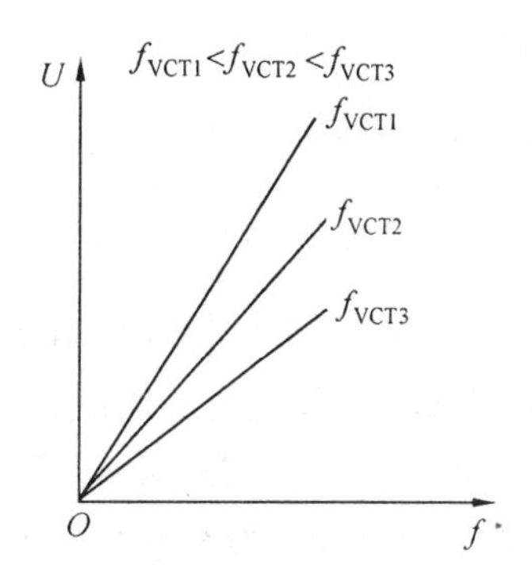

图 6.32　不同时与的关系曲线

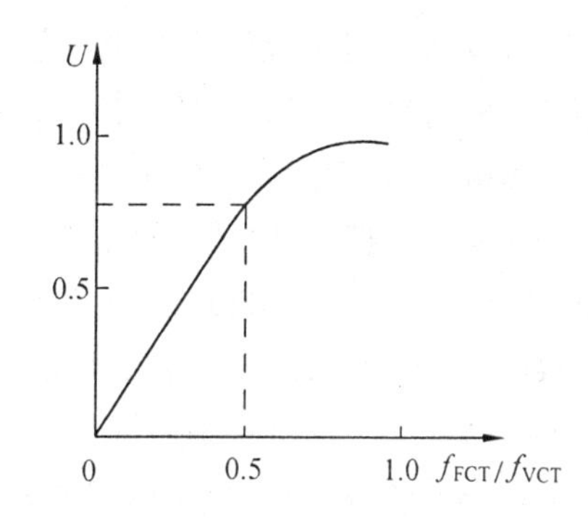

图 6.33　输出电压与 f_{FCT}/f_{VCT} 比值的关系

③RCT 为最高开关频率基准时钟输入端,用以限定变频器开关器件的最高开关频率。此基准时钟频率 f_{RCT} 与变频器开关器件的最高开关频率 f_{ramx} 的关系为

$$f_{RCT} = 280f_{rmax} \tag{6.54}$$

而最低开关频率限定值由芯片内部电路决定,并有关系为

$$f_{rmin} = 0.6f_{rmax} \tag{6.55}$$

④OCT 为输出延迟时钟,它与输入端 K 的电平相配合控制每一相上、下桥臂两个功率开关器件开通的延迟时间(即死区时间 t_d)。

c.7 个控制输入端

①K 端与 OCT 端配合控制死区时间。当根据所用开关器件确定死区时间以后,延迟时钟频率 f_{OCT} 与 t_d(ms) 以及 K 端电平(0 或 1) 的关系为

$$f_{OCT} = \begin{cases} 8/t_d & (K = 0) \\ 16/t_d & (K = 1) \end{cases} \tag{6.56}$$

一般取 K = 1。由式(6.56) 可知,对于确定的变频器,当死区时间 t_d 一经选定,所需的 f_{OCT} 即为一定值。

②L 端为启动/停止控制端,当 L = 1 时允许驱动输出端 SPWM 信号;L = 0 时禁止输出,驱动输出端全部为低电平。

③CW 端为相序控制端。CW = 1 时,设相序为 RYB(电动机三相相序为 U、V、W),电动机正转;CW = 0 时则相序为 RBY(U、W、V),即电动机反方向运转。

④I端用以使HEF4752适应于所控制的变频器类型。当变频器主回路使用晶闸管功率器件时，应使 I = 1；使用 GTR 或 GTO 等自关断功率器件时，应使 I = 0。

⑤A 端为复位输入控制端。

⑥B 端为芯片制造厂家测试用的端子，使用时应接地。

⑦C 端功能及用途同 B 端。

d. 3 个控制输出端

①RSYN 为 R 相同步信号输出，供示波器外同步用。

②VAV 为模拟变频器输出线电压值的信号，供测试用。

③CSP 为变频器开关信号输出，用以指示变频器开关频率值。

e. 电源端 U_{DD} 接电源正端，U_{SS} 接地。

(2)HEF4752 内部结构框图及工作原理

HEF4752 内部结构框图如图 6.34 所示。它由三个计数器，即 FCT 计数器、VCT 计数器、RCT 计数器，一个译码器，三个输出口以及供生产厂家测试用的试验电路组成。

HEF4752 能产生输出频率可调(0 ~ 2 000Hz) 的三相 SPWM 波信号，并且可使输出电压随输出频率成线性变化。它所依据的原理是从不对称规则采样 SPWM 法发展而来的。

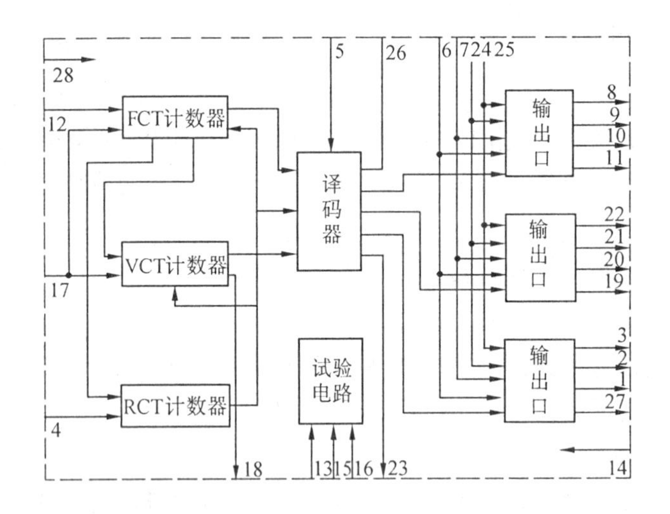

图 6.34　HEF4752 内部结构框图

由式(6.31) 已知，不对称规则采样法 SPWM 波的脉宽为

$$t_{pw} = \frac{T_t}{2}\left[1 + \frac{\alpha}{2}(\sin\omega_1 t_1 + \sin\omega_1 t_2)\right] = \frac{T_t\alpha}{4}\sin\omega_1 t_1 + \frac{T_t}{2} + \frac{T_t\alpha}{4}\sin\omega_1 t_2 \quad (6.57)$$

由上式可知，脉宽 t_{pw} 由三部分组成：$T_t/2$ 为基本部分，$T_t\alpha\sin\omega_1 t_1/4$ 为左边部分，$T_t\alpha\sin\omega_1 t_2/4$ 为右边部分。对于一定的频率区段，有一定的载波频率比 N。如果用角度表示基本部分 $T_t/2$，则在同一频率区段中 $T_t/2$ 是一个常数，可用图 6.35(a) 所示等脉宽的矩形波来表示。设波形的过零点角度分别为

$$a_1, a_2, a_3, \cdots, a_i \quad a_i = 360°i/N \quad i = 0,1,2,\cdots,(2N-1)$$

则此脉宽为$(a_{i+1} - a_i)$电角度。左边部分 $T_t \alpha \sin\omega_1 t_1/4$ 和右边部分 $T_t \alpha \sin\omega_1 t_2/4$ 可以用 δ_i 和 δ_{i+1} 来表示。显然,它们正比于 $\sin\alpha_i$,且随调制深度 α(也是随输出频率 f) 而变化。于是,脉宽可以用电角度表示为

$$t_{pwi} = \delta_i + (a_{i+1} - a_i) + \delta_{i+1} \tag{6.58}$$

若令 β_i 代表脉宽 t_{pwi} 的前沿角度和后沿角度,则

$$\beta_i = a_i \pm \delta_i \tag{6.59}$$

式中,"+"号对应 i 的奇数值;"-"号对应 i 的偶数值,如图 6.35(b) 所示。

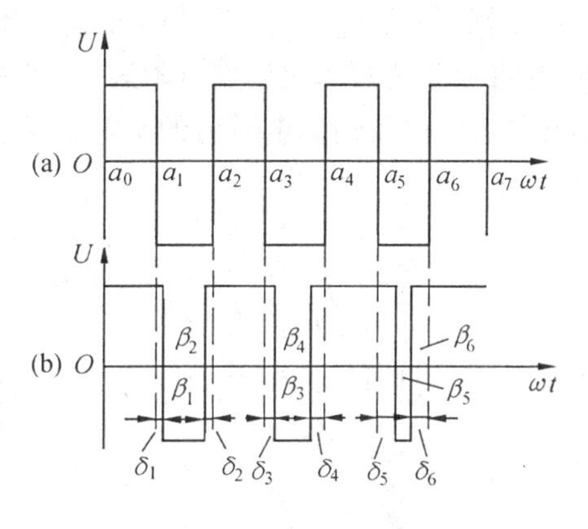

图 6.35 双边调制方法

由式(6.58) 和图 6.35 可知,不对称规则采样 SPWM 法脉冲宽度可以理解为一个等脉宽为 $T_t/2$ 电角度的矩形脉冲从两侧边缘各被一个可变的角度 δ_i 调制而成。所以,由不对称规则采样法发展而来的这种方法又称为双边调制法。HEF4752 就是用来根据这种双边调制法生成 SPWM 的。

HEF4752 共分 8 个载波区段,载波频率比 $N = 15,21,30,42,60,84,120,168$,参见图6.37。对应于每一个载波频率比区段,FCT 计数器送出 $2N$ 个 δ_i 数据供脉宽调制用。调幅比 a 与时钟频率f_{VCT} 有关,在相同的载波频率比 N 下,f_{VCT} 越高,则调幅比 a 越小,使输出电压越低。这样,就得到了经双边调制的某相输出信号。当载波频率比 N 与 f_{VCT} 确定以后,一个周期中调制值的变化规律也就相应确定。图6.36(a) 示出了载波频率比 $N = 15$ 时的等脉宽矩形波;图 6.36(b)、(c)、(d) 示出了经双边调制后的 R、Y、B(即 U、V、W) 三相输出波形;而图 6.36(e) 为 R、Y 两相输出信号之差,它代表了变频器输出的线电压 U_{UV}。当输出频率超过最大值f_M时,经双边调制后的脉冲就开始合并,输出电压波由 SPWM 波向方波转换,因而输出电压不再随输出频率成线性变化,如图 6.33。

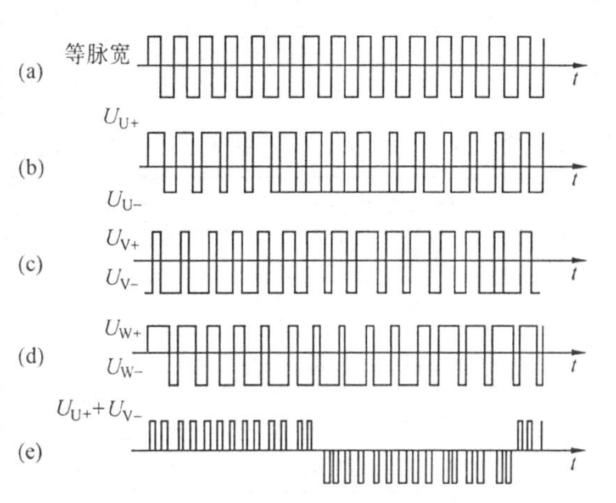

图 6.36 $N = 15$ 时的双边调制波
(a) $N = 15$ 时的等脉宽矩形波
(b) $N = 15$ 时的 U 相双边调制波
(c) $N = 15$ 时的 V 相双边调制波
(d) $N = 15$ 时的 W 相双边调制波
(e) $N = 15$ 时的线电压 U_{UV} 输出波

HEF4752 输出的 SPWM 波的输出频率 f 与开关频率 f_r 决定于频率控制时钟 FCT。如式(6.52) 所示，FCT时钟输入经 3 360 分频后得到输出频率 f，而开关频率 f_r 则是 FCT时钟经与载波频率比 N 的 8 个值对应的 8 组分频器分频后得到。这 8 组分频数分别是 224(对应 $N = 15$)、160、112、80、56、40、28、20(对应于 $N = 168$)。图 6.37 是开关频率 f_r 与输出频率 f 的关系曲线。必须根据变频器开关器件允许的开关频率来限制最高开关频率 f_{rmax}。

当所要求的 f_{rmax} 决定以后，由式(6.54) 可确定应该输入的 RCT时钟频率 f_{RCT}。f_{rmax} 一经确定，f_{rmin} 也就由式(6.55) 确定。图 6.37 中 f_r 与 f 的关系曲线经 f_{rmax} 与 f_{rmin} 限制后，如图 6.38所示。在 f_{rmax}、f_{rmin} 限制区的每一条 f_r-f 曲线上标明了相应的载波频率比 N。由图可见，在每一载波频率比切换点附近，形成一个"继电器特性"。这是为了避免在切换点上引起开关频率以及输出电压值的不稳定现象。表 6.1 给出了切换点的详细计算。

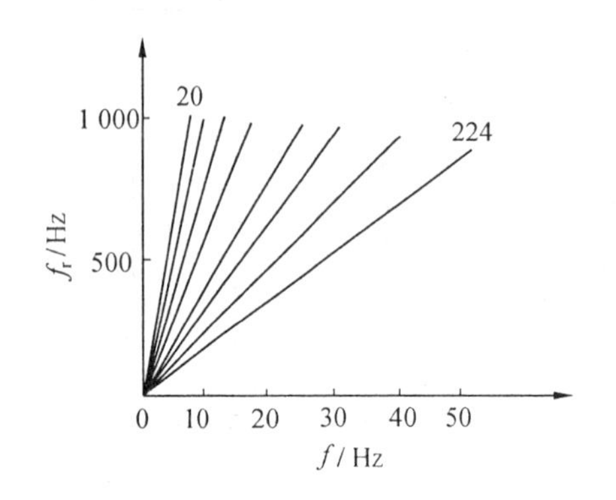

图 6.37　不同分频数下 f_r 与 f 的关系

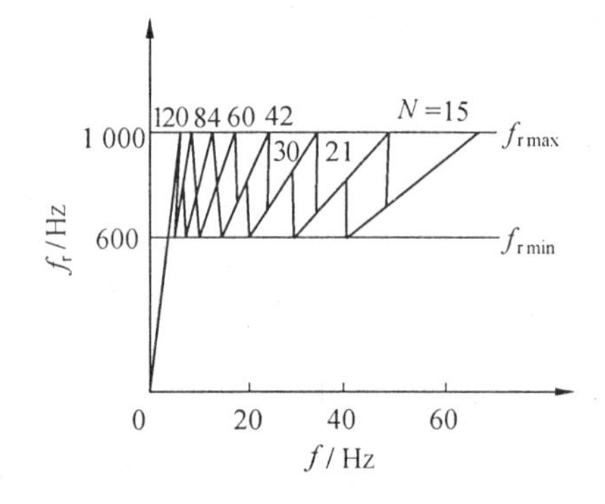

图 6.38　开关频率 f_r 与输出频率 f 的关系

表 6.1　各切换点的开关频率值

输出频率 f/Hz	载波频率比 N	开关频率 f_r/Hz
3.57 ~ 5.95	168	600 ~ 1000
5.00 ~ 8.33	120	600 ~ 1000
7.14 ~ 11.90	84	600 ~ 1000
10.00 ~ 16.67	60	600 ~ 1000
14.29 ~ 23.81	42	600 ~ 1000
20.00 ~ 33.30	30	600 ~ 1000
28.57 ~ 47.62	21	600 ~ 1000
40.00 ~ 66.67	15	600 ~ 1000

(3)HEF4752 的应用举例

在晶体管变频器的控制系统中，用 HEF4752 来生成 SPWM 波可使控制系统简化。图 6.39 是应用的一例，说明如下。

a.由于是晶体管变频器，故 I 端应接地，测试用的 B、C 端也应一并接地；使用 ORM1、

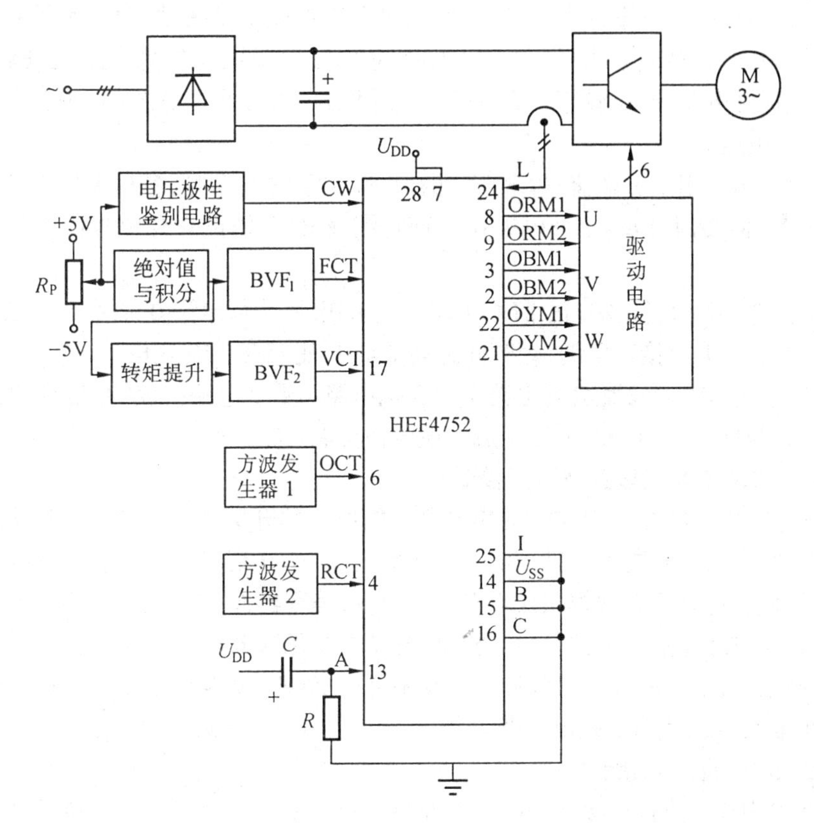

图 6.39　由 HEF4752 实现 SPWM 控制的变频器

ORM2、OYM1、OYM2、OBM1、OBM2 这六个输出口经驱动电路分别驱动变频器的 U、V、W 三相上、下桥臂的晶体管 GTR。

b. K 端与 OCT 配合，再根据死区时间的大小按式(6.56)决定 f_{OCT}。现令 K = 1(即 7 脚接 U_{DD})，并取死区时间为 $30\mu s(30\times10^{-3}ms)$，则 $f_{OCT}=16/(30\times10^{-3})=553Hz$。据此可设计方波发生器 1。

c. GTR 模块的开关频率 f_r 可达 2kHz，但实际应用中一般均取 1kHz 以下。现取 $f_{rmax}=1kHz$，则按式(6.54)可得 $f_{RCT}=280kHz$，据此可设计方波发生器 2。按式(6.55)计算，这时最低开关频率 $f_{rmin}=600Hz$。

d. 控制时钟频率 $f_{FCT}=3\,360f$(式 6.52)。设调频范围为 $f=0.5\sim60Hz$，则 f_{FCT} 应在 $1.68\sim168kHz$ 范围可调。据此可设计电压频率变换器 BVF1。BVF1 应有足够的线性度和精度。频率给定电位器上的电压信号(可能是正或负的信号)经绝对值电路和积分电路后，一路作为 BVF1 的输入电压，另一路经转矩提升后作为 BVF2 的输入。此外，频率给定值为正时要求电动机正转，电压极性鉴别电路应输出高电平 1，使 CW = 1，则变频器输出三相电压相序为 U、V、W；频率给定值为负时，应使 CW = 0，使变频器三相电压相序为 U、W、V，电动机反转。

e. 电压控制时钟 f_{VCT} 按式(6.53)确定。设 100% 调制时的输出频率 $f_M=50Hz$，则 $f_{VCT}=6\,720\times50=336kHz$。据此可以设计电压频率变换器 BVF2。$f>50Hz$，则双边调制

后脉冲已开始合并，并逐渐向方波转变，因而电压不再随 f 呈线性变化。为了在低频区段适当提升转矩，应逐渐地适当减小 f_{VCT} 以提高输出电压(见图 6.32)。为此，在 BVF2 的输入端设有转矩提升电路，而且转矩提升的输入信号取自 BVF1 的输入端，以便在低频区减小 BVF2 的输入电压。

f. L 端(24 脚) 用于过电流、过电压等的保护。在正常工作时，各种保护电路输出高电平 1，而当发生故障时，应输出低电平 0，从而封锁输出端，禁止输出 SPWM 信号，使变频器停止工作。

g. A 端(13 脚) 为复位端。正常时，A 端经电阻接地，为低电平 0，而在合闸给电时或人为复位时，A 端经电容接正电源，短时间为高电平 1，使 HEF4752 复位。

以上所述与 HEF4752 配套的电路是由模拟电路与数字电路构成的。当然，也可以使用微机，用硬件与软件相结合的方法完成上述电路功能。

6.6.3 SLE4520 实现变频变压控制

如上所述，HEF4752 三相 SPWM 集成电路能设置的开关频率比较低，不适合于 IGBT 变频器。因此，后来又发展了一种新的 SLE4520 三相 PWM 集成电路。它是一种应用 CMOS 技术制作的低功耗高频大规模集成电路，是一种可编程器件。它能把三个 8 位数字量同时转换成三路相应脉宽的矩形波信号，与 8 位或 16 位微机联合使用，可产生三相变频器所需的六路控制信号，输出的 SPWM 波的开关频率可达 20kHz，基波频率可达 2 600Hz。因此，适用于 IGBT 变频器或其他中频电源变频器。

1. SLE4520 的管脚功能

SLE4520 为双列直插式 28 脚芯片，如图 6.40 所示。它有 13 个输入端、5 个控制端、8 个输出端、2 个电源端。分别说明如下。

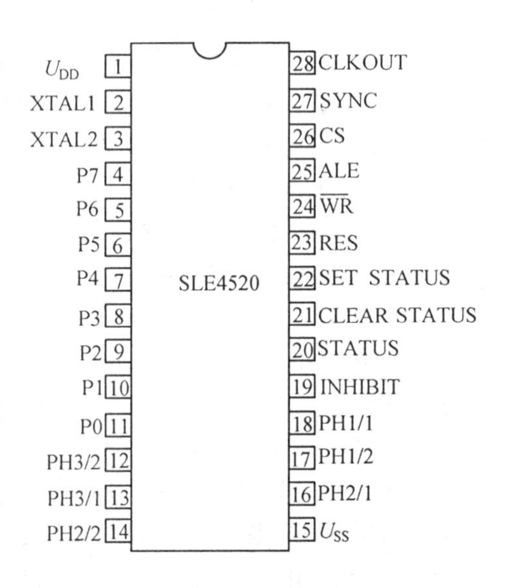

图 6.40 SLE4520 的管脚排列及功能

a. 13 个输入端

①XTAL1(2 脚)、XTAL2(3 脚) 为外晶振输入端，可外接 12MHz 晶振，为 SLE4520 内部各单元电路提供一个外接参考时钟。

②P7 ~ P0(4 脚 ~ 11 脚) 为 8 位数据输入端，与 8 位 CPU 的数据总线相接。其功能是将微机输出的命令或数据送入 SLE4520。

③ $\overline{WR}$(24 脚) 为来自微机的脉冲信号输入端，与微机的 $\overline{WR}$ 相连。当该端为低电平(0) 时，将来自微机的地址数据写到 SLE4520 中的地址锁存器内。

④ALE(25 脚) 为来自微机的地址锁存允许脉冲信号输入端，与微机的 ALE 相连。它与来自微机的 $\overline{WR}$ 信号一起根据程序中设定的地址信号对 SLE4520 内部的 3 个 8 位数据寄存器、2 个 4 位控制寄存器进行选择。

⑤SYNC(27 脚) 为来自微机的触发脉冲信号输入端，与微机的输出端相连。该端输入信号控制 3 个可预置 8 位减法计数器是否开始进行递减运算。

b.5个控制端

①CLEAR STATUS(21脚)及SET STATUS(22脚)为通断状态触发器的两个输入端,即清零端与置位端,可接保护电路的输出或接微机的输出。清零端有效则开通SLE4520的SPWM信号输出端;置位端有效则关断SPWM信号输出端。

②RES(23脚)为SLE4520的复位端,可与微机复位电路的输出相连。该端为高电平时,使SLE4520内部各状态锁存器、计数器等复位,保证开机时从相同的状态开始工作。

③CS(26脚)为SLE4520的片选信号输入端,可与微机系统的译码电路输出端相连。该端为高电平时,SLE4520芯片被选通工作;为低电平时,该芯片不工作。

④INHIBIT(19)为脉冲封锁端,接保护电路的输出,该端为高电平时SLE4520的输出全被封锁,可用作变频器各种故障保护的封锁脉冲端。

c.8个输出端

①PH1/1(18 脚)、PH1/2(17 脚)、PH2/1(16 脚)、PH2/2(14 脚)、PH3/1(13 脚)、PH3/2(12脚),分别为变频器U、V、W三相上、下桥臂开关器件的控制信号输入端,接三相变频器驱动电路的输入端,提供驱动三相变频器的SPWM信号。

②STATUS(20脚)为通断状态触发器的输出端,可接一个指示器,用以指示SLE4520的状态是在输出驱动变频器状态还是在封锁输出状态。

③CLKOUT(28脚)为晶振频率输出端,接微机的时钟信号输入端,使微机系统的时钟与SLE4520的时钟保持同步。

d.2个电源端

①U_{DD}(1脚)为电源正端,接+5V电源。

②U_{SS}(15脚)为电源负端,接地。

2.SLE4520内部结构框图及工作原理

a.内部结构

SLE4520内部结构框图如图6.41所示,共包括17个单元电路:3个(对应于U、V、W三相的)8位数据锁存器,3个可预置数的8位计数器,3个过零检测器,1个4分频锁存器,1个可编程1:n预置分频器,1个4位死区时间寄存器,1个地址译码锁存器,1个通断控制触发器,1个振荡器,1个脉冲放大器以及1个延时时间产生和封锁电路。这些单元电路分别与SLE4520内部数据总线或控制总线相连。

SLE4520采用内部译码结构,各寄存器地址见表6.2。

表6.2 SLE4520内部寄存器地址表

地 址	寄 存 器
00	U相寄存器
01	V相寄存器
02	W相寄存器
03	死区位移寄存器
04	4分频控制寄存器

b.数字量如何转换为脉宽

在片选信号CS有效、SET STATUS及INHIBIT端信号无效的情况下,当ALE、$\overline{WR}$信号

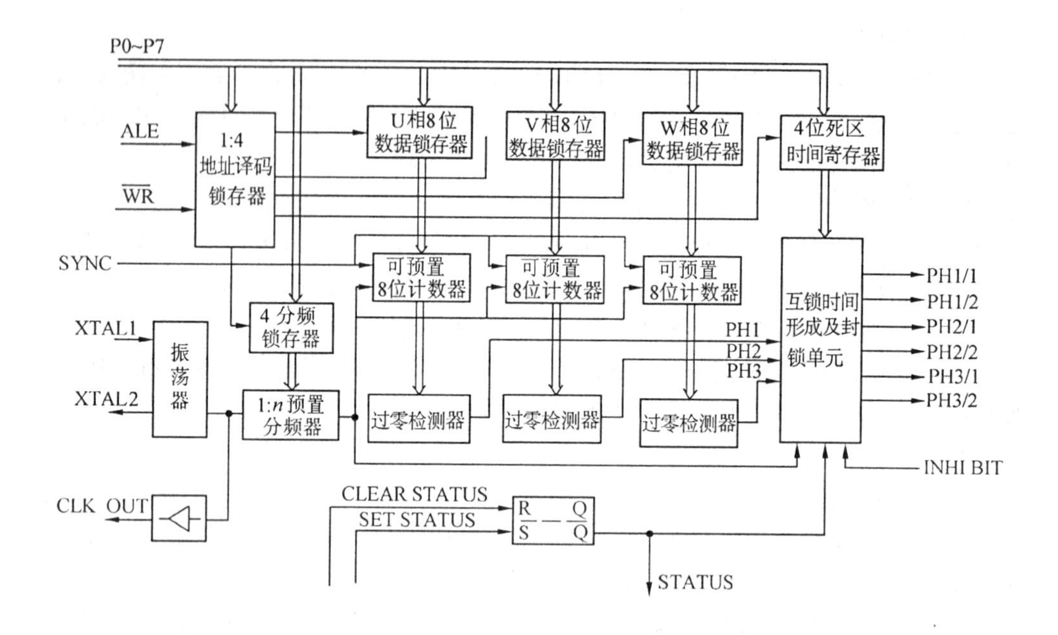

图 6.41 SLE4520 内部结构框图

有效时，由微机输出的地址数据经由数据总线 P0 ~ P7 写入地址译码锁存器。然后，根据地址译码，由微机输出的SPWM脉宽数据分别写入3个8位数据锁存器。在SYNC端输入触发脉冲信号后，三相的脉宽数据同步地装入减法寄存器，并开始进行减 1 计算。一旦哪一相减 1 计数器减到零，则该相过零检测器就发出信号，使该相输出由高电平(无效)变为低电平(有效)，形成一个脉冲。计数器减到零后即停止工作，直到下一个 SYNC 端的同步触发脉冲到来，再使该相输出为高电平。

c.开关频率的选择

减 1 计数器的减法速度由 4 位预分频器及可编程分频器控制。这样，可以通过编程方便地改变开关频率，实现输出频率的微调。

可编程分频控制器的分频比率由分频控制寄存器设置。数值设置与分频比率的关系见表 6.3。

表 6.3 计数器分频比率和延迟时钟分频比率表

设置数值	计数器分频比率	延迟时钟分频比率
0	1 : 4	1 : 4
1	1 : 6	1 : 6
2	1 : 8	1 : 4
3	1 : 12	1 : 6
4	1 : 16	1 : 4
5	1 : 24	1 : 6
6	1 : 32	1 : 4
7	1 : 48	1 : 6

确定计数器的分频比后，根据下述的方法选择开关频率，即开关频率的周期长度应正好是最大的脉冲宽度。例如，使用 8031 微机，在 12MHz 晶振下，计数器分频比为 1 : 12 时，则计数频率为 1MHz，减 1 一次为 1μs。若送入计数器的最大脉宽数据为 0(7 位)，则

128μs 后减 1 计数器减到零。因此，开关频率为 1/128μs ≈ 7.8kHz。若送入计数器的最大脉宽数据为 0(8 位)，则 256μs 后减 1 计数器减到零。因此，开关频率为 3.9kHz。表 6.4 给出了若干计算结果。

表 6.4　不同分频比率时的开关频率表

分频比率	计数频率	减 1 计数器到零的时间 /μs	开关频率 /kHz	分辨率 /bit
1 : 6	2MHz	64	15.6	7
1 : 6	2MHz	128	7.8	8
1 : 12	1MHz	128	7.8	7
1 : 12	1MHz	256	3.9	8
1 : 24	500kHz	256	3.9	7
1 : 24	500kHz	2 × 256	1.95	8
1 : 48	250kHz	2 × 256	1.95	7
1 : 48	250kHz	4 × 256	0.975	8

表 6.5　12MHz 晶振时的死区时间

死区位移寄存器中的数值设置	延迟时钟分频比为 1 : 4 时的死区时间 /μs	延迟时钟分频比为 1 : 6 时的死区时间 /μs
0	0	0
1	0.33	0.5
2	0.66	1.0
3	1.0	1.5
4	1.33	2.0
5	1.66	2.5
6	2.0	3.0
7	2.33	3.5
8	2.66	4.0
9	3.0	4.5
10	3.33	5.0
11	3.66	5.5
12	4.0	6.0
13	4.33	6.5
14	4.66	7.0
15	5.0	7.5

d. 死区位移寄存器和死区时间设定

死区时间是把脉宽调制信号与一个延迟信号相结合而获得的。具体地讲，由于 SLE4520 每一路输出都是低电平有效，所以死区时间的形成是通过延迟脉冲负沿到来的时刻获得的，而这个“延迟”又是通过一个 15 位位移寄存器来设定的。位移寄存器的时钟，即延迟时钟的频率是由在可编程分频器的分频控制寄存器中设置的数值来决定的。延迟时钟分频比率只有两种，或者是 1 : 4，或者是 1 : 6。可见死区时间决定于三个因素，即晶振频率、可编程控制器的设置数值以及位移寄存器的设置数值。表 6.5 给出了 12MHz 晶振时的死区时间。

e.输出级

在设有死区时间的情况下，PH1/2 的输出信号与 PH1/1 的输出信号是相反的；PH2/2 的输出信号与 PH2/1 的输出信号是相反的；PH3/2 的输出信号与 PH3/1 的输出信号也是相反的，均为低电平有效。输出信号的负沿都向右延迟一个由程序设置的死区时间。输出级电流可达 20mA，可直接驱动 TTL 电路或者隔离用的光耦。

输出级可以动态或静态封锁。在 INHIBIT(19 脚) 信号有效期间，SLE4520 的 6 个输出端均被置为高电平。这时，若输出是连接到光耦中发光二极管的阴极，则发光二极管无电流，变频器的 6 个开关器件全部被封锁。在开始工作时，封锁输出是很重要的。这是因为只有晶振输出已建立，并且在初始化程序执行后，才能有正确的脉宽调制脉冲输出。因此，微机必须有一个输出口与 INHIBIT 端相连，在接通电源后，微机将此输出口置为高电平，封锁输出。而在初始化程序结束后，再将此端口置为低电平，允许 SLE4520 输出。

封锁输出的另一种方法是将状态触发器的置位端 SET STATUS(22 脚) 加一高电平。这种方法可用于出现各种故障时。故障状态可由状态触发器的输出端 STATUS(20 脚) 接指示器来指示，并可用此信号将故障状态通知微机。故障排除后，给状态触发器的清零端 CLEAR STATUS(21 脚) 输入一个高电平脉冲，即可解除封锁，开通 SLE4520 的 SPWM 信号输出。

3. SLE4520 应用举例

如上所述，SLE4520 是一个可编程三相 PWM 集成电路，与微机配合使用把三路 8 位数字量转换成六路脉宽调制信号，形成三相 SPWM 波，驱动三相功率开关器件。虽然也可以与 16 位微机配合使用，但因 SLE4520 是 8 位可编程芯片，一般情况下与 8 位微机配合使用。下面介绍一个以 8031 微机系统与 SLE4520 配合使用形成 SPWM 波驱动 IGBT 变频器的例子。系统框图如图 6.42 所示，对硬件电路简要说明如下：

(1) 将 SLE4520 的 1 脚接 + 5V，15 脚接地，2 脚与 3 脚之间接 12MHz 晶振。CLKOUT(28 脚) 接到 8031 的 XTAL2，使 8031 的时钟与 SLE4520 的时钟保持同步。将 SLE4520 的 RES(23 脚) 与 8031 的供电复位电路的输出相连，保证开机时以相同的状态开始工作。

(2)8031 的 P0 口与 SLE4520 的 P0 ~ P7 相连，为数据总线。SLE4520 的六路输出口(18、17 脚，16、14 脚，13、12 脚) 接到驱动模块的输入端(接光耦发光二极管的阴极)，以输出 SPWM 脉冲。

(3)SLE4520 的 SYNC 端接至 8031 的 P1.0 口，由 8031CPU 控制 SLE4520 内部的 3 个可预置的计数器同时启动。

(4)SLE4520 的 SET STATUS 接至外部故障电路的输出端，一旦故障电路中任一故障出现，时通过该端将对 SLE4520 的六路输出进行封锁。

(5) 将 SLE4520 的 STATUS(20 脚) 与 8031 的 $\overline{\text{INT0}}$ 相连，当保护电路中有任一故障出现 SLE4520 被封锁时，将进入 8031 $\overline{\text{INT0}}$ 的中断服务程序，进行软件封锁和故障显示及报警。

(6) 给定频率由电位器 R_P 设定，经积分电路和 ADC0809 模数转换器读入 8031 中。

(7) 采用定时器 T0 定时开关频率的周期 T。

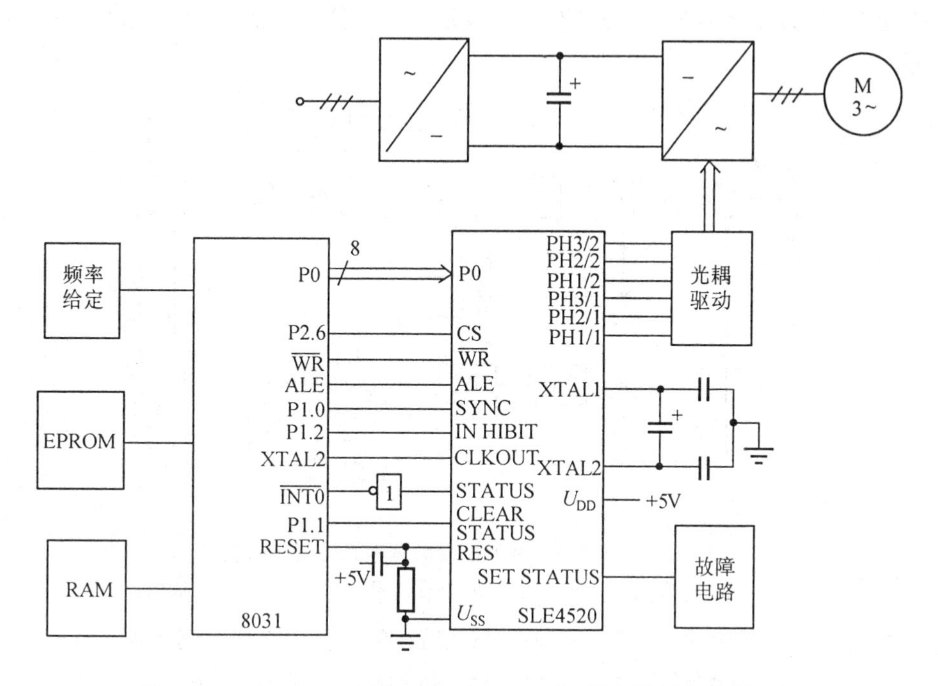

图 6.42 用 SLE4520 及 8031 生成 SPWM 信号驱动的 IGBT 变频器

习题与思考题

6.1 在交流电动机变频调速系统中,为什么都采用 U_1/f_1 比恒定控制方式。

6.2 感应电动机在基频以上范围进行变频调速运行时,其最大输出转矩能否保持不变。

6.3 满足感应电动机变频调速系统的高性能变压变频功率驱动电源应如何设计。

6.4 什么叫电压源型和电流源型变压变频器。

6.5 采用 HEF4752 和 SLE4520 电机控制专用芯片实现的感应电动机变频调速控制系统中,问:(1) 两个芯片的输出驱动控制端与主开关元件是如何接口的;(2) 输入控制时钟信号是如何确定的(举例解答);(3) 两种芯片在应用中各存在什么问题。

6.6 为保证感应电动机在低频下获得恒转矩运行特性,应采取什么措施。

6.7 参见图 6.30 的模拟数字混合感应电动机变压变频调速系统,问:(1) 图中所示的 VCO 锁相倍频电路起什么作用;(2) 说明译码器的工作原理。

6.8 能否把直流电动机转速、电流双闭环控制电路直接搬用于感应电动机中,以提高感应电动机调速系统的性能指标,为什么?

6.9 用感应电动机能否实现高精度位置伺服控制系统。

6.10 图 6.1 中,b 曲线(带电压补偿的特性曲线)在实际应用系统中是如何实现的。

6.11 生成正弦波脉冲调宽(SPWM)电路有几种类型,SPWM 的调制方式又有哪几种。

6.12 图 6.43 给出的是转差频率控制的变频调速系统结构原理图,试简述该系统的调速控制原理，推出系统的控制规律，分析该系统能否完全达到直流双闭环系统的水平，为什么？

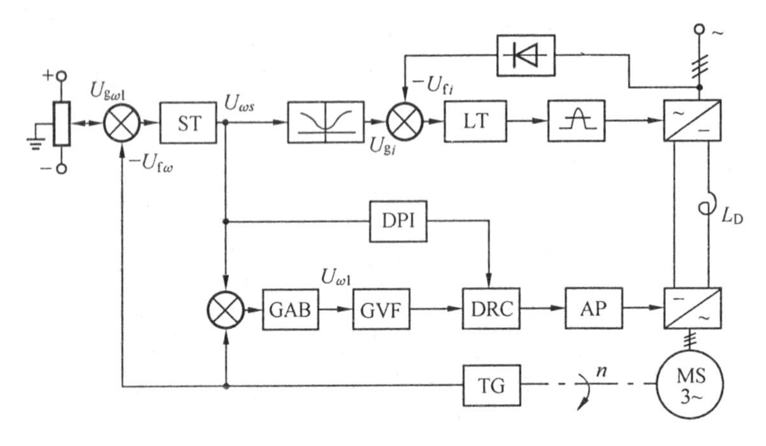

图 6.43　转差频率控制的变频调速系统结构原理图

$U_{g\omega_1}$— 角速度给定量	U_{fi}— 电流反馈量	GAB— 绝对值电路
$U_{f\omega}$— 角速度反馈量	ST— 转速调节器	GVF— 压频变换器
$U_{\omega s}$— 转差角速度量	LT— 电流调节器	AP— 放大器
U_{gi}— 电流给定量	DPI— 极性鉴别器	TG— 速度检测器

DRC— 六态环形脉冲分配器

第 7 章　电机控制系统的设计

本章介绍电机控制系统在工业生产中的应用及其设计要点。本章也是对本书知识的综合运用,即通过实例分析和实验进行工程设计的训练。

7.1　计算机软盘驱动器的驱动与控制

软盘驱动器是个人计算机的必备外设之一。在这个装置上一般装有两台电机,一台

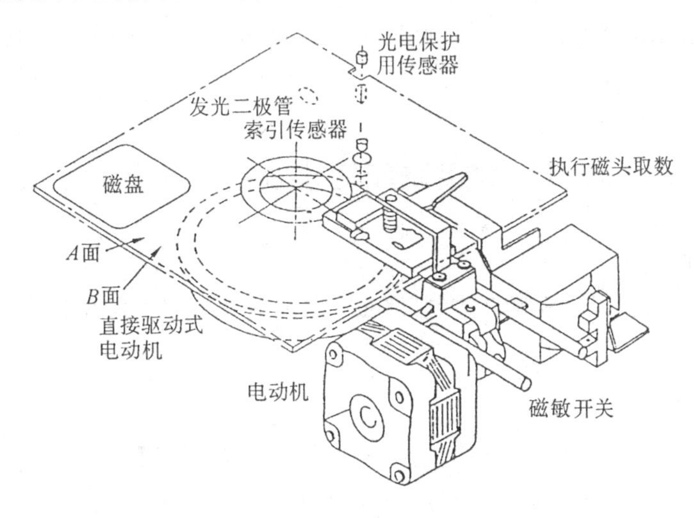

图 7.1　软盘驱动器结构

用于驱动软盘,另一台用于磁头定位,其结构如图 7.1 所示。其中驱动软盘的电机也称主轴电动机,一般都采用无刷直流电动机,利用闭环控制使速度脉动不超过 0.3%。磁头定位一般用步进电动机,开环控制。主轴电机系统的参数为:转速 360r/min,信息传递率 560bit/s,旋转等待时间 83ms,存取时间 91ms。电机参数为:转速 360r/min,转矩 200g·cm,起动时间 0.6s。步进电机:步距角 1.8°,电压 12V,寻道时间 3ms,电机起动时间 1s。从以上要求可以看出,软盘驱动器的主轴驱动系统是关键。图 7.2 是具有速度闭环的采用 PWM 控制的实用电路。图中 A、B、C 是来自霍尔元件的磁极位置信号,单片计算机 8049 的作用是,根据 A、B、C 三个信号,产生换向逻辑信号,同时产生速度信号。速度信号从 P2 口输出,由 D/A 转换器转换成模拟信号 U_n。LM324 是比较器电路,在起动前 $n = 0$,必有 $U_n > U_1$,此时,LM324 输出高电平,电机的换向驱动信号通过 P2.0 ~ P2.2 加到 $T_1 \sim T_3$ 基

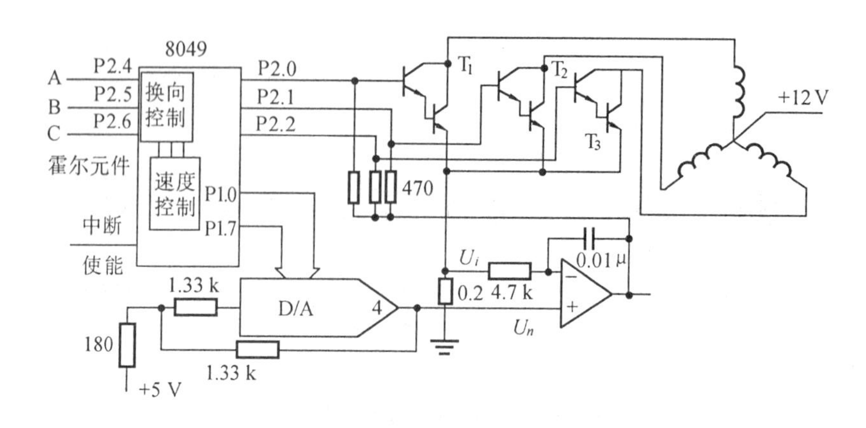

图 7.2 软盘驱动器驱动与控制

极使电机旋转，随着 n 的上升 U_n 下降，使 $U_n < U_1$；LM324 输出低电平，$T_1 \sim T_3$ 基极被拉成低电平而截止，从而使电机降速。如此反复，达到动态平衡 $U_n = U_1$，电机具有稳定的转速。

7.2 数控铣床驱动及控制系统

1.主要功能

(1)四坐标的进给及位置闭环控制，即 x、y、z 三轴直线进给及位置控制，绕 r 轴旋进给及位置控制。

(2)主传动系统的时序控制。

(3)四坐标自动进给或手动进给，进给位移量的数字显示。

(4)CRT 图形显示、数据显示、刀具切削轨迹模拟显示功能。

(5)加工参数计算、加工程序编制功能。

(6)各类保护功能。

2.主要性能指标

(1)位置控制精度：直线 0.01mm，转角 0.5 角分。

(2)重复定位精度：直线 0.008mm，转角 0.3 角分。

(3)控制行程：x 轴 300mm，y 轴 280mm，z 轴 500mm，r 轴 360°。

(4)主轴转速级数：18 级(30 ~ 1500rpm)。

(5)进给速度：直线　12 ~ 330mm/min；

旋转　30 ~ 360°/min。

3.技术方案初步设计

(1)总体设计

该数控铣床专用于特殊齿轮的加工。由精度指标可以看出，x、y、z、r 轴均应采用位置闭环控制。主轴由于无精度要求，故采用异步电动机开环变频调速。从速度看，四个进给轴均可以采用步进电动机进行协调控制。由于齿轮加工的工况中，不需要多轴联动，所以主计算机不需要作插补运算，只需按一定的顺序对每一个轴进行串行的给定。主控计算机的主要任务是：串行给定，监控整个加工过程，进行前处理和后处理。如何提高每一轴的进给速度是计算机系统的主要难点。x、y、z、r 四个给定轴采用标准的步进电动机及驱动电路，配直线式和旋转式数显表。数显表的位置传感器可以采用光栅也可以采用感应同步器，其成本和精度相当。

(2)精度计算

x 轴：x 轴精度要求为 0.01mm，故选用精度为 0.005mm 的传感器，配以最小当量为 0.01mm的数显表。若再配以伺服当量 $Q \leqslant 0.01$mm 的伺服电动机，就能保证系统的定位精度。

x 轴的每转当量数

$$N = t/Q = 6/0.01 = 600$$

式中 t 为滚珠丝杠螺距，$t = 6$mm。

x 轴步进电动机的步进角

$$\theta = 360/N = 360/600 = 0.6°$$

故可以采用步距角 $\theta_b = 0.36°$的混合式步进电动机。

y 轴：y 轴螺距 $t = 2$mm，则要求步距角 $\theta = 1.8°$，故也可以采用 $\theta_b = 0.36°$的步进电动机。

r 轴：r 轴测角精度为 0.5 角分。若配精度 10 角秒光栅或感应同步器和相应的数显表，即能满足要求。旋转给定轴的齿轮减速比 $i = 40$，若取步进当量 $\theta = 0.5$ 角分，则 r 轴的每转当量数为

$$N = 360 \times 60/i = 360 \times 60/(40 \times 0.5) = 1\ 080$$

r 轴步进电动机的步进角

$$\theta = 360/N = 360/1\ 080 = 0.33°$$

若采用 $\theta_b = 0.36°$的步进电动机，还应增加一级 2:1 的减速，才能满足要求。

z 轴：z 轴的丝杠螺距 $t = 6$mm(与 x 轴相同)，故采用步距角 $\theta_b = 0.36°$的混合式步进电动机即能满足精度要求。下面对速度进行校核。最高速度 $v = 333$mm/min = 5.6mm/s，即该轴的转速 $\Omega = v/t = 5.6/6 = 0.93$rps。而 $\theta_b = 0.36°$步进电动机的最高转速经查资料，可达 20rps，故速度要求能保证。

(3)机械系统

整个机械系统如图 7.3 所示。进给轴均采用滚珠丝杠，保证了机械系统的精度。由于每一个输出轴均有位置传感器，所以静态精度能得到保证。

(4)数字伺服系统的电路及其动作原理

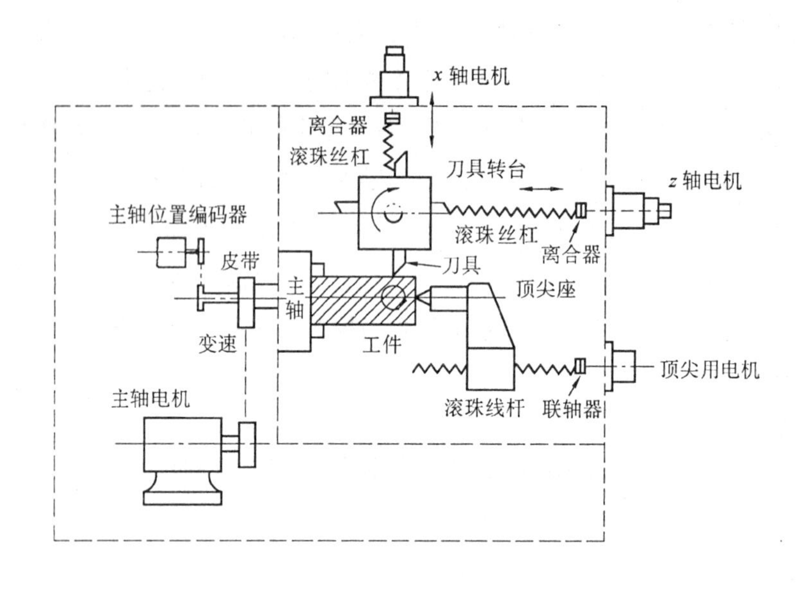

图 7.3　机械驱动系统示意图

图 7.4 是数控系统框图。图 7.5 是数控系统某一个轴的数字伺服系统电路框图。每

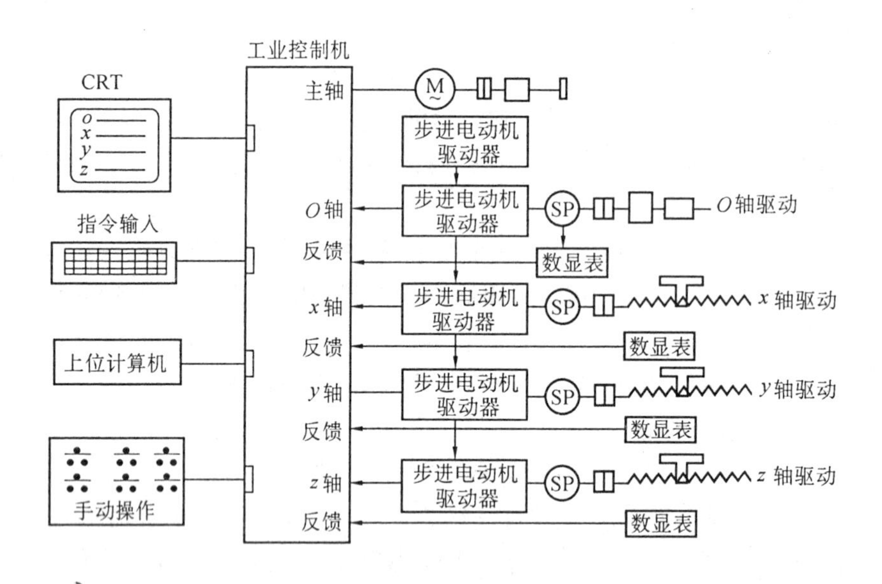

图 7.4　计算机数控系统框图

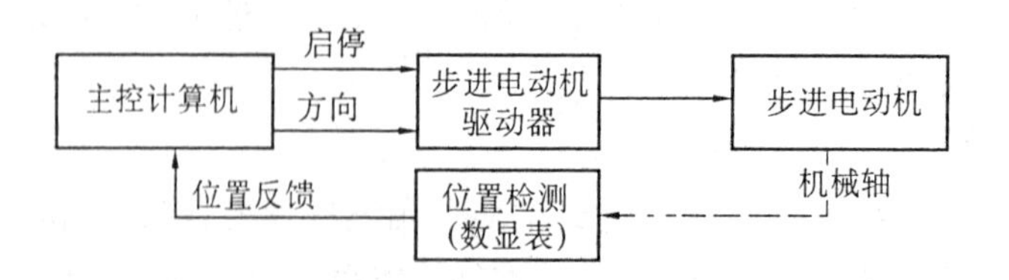

图 7.5　一个轴的数字伺服系统框图

个轴由主控计算机、电机驱动器、步进电动机、数显表四部分组成。动作过程如下：

主控计算机计算给出电动机的转向指令和转角指令，步进电动机驱动器按此指令驱动步进电动机走步。步进电动机走步产生位置的改变，被编码器测量，产生位置反馈信号，其脉冲数与转角或位移成正比，并被计算机接收，计算机将反馈的脉冲数与给定数作减法运算，当结果为零，计算机发出停止指令，步进电动机锁定。

(5)主控计算机

主控计算机采用一台386/DX工业控制机，配有4个步进电动机数控(NC)专用插卡(883卡)，构成4个独立的闭环伺服系统。1个10通道I/O输入输出继电器驱动插卡，用于开机、停机、保护等等。

(6)主控计算机及插卡控制软件

主控计算机主要控制软件如图7.6所示。除控制软件，CAD设计软件也是较大的一个模块，在此从略。整个软件基于中文Windows平台，有很好的人机界面，软件开发平台采用Visual C++。

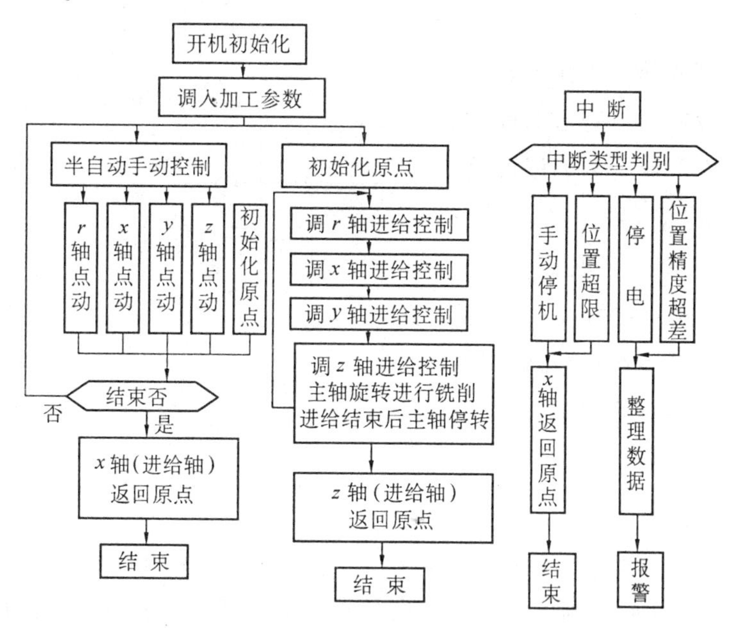

图7.6 主控计算机主要控制软件框图

(7)可靠性

机械：a.强度设计中有明显的安全系数。

b.有自动和手动两种模式。

c.采用模块化结构。

d.机械联接件均采用防松措施。

电路：e.按工业级电子产品设计。

f.采用模块化设计。

g.有故障诊断、报警和保护软件和硬件措施。

h.工业级电磁兼容设计。

7.3 磨床驱动控制系统

1.初步的总体设计考虑

磨床分外圆磨床、平面磨床、内圆磨床等多种。通常要求磨床具备如下性能:

(1) 进给系统和主轴系统的振动小;

(2) 能在超低速进给时保持平滑运行;

(3)定位精度的数量级在微米级。

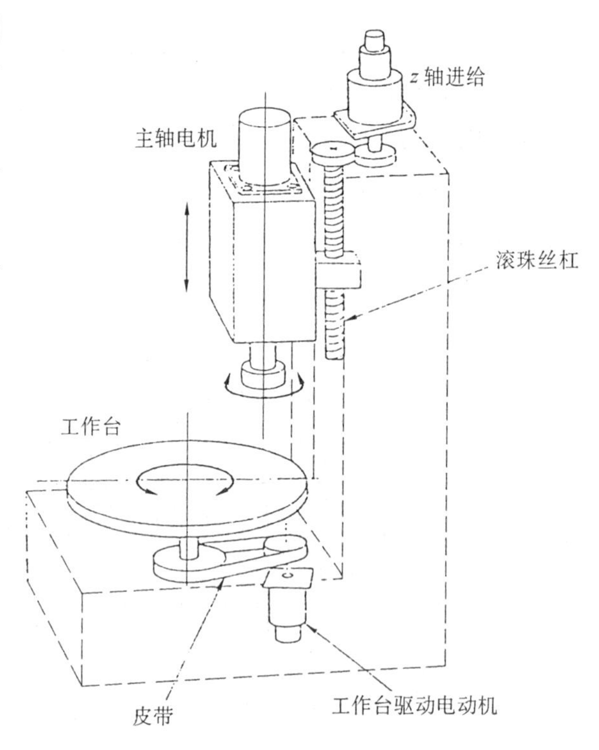

图 7.7 立式平面磨床结构简图

磨床是靠砂轮旋转进行磨削的。本节以立式平面磨床为例加以说明,其结构简图如图 7.7 所示。在与水平垂直的方位装有主轴电动机及砂轮,砂轮沿垂直方向的进给移动(在 z 轴方向)由 z 轴进给电动机(直流伺服电动机)带动滚珠丝杠实现,砂轮相对工件的位置通过对 z 轴进给电动机进行定位控制来实现。进给定位控制系统采用数字伺服系统,变速比可达 1∶10 000 以上,可在超低速至超高速范围内进行平滑控制,定位精度可达 1μm。主轴电机为感应电动机,主轴由变频调速逆变器进行控制,在变速比 1∶40 范围内可平滑变速,振动应限制在 5 级之内。旋转工作台由直流伺服电动机带动,电动机由脉宽调制(PWM)的大功率晶体管驱动。变速比可达 1∶1 000 以上,无论低速和高速都能实现平滑控制。系统的控制方框图如图 7.8 所示。指令系统采用运动控制器,编制简单的程序就可对进刀量进行柔性控制,操作简单方便。由运动控制器输出的信号经伺服控制器控制 z 轴伺服电动机是立式平面磨床定位控制的关键部分。控制回路不仅有速度反馈闭环,还有位置反馈闭环。对工作台的控制只需采用速度反馈闭环进行速度控制。表 7.1 为立式平面磨床的技术数据举例。

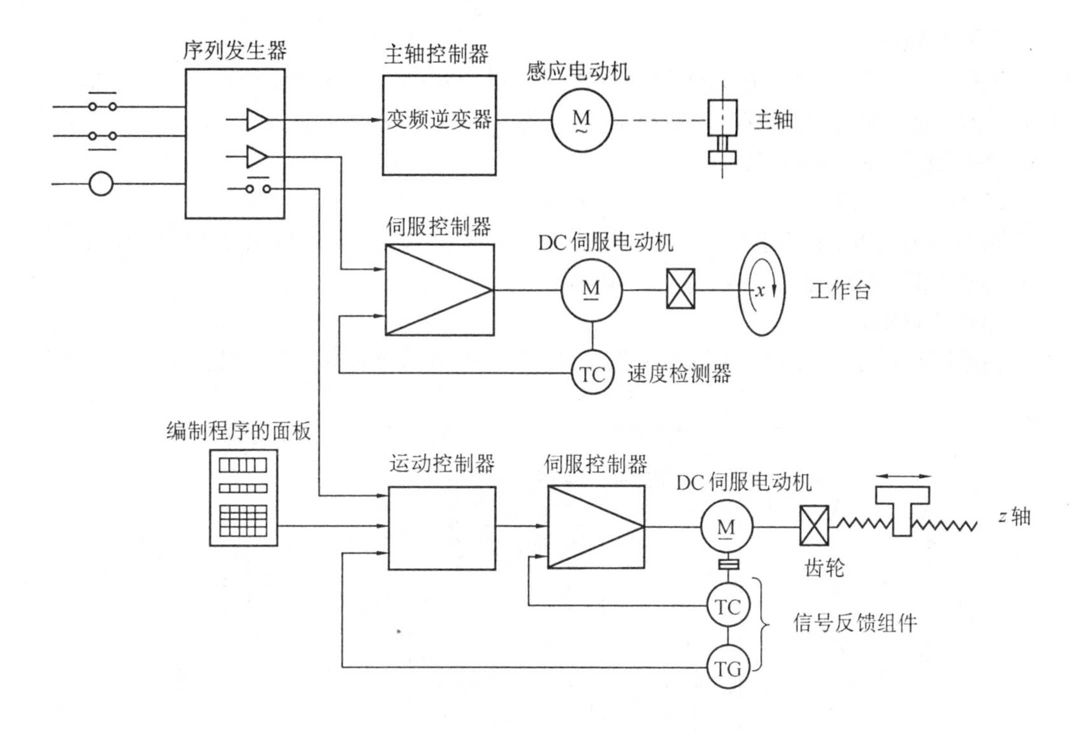

图7.8 立式平面磨床的控制框图

表7.1

项　　目	技术条件	项　　目	技术条件
z轴负载重量	150kg	z轴驱动电机	DC伺服电动机
z轴进给速度	0.03~300mm/min		额定功率250W,额定转速
z轴丝杠螺距	6mm		1 000r/min,额定转矩24kg·cm
z轴齿轮比	1/6	z轴伺服控制器	500W
工作台转速	1~30r/min	指令装置	运动控制器(副操作面板)
工作台齿轮比	1 /10	工作台驱动电机	DC伺服电动机
主轴转速	300~2 800r/min		额定功率600W,额定转速
主轴加速时间	3s		1 000r/min,额定转矩58.4kg·cm
主轴齿轮比	1/1	工作台伺服控制器	800W
主轴振动	V<10	主轴电机逆变器	3.7/5.5kW
主轴驱动电机	感应电动机 3.7/5.5kW		

2.z轴伺服控制

z轴伺服控制是立式平面磨床的核心。可以参考第2章数字位置伺服系统。

3.工作台伺服控制

由技术数据可计算,驱动电机的最高工作转速为300r/min。选用600W、1 000r/min、58.4kg·cm的直流伺服电动机。根据总体设计,该伺服系统应设计成具有速度、电流双闭环PWM驱动控制系统。下面进行分系统初步设计。

(1)驱动器容量

取(1.5~2)倍电机容量为驱动器的额定容量 600×2=1 200W。驱动器额定电压为314V,电机额定电压为220V,电机额定电流为2.7A,驱动器的额定电流应大于2.7A。PWM调制比为220/314=0.7。

(2)驱动器结构

驱动器采用IGBT功率模块,电压余量大于2.5倍,取1 000V;电流余量大于2倍,取10A。PWM调制频率f取18kHz,实现超静驱动。

(3)主回路结构

主回路如图7.9所示。主回路采用浮地结构,电枢回路有霍尔电流传感器,主回路有

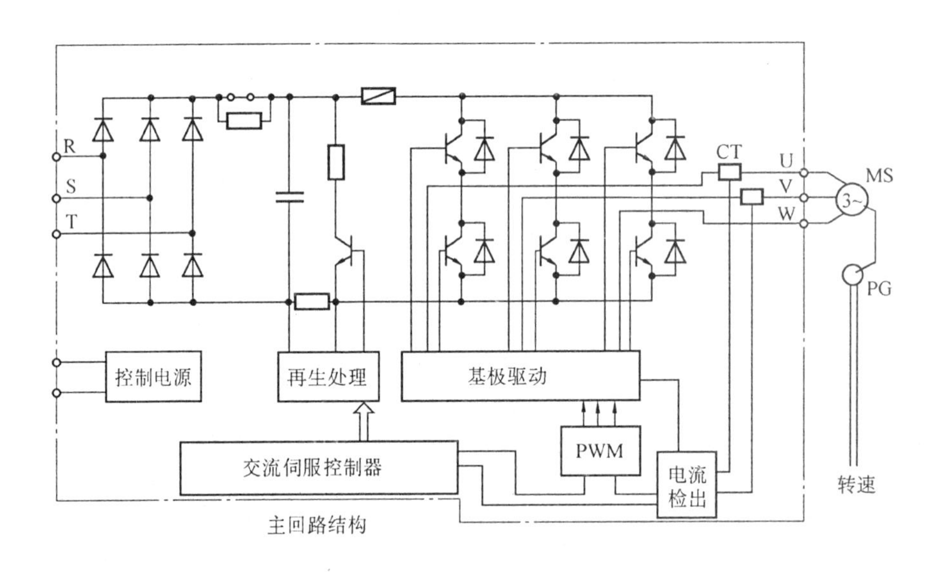

图7.9　主回路结构

过压、过流检测,主回路上、下电控制和主回路放电控制电路。当主回路过压、过流,将产生保护信号,此信号通过光耦传递给控制回路,控制回路应该锁定保护状态,然后,封锁主回路驱动信号,同时进行主回路下电和放电。所以,一旦主回路过压、过流,会产生永久性保护,一旦产生保护,将由系统复位才能解除。电枢电流检测信号,用于电流闭环,也用于过流检测。过流检测信号分两个层次,一为减小给定,即可恢复保护;二为永久性保护,其信号和主回路过压、过流信号综合。大功率驱动系统一般还设计有过热、欠压等保护。小功率系统从简。

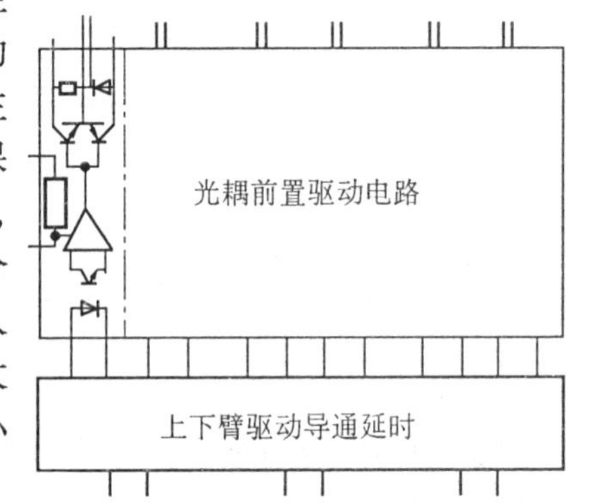

图7.10　前置驱动电路

(4)前置驱动电路

由于主回路浮地,前置驱动回路必须设置光电耦合进行电气绝缘。又由于主回路采用三相桥驱动,上下桥臂驱动信号应该有导通延时。前置驱动电路结构如图7.10所示。具体电路参阅前面各章节,也可以选用标准的前置驱

动模块。究竟选用什么电路要取决于成本核算，因为是小功率驱动系统，对前置驱动电路的要求也相对较低。

(5)速率、电流闭环电路

速率信号来自测速发电机，电流反馈信号来自霍尔电流传感器。两个调节器都做成 PI 调节器，参数相同，试图构成Ⅱ型反馈系统，详见第 2 章。电路结构如图 7.11 所示。根据电路结构和熟知的电机控制单元模块可以给出整个双环系统的框图，如图 7.12 所示。根据给定的动态指标，可以求 SPI、IPI 的参数。但求出值往往与实际值有一定的偏差，因此，10kW 以下的系统可以通过在线整定来现场调整，从 P 比例调节器向 PI 调节器过渡，再从内环向外环调整，反复多次。电路具体参数的设计、计算可以根据经验给出，然后依据所希望的系统框图中节点的参数进行校核。

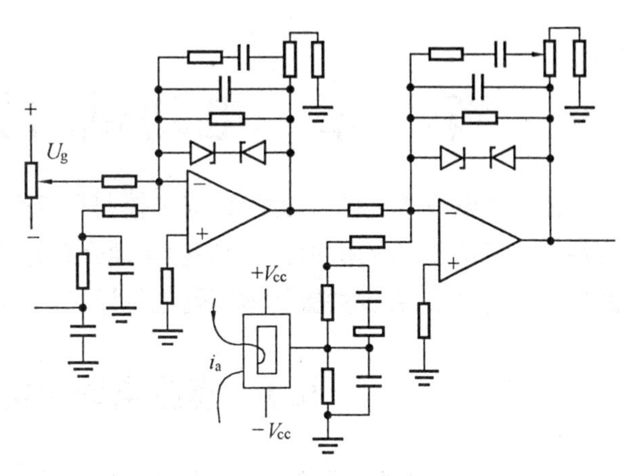

图 7.11　反馈控制电路

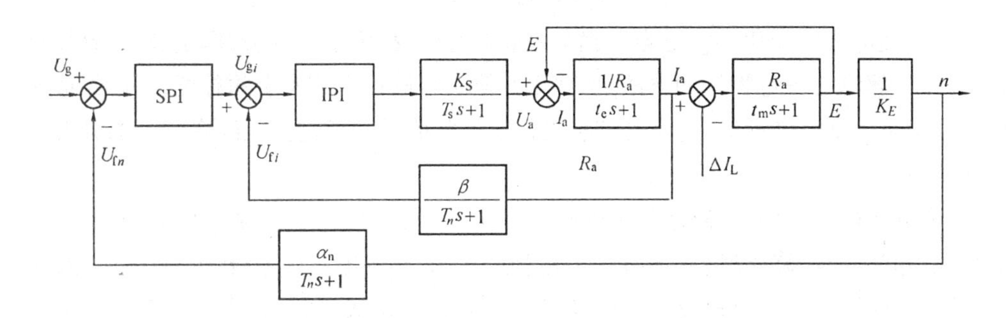

图 7.12　动态结构框图

对于初步设计而言，只需掌握每个 IC 的工作电流限定在 1mA 左右，TTL 电路 V_{CC}为 5V，CMOS 电路取 ±15V，注意电平匹配，就能基本完成电路参数的给出。整个系统的电路原理图请读者自行绘制。

习题与思考题

7.1　推导图 7.11 的动态函数特性，并用动态结构框图描述出各环节。

7.2　用文字叙述图 7.12 所示的动态特性框图，并画出相应的电路图。

第 8 章　电动机的矢量控制问题

由于机电一体化技术的发展，矢量控制在各类电动机的控制中已经得到相当普遍的应用。本章从工程应用的角度简明扼要地介绍直流电动机、交流感应电动机、步进电动机的矢量控制方法，并就关键技术问题进行评述。

8.1　直流电动机的矢量控制

在直流电动机中，可以认为定子磁场和转子(电枢)磁场是互相独立的。电机在恒转矩负载下工作时，人们总是保持给定的励磁电流不变，用电枢电流的变化去产生所要求的电磁转矩，希望电枢电流与电磁转矩成正比。电机设计保证了励磁磁势与电枢磁势互相垂直，可以认为两个磁势矢量处于自然解耦情况。此时，电磁转矩

$$T_e = K\Psi_g I_a = KI_a I_f \tag{8.1}$$

然而，电枢电流的变化事实上会引起主磁通的变化，称为电枢反应，即定、转子磁场存在耦合关系。解耦与矢量控制的方法是，利用补偿绕组进行所谓完全的补偿，籍以保证式(8.1)的准确性。直流电动机中，弱磁控制也是在解耦情况下通过独立改变定子磁势大小来实现的。

在永磁直流电动机中，主磁通是由永磁体产生的，它一旦建立就保持恒定，电枢电流变化时，只引起交链的漏磁通发生变化。为满足产生最大转矩、正反旋转的对称性以及换向的要求，定、转子磁场由电机设计保证其互相正交。于是满足定、转子磁场系统的正交性和独立性，即永磁直流电动机是自然解耦的。通常认为，永磁直流电动机从控制角度讲，不必矢量控制。最后需要指出，永磁直流电动机缺乏弱磁控制能力，相反永磁同步电动机(无刷电动机)，甚至感应电动机，通过矢量控制可以实现类似弱磁控制，且在动态响应方面优于直流电动机。于是有理由说，今天矢量控制技术已经使得交流电动机从原理和实践上超过了直流电动机。

8.2　感应电动机的矢量控制

众所周知，感应电动机内部电磁关系相当复杂，定子电压、电流、频率与电机磁通和转矩之间没有简单的对应关系。感应电动机矢量控制的基本思想是：仿照直流电动机中的解耦控制，抽象出(借助于同步旋转的 d-q 坐标变换)定子电流矢量 $\boldsymbol{I}_s$ 并分解成两个互相垂直的电流分量 i_{ds}和转矩分量 i_{qs}。i_{ds}用来产生磁通，i_{qs}用来产生电磁转矩。将 $\boldsymbol{I}_s$ 作为

控制目标，抛开定子各相电流间的复杂耦合关系，并从 $\boldsymbol{I}_s$ 中得到解耦的 i_{qs}和 i_{ds}，这是思想方法和理论上的一大进步。在 d-q 同步坐标系中，i_{ds}类似于直流电动机中的 I_f，i_{qs}类似于 I_a，因此，转矩可以表示为

$$T_e = K|\boldsymbol{\Psi}_m| i_{qs} = K' i_{qs} I_{ds} \tag{8.2}$$

基于熟知的双轴坐标理论，将坐标变换到 d-q 同步旋转坐标系中，导出感应电动机的运动方程。如果采用 d 轴与转子磁链 Ψ_r 重合，即为转子磁场定向矢量控制的直接方法；如果采用 d 轴与转子磁链具有恒定的角度差 θ_e，即为转子磁场定向矢量控制的间接方法。图 8.1 所示是转子磁场定向矢量控制的直接方法。

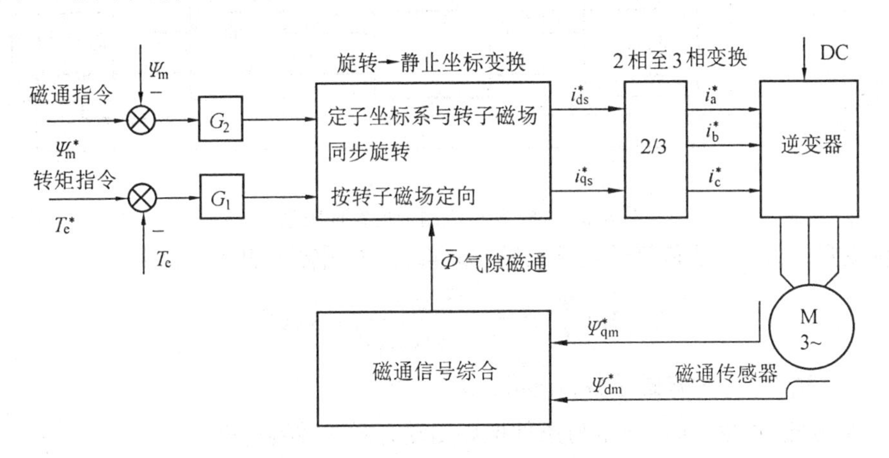

图 8.1　转子磁场定向矢量控制的直接方法

这种矢量控制的精度在很大程度上取决于能否精确检测出转子磁场的位置和大小。特别当在低速情况下检测和综合更加困难。另一方面，由于转子参数随温度变化可达 50% 以上，解算中将产生较大误差，为此人们曾提出用转子参数识别的方法进行补偿，这就使系统变得更加复杂。

对于直接法，气隙磁通 Ψ_{dm}^*和 Ψ_{qm}^*也可以从定子电压和电流信号直接测量中解算得到，这样硬件电路不需要磁通传感器。同样，在低速情况下检测和解算更加困难。因此，转子磁场定向矢量控制的直接方法通常只能在基速的 10% 以上应用。

图 8.2 所示是转子磁场定向矢量控制的间接方法。如果说，利用定子电压、电流或 Ψ_s 的实际值进行解算实现矢量控制称为直接方法，那么其他方法就称为间接方法。这种矢量控制由于可将转子磁场定位在一定的区域内（$\theta_e = \theta_r + \theta_s$，$\theta_e = \omega_e t$，$\theta_r = \omega_r t$，$\theta_s = \omega_s t$，$\omega_s = \omega_e - \omega_r = \Delta\omega$ 为转差频率），所以，能够引入弱磁控制，以便在基速以上进行弱磁升速控制。像直接法一样，间接矢量控制不仅能在四象限运行，而且在自零至全速范围内均能获得理想的控制。然而，这种方法必须使用转子位置传感信号，此外对转子参数（如图8.2中 r_r/L_r）敏感仍是其缺欠。转子磁场定向矢量控制在早期矢量控制系统中应用广泛，并在解释矢量控制原理方面起到重要作用。

定子磁场定向的矢量控制也称为转差频率矢量控制，它属于间接方法。基于相同的

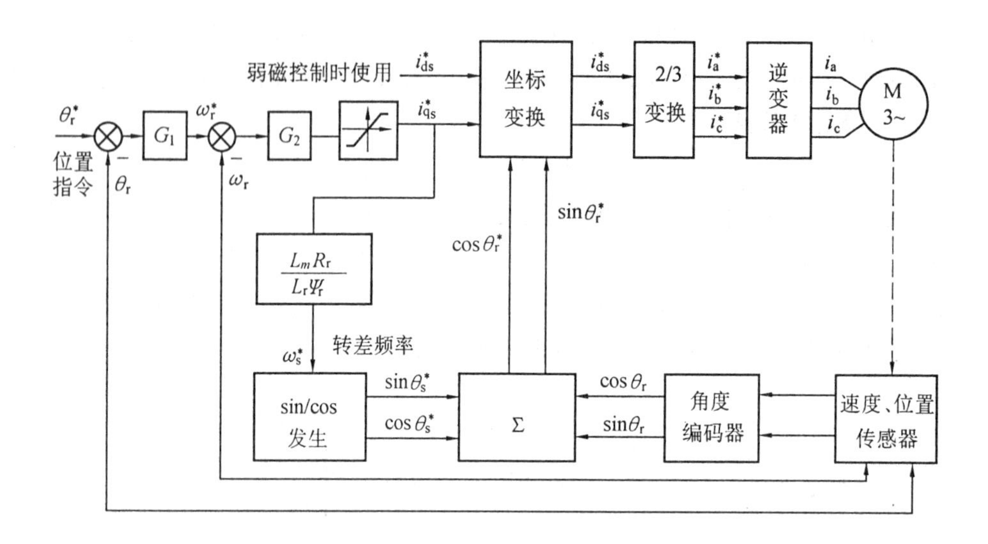

图 8.2　间接矢量控制的位置伺服系统

d-q 坐标变量，并使 d 轴和定子电压矢量方向重合，电磁转矩的表达式为

$$T_e = 3p\left(\frac{\Psi_s}{L_s}\right)^2 \frac{M_{sr}^2 \Delta\omega r_r}{r_r^2 + (\sigma\Delta\omega L_r)^2} \approx K_0 \Psi_2^2 \Delta\omega \tag{8.3}$$

式中 $\sigma = 1 + M_r^2/L_s L_r$ 为漏磁系数，$r_r \gg \sigma\Delta\omega L_r$。

再以转子磁通 Ψ^2 保持恒定为条件推导出动态磁通控制规律

$$V_{sd} = \sqrt{3}\,V_s = 3r_s(\Psi_{sref}^2 + \sigma L_s I_s^2)/L_s(1+\sigma)\Psi_{sd} \tag{8.4}$$

式中 $3\Psi_{sref}^2 = \Psi_{sd}^2 + \Psi_{sq}^2, 3I_s^2 = I_{sd}^2 + I_{sq}^2$。

显见，这种矢量控制方法不再需要复杂的坐标变换，又由于转子磁通恒定，式(8.3)进一步减化为

$$T_e \approx K'\Delta\omega \tag{8.5}$$

电压定向矢量控制的调速系统如图 8.3 所示，与传统的矢量控制系统相比得到极大地简化。速度调节器的输出即为电磁转矩的给定值，由它可直接求出转差率 $\Delta\omega$，$\Delta\omega$ 与电机实际转速相加，得到 PWM 控制器为定子电压供电的频率 ω_e。动态磁通控制器的输入仅仅涉及定子边一些可以直接检测的量（例如 $V_{sd} I_{sd} = U_c I_c$, $V_{sd} = K_0 U_c$, $I_{sd} = I_c/K_0$）。电压定向矢量控制的另一个显著优点是对转子参数不敏感[从式(8.3)可以看出]。

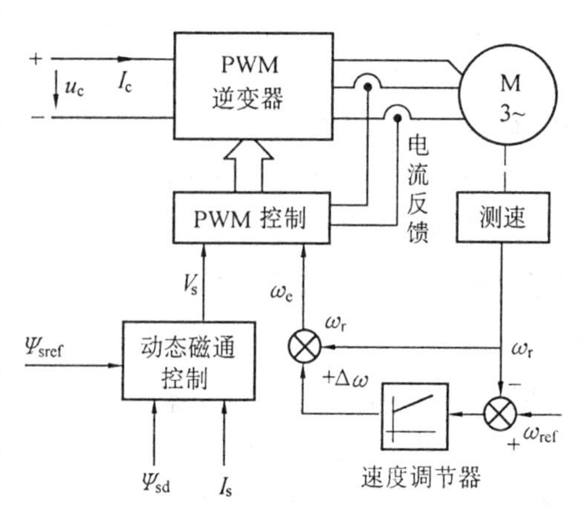

图 8.3　电压定向矢量控制调速系统

电压定向矢量控制系统也可以在没有测速发电机的情况下加以实现。此时，硬件将

进一步简化，工程使用将更加简单，此时，ω_r 是通过定子电流等其他可检测量来估计的。这种矢量控制系统在开环调速系统中得到普及。

感应电动机的矢量控制还有其他变异的实际方法，例如，电势定向矢量控制、最优控制、自适应控制等。矢量控制实现了电动机定、转子磁场系统的解耦。这种解耦可根据工程实现的方便性和精确性的要求，在特定的坐标系中进行，所以矢量控制也可理解为广义的非线性解耦控制一类问题的实现。

8.3 同步电动机（包括无刷电动机）的矢量控制

从定、转子磁势矢量看，直流电动机和同步电动机（包括无刷电动机）的惟一区别就是，前者的磁势静止而后者同步旋转。同步电动机的定子磁势 F_1 和转子磁势 F_2 之间的夹角，即转矩角 δ 是可以方便而又精确测量的。保持 $\delta=90°$，就可以同无补偿的普通直流电动机一样，基本上达到解耦控制。无刷直流电动机利用位置传感器控制绕组电流能够充分保持其定、转子磁势的正交。而同步电动机附加位置传感器构成自控式同步电动机，相当于无刷电动机。

永磁同步电动机系统中通过加深电流反馈，可以实现恒转矩控制。此时，$\delta\approx 90°$，可以简单地实现自然解耦矢量控制，即普通的反馈控制。

永磁同步电动机可以进行类似的弱磁控制，电机的稳态方程

$$\dot{U}=(r_s+j\omega_r L_s)\dot{I}+\dot{E} \tag{8.6}$$

写成定子参考系中 d-q 的分量表达式为

$$U_d+jU_q=(r_s+jP\Omega L_s)(I_d+jI_q)+jE \tag{8.7}$$

使定子电流相量超前电势相量可产生去磁的直轴电流 I_d，达到弱磁升速控制。如图 8.4 中 E 的幅值超过了 U 幅值。在这种情况下显然失去了自然解耦的特点，需要进行解耦矢量控制。同步电动机的矢量控制可以完全借用感应电动机矢量控制的概念，对于永磁同步电动机任意一相绕组的反电势与该相电流的时间相位差是可以测量的，反电势与作为空间矢量的转子磁场相对应，相电流则与作为空间矢量的定子磁场相对应。转矩

$$T_e=Ke_m i_m/\omega_r (m \text{ 为相数}) \tag{8.8}$$

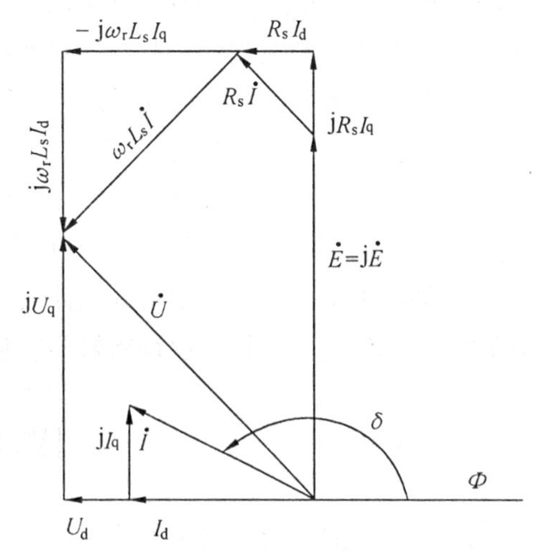

图 8.4 电机相量图

这说明，永磁同步电动机的定、转子磁场都可以精确地直接测量并且可以按式(8.7)直接进行控制。显然式(8.8)也可以通过基于感应电

动机的矢量控制分析获得。感应电动机中矢量控制的概念可以直接推广到同步电动机中加以使用。但同步电动机矢量控制不需要复杂的坐标变换和解耦运算。

电磁式同步电动机附加位置传感器即变成自控同步电动机。设它在恒转矩情况下运行,给定恒定的定子磁通条件,如果需要增大产生的转矩,则需要增强激磁电流 I_f,由于磁场控制回路时间常数较大,使响应滞缓。采用矢量控制能明显地改善响应。与前面分析永磁同步电动机矢量控制一样,矢量控制可以从定子侧监示提供维持额定磁通(或弱磁控制)所需要的瞬时磁化电流,这就改善了动态响应。采用同步电动机矢量控制可以构成高精度运行控制系统(位置、速率、加速度控制)。

8.4 步进电动机的矢量控制

永磁式或混合式步进电动机附加位置传感器构成反馈系统,在运行原理上等同于方波驱动的永磁同步电动机。而微步驱动的步进电动机系统则在运行原理上等同于正弦波永磁同步电动机。

反应式步进电动机附加位置传感器,由于它需要完全从定子侧吸收能量,所以在运行原理上等同于方波驱动的感应电动机。但性能价格比低,很少在实际系统中采用。

综上所述可得出:

(1)根据电机统一理论,任何一种电机的电磁转矩可表达成

$$T_e = K_0 \boldsymbol{B}_s \times \boldsymbol{B}_r = K_2 \boldsymbol{F}_s \times \boldsymbol{F}_r \tag{8.9}$$

式中,$\boldsymbol{B}_s$ 为定子磁场矢量,$\boldsymbol{B}_r$ 为转子磁场矢量。理想的电动机应该满足

$$T_e = K_0 \boldsymbol{B}_s \times \boldsymbol{B}_r = K_2 |\boldsymbol{\Psi}_m| I_q \tag{8.10}$$

即应满足具有互相独立的磁势,一个用于产生主磁通,一个用于产生转矩。而且要求控制方便,响应迅速。直流电动机基本上自然地满足式(8.10)的提法。

(2)矢量控制的原始想法就是通过一系列的变换实现电动机定、转子磁场系统的解耦和控制。这种解耦可以根据工程实现的方便性和精确性,在特定的坐标系中进行。

(3)矢量控制可以理解为广义的非线性解耦控制一类问题的实现。非线性解耦控制在提法和工程实现上统一了各类矢量控制方法。

(4)同步电动机矢量控制较其他任何一类电机矢量控制系统具有更高的优越性,它控制简单,动态响应好,可以进行弱磁控制,且对电网的影响最小。

习题与思考题

8.1 电机的矢量控制实质是什么?

8.2 各类电机的矢量控制是如何定义的。

8.3 什么叫转子磁场定向矢量控制和定子磁场定向矢量控制。

8.4 在电机矢量控制系统中,哪一种电机更具有优越性。

第9章　嵌入式DSP芯片为核心构成的电机控制系统

将电机系统的主要结构做在一个单芯片SOC(System On a Chip)中的理想正在成为现实。单片电机系统以嵌入式DSP芯片为核心,采用面向对象的片中软件来实现控制系统的可重构、可扩充和通用性。所以,它可以用于无刷电动机、异步电动机、同步电动机、开关磁阻电动机、步进电动机的反馈控制、矢量控制、智能控制等高层次控制。

9.1　控制系统硬件结构

由嵌入式DSP芯片为核心构成的控制系统硬件结构如图9.1所示。一个完整的电机控制系统一般包括三部分:指令源、电机控制功能单元和电动机。指令源单元由一系列控制软件组成并且被固化在ROM和FLASHRAM(或EEPROM)中,其中可变软件和可重构软件模块在FLASHRAM(或EEPROM)中。电机控制器单元按指令源发出的指令完成硬件功能,产生功率驱动单元所需要的控制信号(如PWM、SPWM、报警信号等)。各反馈接口单元则处理反馈信号(如换相逻辑、位置信号、电机电流、运动给定),然后传递给指令源单元和电机控制器单元。

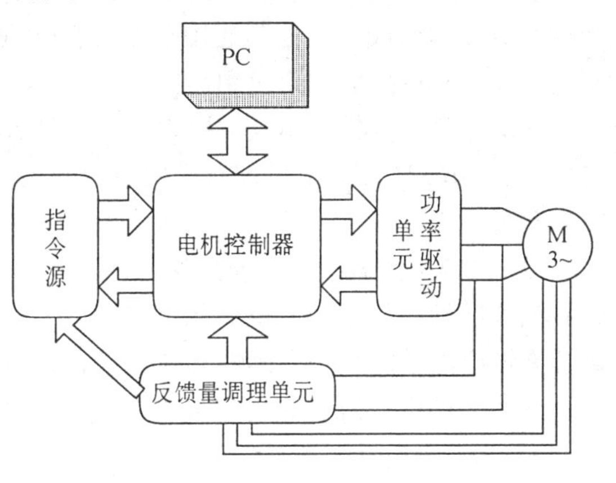

图9.1　控制系统硬件结构

电机控制器单元和指令源单元是通用电机控制平台的核心部分。对于高性能数字化电机控制系统而言,除了需要一个功能强大的计算内核外,为了实现矢量控制、智能控制等高层次的控制,需要更多的附加资源,特别是用于产生驱动逆变器的PWM信号的精密波形发生器,用于电机电流的采样的高分辨率A/D变换器等。针对电机控制器的这些特点,本文采用了专用于电机控制的DSP芯片ADMC331,外扩FLASHRAM(或EEPROM)用于存放可变软件和可重构软件模块。

ADMC331是基于数字信号处理器ADSP2171的单片电机控制器。它继承了数字信号处理器芯片的几乎所有特性:高速运算能力,快速的中断处理和硬件I/O支持等,而且针对电机控制增加了专用的PWM(脉宽调制)时序发生单元。因而,电机控制和运动控制的大部分算法和控制系统的实时性可以在ADMC331上实现。

ADMC331集成了一个26MIPS、16位定点的DSP内核ADSP2171,一部分电机控制用子程序和数据被固化在片内 ROM 中。DSP 内核并联了三个计算单元,ALU(算术逻辑单元)、MAC(乘法累加器)和 SHIFTER(桶型移位器)。DSP 内核采用了灵活的 HARVARD 结构,允许通过指定的地址和数据总线独立访问程序和数据内存,数据地址发生器 DGA 允许通过间接地址有效地访问程序和数据内存,单周期指令和程序顺序控制器可非常快地完成大量的控制算法。ADMC331 的存储单元包括了 2K(24 位)ROM 程序存储器,2K(24 位)RAM 程序存储器和一个 1K(16 位)RAM 数据存储器。ADMC331 有一个灵活的三相 16 位 PWM 发生器,能够编程产生精确的 PWM 信号。ADMC331 还有 7 路∑-▽型 A/D 变换通道,最高分辨率为 12 位,最高采样频率为 32.5kHz。此外,ADMC331 还提供了两个串行口,一个辅助 PWM 输出和 24 路数字 I/O 口。

反馈接口单元包括:PC 串行通信接口、控制系统反馈量接口、角位置反馈专用接口(采用轴角变换器 AD2S80)、速度反馈接口、电流反馈接口。

可以看出,由可变指令源单元和电机控制器单元构成了通用的电机控制开发平台的核心,这就为通用平台面向不同对象、实现功能重构打下了基础。

9.2 电机控制通用平台的软件结构

本节介绍构成电机控制通用平台的软件框架。软件有三个层次:底层软件、API 标准子程序、应用程序(即用户应用软件)。

底层软件主要针对 MCU(主控单元)。因此,开发语言就是 MCU 的开发语言。本结构选用了 ADMC331 作为电机控制通用平台的核心单元,它的汇编指令集与 ADSP21XX 系列完全兼容。

ADSP21XX 汇编指令系统能够适应一般的高速复杂的运算要求,并能完全控制数字信号处理器核心的三个计算单元:ALU 单元、MAC 单元和桶形移位器。ADSP21XX 的源代码的高级语法同时具备可读性和高效性,每条语句汇编成一条 24 位的机器指令,并且在一个周期内运行。24 位指令字允许高速并行执行操作。

ADSP21XX 指令系统为程序员在程序设计时提供很大的灵活性,数据可在任意两个寄存器之间或者大多数寄存器与存储器之间传递。对组合操作而言,几乎所有 ALU、MAC 和移位寄存器操作都是寄存器之间或者寄存器与内部/外部寄存器之间的数据传送。

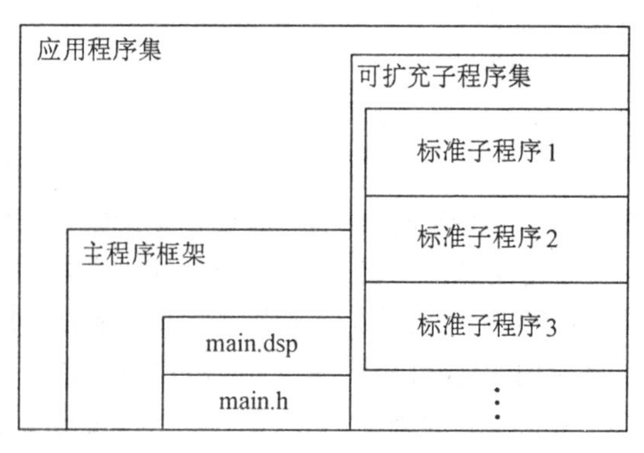

图 9.2 应用程序库结构框图

API 应用子程序就是基于 ADSP21XX 汇编指令系统的模块化程序源代码,或称标准子程序,并且形成 API 应用子程序集合。用户既可直接利用平台 API 库资源(标准子程序集合),又能自行利用 ADSP21XX 汇编指令(底层软件)开发新的 API 应用子程序。

对于电机控制通用软件平台而言,应用程序是系统功能实现的最终形式。所有的标准子程序都是以易用库的形式存在,形成所谓的平台软件库资源。所有的数据处理和交换、控制算法的实现等等都体现在软件库资源里。应用程序由主程序和标准子程序组成,结构形式如图 9.2 所示。

API 应用子程序集是一个严格按 SNN(标准化、系列化、规范化)设计方法建立起来的程序包。所有系统的软件功能都是在这里实现并扩展。每个子程序按模块化的要求封装起来构成软件平台库资源的核心部分。每个子程序又都以易用库的形式实现,由两个文件组成:函数实现文件(.dsp)和库包含文件(.h)。图 9.3 说明了 UART(通用异步传输)接口库结构。

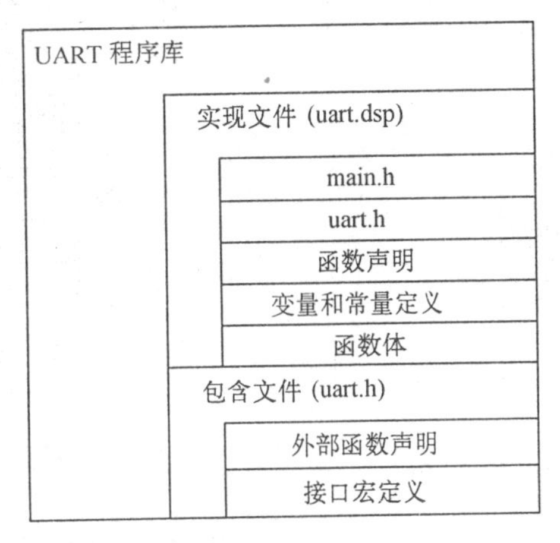

图 9.3　标准子程序的结构图

标准子程序的使用方便,只要在主程序中包含有库包含文件后就可以直接使用它的接口函数了。主程序的目标文件和标准子程序的目标文件一起连接就形成了可执行文件。

对电机控制而言,常用的标准子程序有:

(1) 常用内存操作宏(位操作、内存读写等);

(2) 坐标变换子程序;

(3) 基本数学函数和常用三角函数;

(4) 脉宽调制波发生器(SPWM、SVPWM);

(5) PI、PID 调节器、滤波器及其他控制用程序。

这些标准子程序可以组成一些小程序包。例如,对于无刷直流电机的控制器来说可以有这样的组合:主程序 + PI + SVPWM + ADC 子程序 + 坐标变换子程序。

在此,这个程序包可完全由用户自定义和按需求扩充。用户对每个子程序的重写都必须按 SNN 设计方法的要求来编写。因为,寄存器和变量的滥用会导致系统的混乱甚至崩溃。

9.3　主程序框架

主程序框架是各种子程序的包容器。它主要包含系统常量、公用库函数集和公用变量等。主框架库由两个文件组成:main.dsp 和 main.h。main.h 中包含了系统基础库资源和系统常量。因此,每个使用到系统资源的标准子程序和 main.dsp 必须包含 main.h 以达到共享的目的。对于电机控制而言,程序应具备产生 PWM(脉宽调制)波形的功能。因此,主程序中还包含了 PWM 中断服务程序。图 9.4 表示了主程序框架的结构。

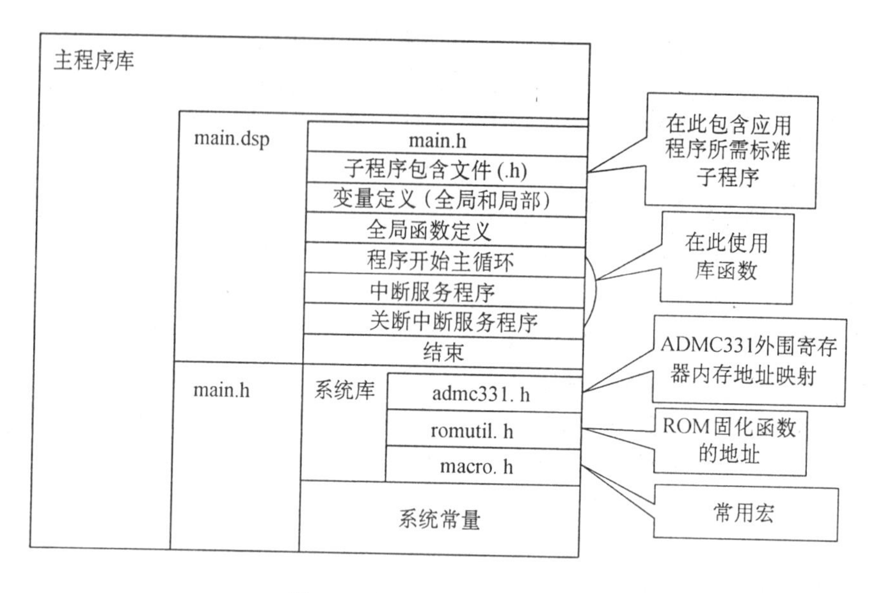

图 9.4 主程序框架的结构图

9.4 集成和调试软件

图 9.5 是利用集成和调试软件进行应用程序开发的过程框图。系统设计者通过考察需要，分析含义，把系统的重要特征抽象出来并为现实建立模型。在问题建模和需求确定以后，就得到了初始规范。对应于一个规范，可能产生多种实现。系统决策者据此形成优化系统。最后，就是软件体系结构实现，它包括了软件代码的编写和维护、程序的编译和管理等。

本文实现的集成和调试软件是从 AD 公司提供的 Motion Control Debugger 软件改造得到的。这是一个 Windows(95/98/NT)操作系统下的实时调试工具。它通过 PC 机的串行口与 ADMC331 片内固化的监视程序进行异步通信。改造后的软件主要功能如下：

(1) 集成编译环境。对所包含的全部程序进行集成联接和编译。

(2) 应用程序的装载。调试器不仅能将编译完的用户可执行程序装入 ADMC331 片内 2K(24 位)的 RAM 中，而且能把用户程序按正确格式写入 EEPROM 内，以便数字信号处理器核心复位后自动下载用户程序。

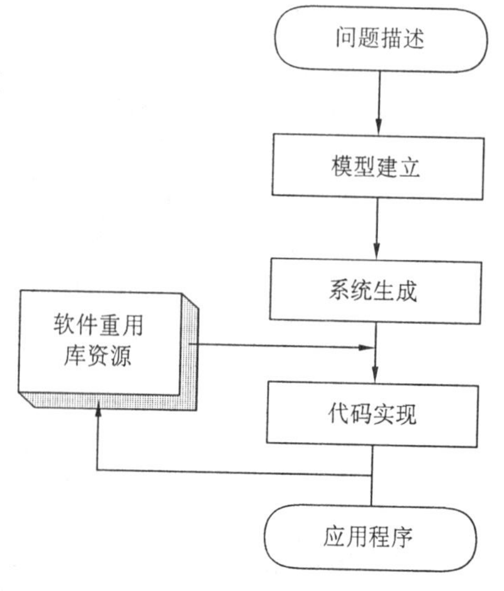

图 9.5 软件系统开发流程图

(3) 应用程序的调试。这是调试软件的主要功能。它通过对数据或程序的存储器读写来观察和控制用户程序的运行。

以嵌入式DSP芯片为核心,采用面向对象的软件开发方法实现可重构的模块化硬件结构,使电机控制通用平台具有可扩充和通用性。平台的可变指令源单元由固定的基础库资源和可变、可扩充的库资源组成,所以软件也是可重构、可重用的。集成和调试软件提供用户最终程序的联接和编译,为可变指令源单元生成可固化代码,并完成面向特定对象的控制系统开发。

图9.6是无刷直流电动机精密位置伺服控制系统的功能结构框图,电机控制器的主回路不属于平台范围,它主要包括整流滤波、功率驱动两部分。

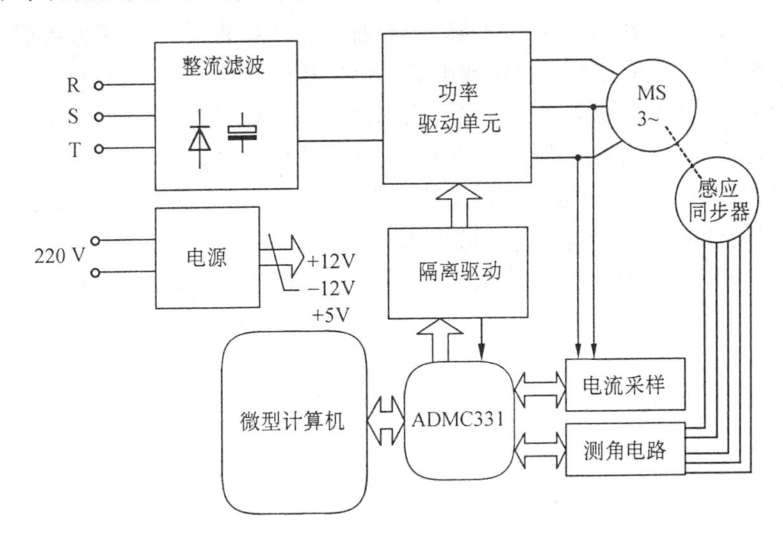

图9.6 无刷直流电动机位置闭环系统功能框图

平台完全解决了系统的控制部分。基础平台ADMC331可以实现PID调节器、校正网络调节器、PWM波形发生器。从硬件资源库中提取AD2S80精密测角电路、PWM信号隔离驱动单元、串行通信接口电路后,与基础平台构成了完整的控制器硬件结构。

利用电机控制通用平台,作者开发了无刷直流电动机精密位置伺服控制系统等多种控制系统,对某一种控制系统又可以通过试用不同的控制策略直至达标,大大加快和简化了开发过程。随着应用开发的增加,电机控制通用平台的资源将更加丰富,功能将更加强大。

习题与思考题

9.1 什么叫可重构设计?用什么器件可实现这种设计,其设计思想是什么?

9.2 为什么电机通用开发平台可以快速开发和实现面向特定对象的电机控制系统?其意义何在?其方法的实质是什么?

参考文献

1 汤蕴璆等编.电机学.西安:西安交通大学出版社,1993

2 李友善主编.自动控制原理.北京:国防工业出版社,1989

3 陈国呈编著.交频调速技术.北京:机械工业出版社,2000

4 陈伯时,陈敏逊编著.交流调速系统.北京:机械工业出版社,1998

5 吴守箴,臧英杰著.电气传动的脉宽调制控制技术.北京:机械工业出版 社,1995

6 谭建成主编.电机控制专用集成电路.北京:机械工业出版社,1999

7 张琛编著.直流无刷电动机原理及应用.北京:机械工业出版社,1996

8 李仁定主编.电机的微机控制.北京:机械工业出版社,1999

9 胡泓,姚伯威主编.机电一体化原理及应用.北京:国防工业出版社,1999

10 沈安俊主编.电气自动控制.北京:机械工业出版社,1984

11 彭志瑾著.电气传动与调速系统.北京:北京理工大学出版社,1988